COLLECTION ORIGINES
DIRIGÉE PAR JEAN-MARC DABADIE

W0388357

ENQUÊTE SUR L'UNIVERS

Jean Audouze
et
Jean-Pierre Chièze

NATHAN

Remerciements

Ce livre n'aurait pas vu le jour sans les encouragements amicaux du directeur de collection Jean-Marc Dabadie.
Jean-Marie Carzou a bien voulu nous faire part de ses suggestions, qu'il en soit également remercié.
Nous tenons à exprimer notre gratitude à Colette Douillet et Marie-Christine Pelletan qui ont bien voulu assurer la présentation matérielle du manuscrit.
Nos familles, enfin, nous ont apporté leur soutien qui nous a été très précieux.

J.A. et J.-P. C.

SOMMAIRE

PRÉLUDE À NOTRE ENQUÊTE

L'homme n'a pas attendu la fin du XXe siècle pour s'apercevoir que la Terre n'est pas un monde isolé. La succession des jours et des nuits a frappé nos ancêtres de toute antiquité. Les nombreuses civilisations qui précédèrent la nôtre établirent des calendriers fondés sur la succession des saisons ou les phases de la Lune. Le mage, l'astrologue, puis l'astronome scrutaient le ciel pour y déceler quelque prodige : rappelons-nous l'étoile de Bethléem, ou encore l'étoile qui apparut puis disparut en l'an 1054 dans le ciel des astronomes chinois, la comète de la bataille de Hastings...

L'astronomie est certainement la science la plus ancienne avec les mathématiques ; son apparition précède, et de loin, celle des sciences physiques et naturelles. Le but de cet ouvrage est de montrer que l'astronomie revit actuellement un véritable âge d'or, grâce au développement foisonnant des sciences expérimentales, comme la physique, de la technologie et, en particulier, des techniques spatiales, des moyens d'observation des rayonnements très faibles de toutes fréquences, de l'informatique...

Si donc l'homme s'est préoccupé de son environnement depuis son apparition sur Terre en y incluant les luminaires du jour et de la nuit (le Soleil, la Lune, les planètes et les étoiles), ce n'est que depuis une date très récente qu'il l'a vu littéralement exploser. Il est passé d'un monde étriqué qui se limitait à la région dans laquelle il vivait, jusqu'à s'apercevoir que la Terre elle-même n'est qu'une poussière infime (mais importante pour nous) dans un Univers aux dimensions absolument inconcevables à notre échelle. L'homme est passé d'un géocentrisme particulièrement orgueilleux et étroit à une vision vertigineuse des immensités du ciel.

Dans ce livre nous proposons au lecteur de nous suivre dans une sorte d'enquête sur l'Univers. De quoi est-il constitué ? A-t-il une histoire, et, si oui, laquelle ? Quels sont les raisons, les ressorts, les mobiles qui peuvent éventuellement expliquer sa nature et ses évolutions ? Pour mener cette enquête, nous constaterons qu'il est nécessaire de faire appel à toutes les connaissances scientifiques et techniques dont nous disposons aujourd'hui. On appréhende mieux l'Univers si on le regarde avec des télescopes de plus en plus puissants, capables d'observer des astres de plus en plus lointains et de moins en moins brillants. On sera peut-être étonné de constater que l'Univers ne peut se comprendre que si l'on parvient à décrire les comportements des composants infinitésimaux de la matière que sont les atomes, leurs noyaux et les particules qui les constituent. Comme toute enquête, celle-ci ne dispose que de renseignements fragmentaires sur l'Univers et ses composants de toute taille, depuis les galaxies jusqu'aux protons. Une constatation continuera à s'imposer, même et surtout si la science et la technique se développent encore plus dans l'avenir : les connaissances de l'infiniment petit et de l'infiniment grand s'influencent mutuellement très fortement.

Avant de commencer cette enquête, rappelons donc les conclusions auxquelles étaient parvenues, non sans mal, les générations de « détectives cosmiques » qui nous ont précédés et quels furent les principaux rebondissements de cette « affaire » qui intrigue l'homme depuis tant de siècles.

Nous avons déjà souligné que l'Univers de l'antiquité était très étriqué et nombriliste. Aristote et ses nombreux successeurs (y compris l'inventif Ptolémée et les talentueux astronomes arabes jusqu'à la Renaissance) avaient une vision géocentrique du monde. La Terre a été longtemps plate, et sur la sphère céleste dite *sphère des fixes* (les étoiles étaient supposées immobiles et immuables) circulaient le Grand Chariot (le Soleil), le Petit Chariot (la Lune) et les planètes (ou astres errants) ; le mouvement de ces derniers tentait de se conformer à la théorie des épicycles de Ptolémée, très compliquée pour l'époque. L'Univers observable se limitait vraiment à bien peu de choses.

C'est à la Renaissance et jusqu'au XVIIe siècle que se situe la première révolution, dite copernicienne et galiléenne, qui marque réellement le premier grand rebondissement de notre enquête. Nicolas Copernic établit en effet que la Terre tourne autour du Soleil et non l'inverse. On connaît les démêlés de Galilée avec l'Église à propos des mouvements de la Terre. Cette époque constitue une étape charnière dans l'histoire des sciences et des techniques. La découverte de la gravité par Isaac Newton ne tient pas tant à l'anecdote de la pomme qu'à l'établissement préalable par Johannes Kepler des lois qui régissent le mouvement des planètes autour du Soleil. Comme on le redira plus loin, le mouvement de la comète de Halley a joué également un rôle important dans l'établissement des *lois de la gravité* par I. Newton. C'est à cette époque que la lunette astronomique et le télescope deviennent les instruments majeurs de l'observation astronomique grâce en particulier à Galilée, I. Newton et N. Cassegrain. Pour des raisons politiques, commerciales et militaires, les observatoires de Paris et de Greenwich sont créés. C'est enfin à partir de ce moment, et pour une période qui s'achève seulement maintenant, que les progrès des sciences physiques sont à la fois beaucoup plus importants et plus nombreux que ceux de l'astronomie. Celle-ci se consacre alors surtout à l'étude de la *mécanique céleste,* c'est-à-dire à celle du mouvement des différents astres dans le ciel.

Au XVIIIe siècle, l'astronomie connaît une sorte de pause, marquée simplement par l'établissement de grands catalogues d'étoiles par William Herschel, à qui l'on doit aussi la découverte d'Uranus (visitée pour la première fois en 1986 !), du premier catalogue de nébuleuses qui est l'œuvre d'un « chasseur de comètes », Charles Messier, et par l'expression des premières idées concernant l'origine catastrophique (Buffon) ou non (Kant) du Soleil ou du Monde. En revanche, le XIXe siècle est un siècle où le machinisme et le scientisme triomphent : rappelons-nous la déclaration triomphale de Marcellin Berthelot affirmant en 1883 que « l'Univers est désormais sans mystère » ! Auguste Comte estime que les étoiles ne peuvent être l'objet d'études *scientifiques,* car on ne peut pas les rapporter au laboratoire (c'est la limitation étroite, pour ne pas dire bornée, du positivisme). Ces deux affirmations sont également erronées : on sait expliquer par la physique la nature et le comportement des étoiles, et l'Univers ne sera sans doute jamais complètement compréhensible. Néanmoins, gardons-nous de sourire de cette époque qui engendra l'essor des sciences expérimentales : la plaque photographique permet de conserver les résultats de l'observation astronomique, et l'invention du spectrographe d'appréhender la composition de la matière de l'atmosphère solaire et de découvrir un élément encore inconnu sur terre, l'*hélium*.

Ce siècle, dont le début avait été marqué en particulier par les travaux de Pierre-Simon Laplace, le père de la meilleure théorie de l'origine du *système solaire,* voit de nombreuses et belles découvertes. L'une des plus célèbres, qui constitue le fin du fin de la mécanique céleste, restera la mise en évidence quasi simultanée par John Adams et Urbain Le Verrier de l'existence de Neptune, grâce à l'étude précise des perturbations du mouvement des planètes.

Le XXe siècle commence par remettre en cause les fondements de la physique par les *théories de la relativité restreinte et générale* d'Albert Einstein, et la *physique quantique* de Max Planck et de ses nombreux successeurs. La relativité restreinte retient le caractère fini et invariable de la vitesse de la lumière et démontre l'équivalence complète entre la matière et l'énergie (la très fameuse relation $E = mc^2$ que nous retrouverons tout au long de ce livre). La relativité générale soumet la lumière et l'ensemble de l'Univers à l'effet de la gravité. La physique quantique montre que le comportement des particules constituant le microcosme (électrons, protons...) ne peut être décrit par la physique (dite) classique, que ces particules n'acquièrent ou ne perdent de l'énergie que par quanta discrets, qu'elles sont soumises au principe d'incertitude qui dit, par exemple, que lorsque l'on connaît précisément la vitesse d'une telle particule, on ne peut pas bien connaître sa position ou vice versa.

Ces profondes remises en cause de la physique permirent la floraison de nouvelles disciplines comme la *physique atomique,* la *physique nucléaire* et la *physique des particules.* Elles bouleversent, bien sûr, l'astronomie et jettent les bases modernes de l'astrophysique, qui n'est rien d'autre que l'étude du comportement physique des différents constituants de l'Univers. Le rythme des découvertes en astrophysique s'accélère de façon quasi échevelée. Le plus âgé des deux auteurs de cet ouvrage commence ses études d'astrophysique en 1962 et assiste donc à la découverte des *quasars* en 1963, à celle du *rayonnement radio diffus* à 3 K en 1965, puis des *pulsars* (étoiles à neutrons) en 1967, aux premiers pas des astronautes américains sur la Lune en 1969, à la mise en évidence des premiers candidats *trous noirs* dans les cartes de sources de rayonnement X en 1971. L'arrivée dans la recherche en astrophysique du deuxième auteur en 1973 coïncide avec l'exploration dans l'*ultraviolet* du milieu interstellaire proche par le satellite Copernicus ; les sondes Viking se posent sur Mars en 1976 ; c'est à cette même époque qu'une technique nouvelle en radioastronomie, exigeant l'observation simultanée d'un même astre depuis des continents éloignés de plus de 9 000 km, révèle la présence de rayonnement éjectant de la matière à des vitesses apparemment supérieures à celle de la lumière. Les sondes Voyager quittent la Terre en 1977 pour aller visiter Jupiter en 1979 et Saturne en 1981, et l'une d'elles, Voyager 2, prend les premières photographies rapprochées d'Uranus et de ses satellites le 24 janvier 1986 et aborde le voisinage de Neptune le 24 août 1989. On se souvient de l'émotion créée par la rencontre de Giotto avec la comète de Halley le 13 mars 1986, celle que suscita l'apparition de la supernova du Grand Nuage de Magellan le 24 février 1987 et, plus récemment, l'extraordinaire « en direct » du survol de Neptune. Nous attendons avec impatience les résultats de l'expérience franco-soviétique SIGMA qui va permettre la détection des rayonnements X et gamma. L'Agence Spatiale Européenne est également associée à la NASA pour l'exploitation d'un télescope de 2 m de diamètre, baptisé Hubble Space Telescope (du nom de l'astronome américain Edwin Hubble, qui démontra dès les années 1920 l'expansion de l'Univers), qui évoluera à 500 km d'altitude après avoir été lancé en avril 1990. Enfin l'Europe vient de décider la construction au Chili d'un ensemble de quatre télescopes de 8 m de diamètre (le « Very Large Telescope »), équivalant à un télescope unique de 16 m de diamètre, qui reculera de façon considérable les limites de l'Univers observable.

Nous avons donc constaté, dans nos propres vies d'astrophysiciens, l'extraordinaire accélération des découvertes dans notre discipline, et tout nous porte à croire que ce mouvement ne devrait pas ralentir. Non que l'intelligence de l'homme ait sensiblement progressé mais plutôt grâce à l'essor de la science et de la technologie.

MESURER ET JAUGER

Jusqu'au début du XVIIe siècle, l'homme ne dispose que de ses yeux pour regarder l'univers. Dès l'antiquité, il ressentit l'impression que les étoiles visibles dans le ciel, qui forment les constellations et dont les noms gardent la trace de leur origine grecque (les Pléiades), latine (Sirius, la Mouche), ou arabe (Deneb, Aldébaran), ont des éclats qui laissent une impression visuelle variant d'un facteur 1 à 6. Les étoiles les plus brillantes du ciel étaient dites de première grandeur alors que les étoiles à peine visibles à l'œil étaient dites de sixième grandeur. Cette notion de grandeur est l'ancêtre de celle de *magnitude,* ou l'échelle servant à repérer la luminosité des astres. L'augmentation d'une unité de la magnitude d'un astre revient à diviser son éclat par un facteur 2,5. Cela n'est rien d'autre que la traduction par l'astronome d'une loi biologique bien connue, due à Gustav Fechner, qui stipule que l'impression sur l'œil d'un objet lumineux croît comme le logarithme de sa brillance. Nous utiliserons tout au long de cet ouvrage cette échelle de magnitude. Nous distinguerons bien la notion de magnitude absolue (qui est liée à la luminosité intrinsèque d'un astre) de celle de magnitude apparente (qui dépend de son éloignement puisque la quantité de lumière reçue décroît avec le carré de la distance).

On n'a pas attendu le début du XXe siècle pour s'apercevoir que la vitesse de la lumière avait une valeur finie et invariable de 300 000 km/s. C'est l'astronome danois Ole Römer qui fit le premier cette découverte au cours du XVIIe siècle, à l'observatoire de Paris nouvellement construit. Une conséquence très importante du caractère fini et invariable de la vitesse de la lumière est que regarder très loin revient également à regarder le passé : le temps mis par la lumière pour voyager depuis son point d'émission jusqu'à nous est une mesure de la distance de ce point *(Table 1)*. C'est ainsi que l'année-lumière (égale à 9×10^{17} cm) est une échelle commode de distance en astronomie. (La *Table 2* présente les différentes échelles de distance que l'on va utiliser dans notre enquête.) Deux échelles astronomiques méritent une mention particulière : l'*unité astronomique* égale à 150 millions de km, qui n'est rien d'autre que la distance moyenne Terre-Soleil, et le *parsec* qui se définit comme suit : c'est la distance d'une étoile qui serait vue successivement le 21 septembre et le 21 mars avec un écart angulaire de 1 seconde d'arc. Les étoiles sont vues avec un très léger changement de perspectives à différentes époques de l'année selon la position de la Terre sur son orbite. La distance d'une étoile qui est vue avec un écart angulaire d'une seconde d'arc entre les deux équinoxes est par définition à une distance de 1 parsec. La définition de l'unité astronomique et un raisonnement trigonométrique simple conduisent à une valeur de 3,26 années-lumière pour un parsec.

TABLE 1
Regarder loin, c'est remonter le temps

La lumière nous parvient	
du Soleil	après 8 mn 20 s
de Sirius	8,4 ans
des Pléiades	390 ans
du centre de la Galaxie	30 000 ans
du Grand Nuage de Magellan	170 000 ans
d'Andromède	1,8 million d'années
du centre de l'amas de la Vierge	~ 12 milliards d'années

TABLE 2
Unités de longueur utilisées en astrophysique

10^{-13} cm	1 fermi	rayon d'un noyau d'atome
10^{-8} cm	1 angström	rayon d'un atome
10^{-4} cm	1 micron	longueur d'onde du rayonnement infrarouge dimension d'un grain de poussière interstellaire
$6,4 \times 10^{8}$ cm	R_T	rayon terrestre
7×10^{10} cm	$R_\odot$	rayon solaire
$1,5 \times 10^{13}$ cm	u.a.	unité astronomique (distance moyenne Terre-Soleil)
$9,5 \times 10^{17}$ cm	a.l.	1 année-lumière
$3,09 \times 10^{18}$ cm	pc	1 parsec
$4,5 \times 10^{22}$ cm	R_G	rayon de la Galaxie (15 000 pc)
3×10^{24} cm	1 Mpc	1 mégaparsec (distance moyenne entre galaxies)
10^{28} cm	R_u	rayon de l'univers observable

Voilà pour les unités de flux lumineux, que l'astronome évalue donc en magnitudes (plus la magnitude d'un astre est élevée, plus sa luminosité est faible), et pour les maillons de sa chaîne d'arpenteur que sont le parsec et ses multiples (le kiloparsec égal à 1 000 parsecs et le mégaparsec égal à 1 million de parsecs). Nous verrons plus loin que la distance du Soleil au centre de la Galaxie est de 8,3 kiloparsecs et que la taille moyenne d'un amas de galaxies est de l'ordre de 1 mégaparsec.

La *Table 3* indique la masse de certains des objets que nous allons considérer.

TABLE 3
Unités de masse et d'énergie

1 eV	1 électron-volt	$1{,}6\times10^{-12}$ erg (équivaut à 11 400 K)
m_e	masse de l'électron	$9{,}1\times10^{-28}$ g = 5×10^{5} eV ou 0,5 MeV
m_p	masse du proton	$1{,}6\times10^{-24}$ g ou 940 MeV
m_T	masse de la Terre	6×10^{27} g
$M_\odot$	masse du Soleil	2×10^{33} g
m_{gal}	masse de la Galaxie	2×10^{11} $M_\odot$

L'UNIVERS STRUCTURÉ

Nous disposons maintenant de quelques-unes des échelles dont nous aurons besoin pour mener notre enquête. Nous avons besoin encore de quelques guides simples pour ne pas nous perdre dans ces recherches complexes. On constate d'abord, et nous y reviendrons, que l'Univers que nous observons est à la fois structuré et ordonné : le noyau d'un atome contient des nucléons (protons et neutrons), eux-mêmes constitués de trois quarks. De l'atome on passe à la molécule, de la molécule à la macromolécule, puis à la cellule ou au minuscule agrégat, au grain de poussière, à la roche, à l'animal ou au végétal, des roches aux météorites, comètes et planètes, des planètes aux étoiles qui se regroupent en amas d'étoiles, en galaxies, puis en amas de galaxies... Chaque élément de cette structure emboîtée comme une poupée russe a une dimension et une masse caractéristiques *(Table 4)*. Cette structuration de la matière, présente à toutes les échelles, depuis les plus grandes jusqu'aux plus petites, est vraisemblablement due aux quatre interactions qui agissent sur la matière à grande et à petite échelle et qui servent de ressort à tout ce que nous allons observer et décrire *(Table 5)*. Nous aurons l'occasion de revenir sur ces quatre forces. Deux d'entre elles, qui peuvent agir à des distances élevées, sont bien connues : ce sont la gravité et la force électromagnétique ; les deux autres sont dites nucléaires faible et forte et ne peuvent agir que sur des distances extrêmement petites, égales ou inférieures au rayon caractéristique d'un noyau d'atome (soit 1 fermi, égal à 10^{-13} cm). Ce sont les effets de l'une ou de toutes ces forces ensemble qui vont nous permettre de comprendre pourquoi l'Univers est structuré de la sorte et ce qui gouverne son histoire.

TABLE 4
Les éléments constitutifs de l'Univers

Nucléon (proton ou neutron)	3 quarks
Atome	~ 10 nucléons
Molécule	~ 10 atomes
Poussières	~ 10^{20} atomes
Homme	~ 10^{28} atomes
Météorite	~ 10^{29} atomes
Planète	~ 10^{54} atomes
Étoile	~ 10^{56} atomes
Galaxie	~ 2×10^{11} étoiles
Amas de galaxies	~ 100 galaxies

TABLE 5
Les quatre interactions fondamentales de la physique

Interaction	*Portée*	*Particule vecteur* (boson d'interaction)	*Intensité relative*
Gravitation (mouvements d'étoiles)	$1/r^2$ (Newton)	graviton	10^{-39}
Électromagnétisme (rayonnement lumineux)	$1/r^2$ (Coulomb)	photon	1/137
Interaction nucléaire faible (désintégration bêta)	10^{-16} cm	W, Z	10^{-13}
Interaction nucléaire forte (réactions nucléaires)	10^{-13} cm	gluon	10

L'astronomie et sa sœur l'astrophysique sont des sciences d'observation comme peuvent l'être la zoologie et la botanique par exemple ; elles ont aussi l'ambition de proposer des explications sur la nature des différents composants de l'Univers et des prédictions concernant leur évolution.

La tâche de l'enquêteur astronome serait impossible s'il ne décidait pas d'adopter trois règles très simples : la première est que les lois de la physique qui décrivent son environnement immédiat s'appliquent à l'Univers dans son ensemble, en tout temps et en tout lieu. Une conséquence de cette règle est que tout progrès accompli dans les déterminations de ces lois et dans les méthodes et techniques qui en dérivent se répercute instantanément sur la connaissance de l'Univers.

La seconde règle est que notre environnement immédiat n'est pas un point privilégié ou singulier de l'Univers. La plupart de nos lecteurs et nous-mêmes vivons en France, qui se trouve elle-même en Europe, qui n'est qu'un continent de la Terre. La Terre n'est que l'une des planètes d'une étoile très ordinaire, le Soleil, qui n'est lui-même qu'une des quelque deux cents milliards d'étoiles constituant notre Galaxie. On pense aujourd'hui qu'il y a plusieurs milliards de galaxies dans l'Univers observable. Nous ne sommes donc qu'un point infime dans cet Univers. Néanmoins, grâce à ce principe d'uniformité de l'Univers, la connaissance de notre environnement immédiat est extrapolable à l'ensemble de celui-ci, et ce, sans que nous puissions être taxés indûment d'anthropomorphisme. Cette accusation est d'autant moins recevable que nous sommes constitués de matière très ordinaire dont la connaissance précise nous renseigne sur la plus grande partie de celle qui constitue l'Univers.

La troisième règle est une règle de méthodologie scientifique et de simplicité que les auteurs anglo-saxons désignent comme le *principe d'Occam,* du nom d'un philosophe ecclésiastique du Moyen Âge. Selon Guillaume d'Occam, de deux théories décrivant la réalité de façon également satisfaisante, il faut toujours préférer celle qui est la plus économe en hypothèses différentes, quitte à y revenir.

Pour mener l'enquête à laquelle nous vous invitons, nous disposons d'un formidable arsenal de lois, de méthodes et de techniques dont nous faisons usage chaque jour dans nos observations et nos laboratoires. Nous sommes conscients que ce que nous allons décrire dans la suite représente notre enquête *aujourd'hui* et qu'elle sera reprise et perfectionnée par les efforts des astrophysiciens, qui continueront à scruter et analyser le ciel et ses composantes. Mais le futur ne fait jamais complètement table rase du passé. Même si notre conception de l'Univers n'est plus celle de Galilée, nous admirerons encore longtemps sa clairvoyance et la façon dont il décrivit les mouvements de la Terre et observa les satellites de Jupiter.

Le déroulement de l'enquête

Chaque détective a sa méthode. Avant de décrire l'Univers et d'en expliquer les ressorts, évoquons notre méthodologie et les étapes de notre démarche.

En premier lieu, il convient d'observer, relever les indices et recenser les différents acteurs de la troupe cosmique. En second lieu, nous faisons appel aux lois de la physique, citées en tant qu'experts. Enfin nous remettons au lecteur les conclusions de notre enquête : l'histoire de l'Univers et de ses principaux éléments – système planétaire, étoiles et galaxies.

Nous commençons naturellement par décrire les objets les plus proches de nous : planètes, comètes, astéroïdes et météorites. L'ensemble de ces corps accompagnent le Soleil, qui est évidemment l'étoile la plus accessible à l'observation. Les étoiles elles-mêmes constituent les éléments fondamentaux de l'Univers et de son évolution actuelle. La variété de leurs propriétés exige une classification dans laquelle le Soleil occupe une place médiane. Les étoiles se regroupent en vastes ensembles appelés *galaxies,* elles-mêmes la plupart du temps associées en amas. L'ensemble de cette organisation ne se comprend qu'à la lumière de la physique générale, macroscopique et microscopique. La seconde partie de cet ouvrage fait ressortir en quels termes les lois du microcosme et du macrocosme interviennent sur la structure et l'évolution des différents objets célestes. Nous terminons en retraçant à grands traits les principaux chapitres de cette histoire.

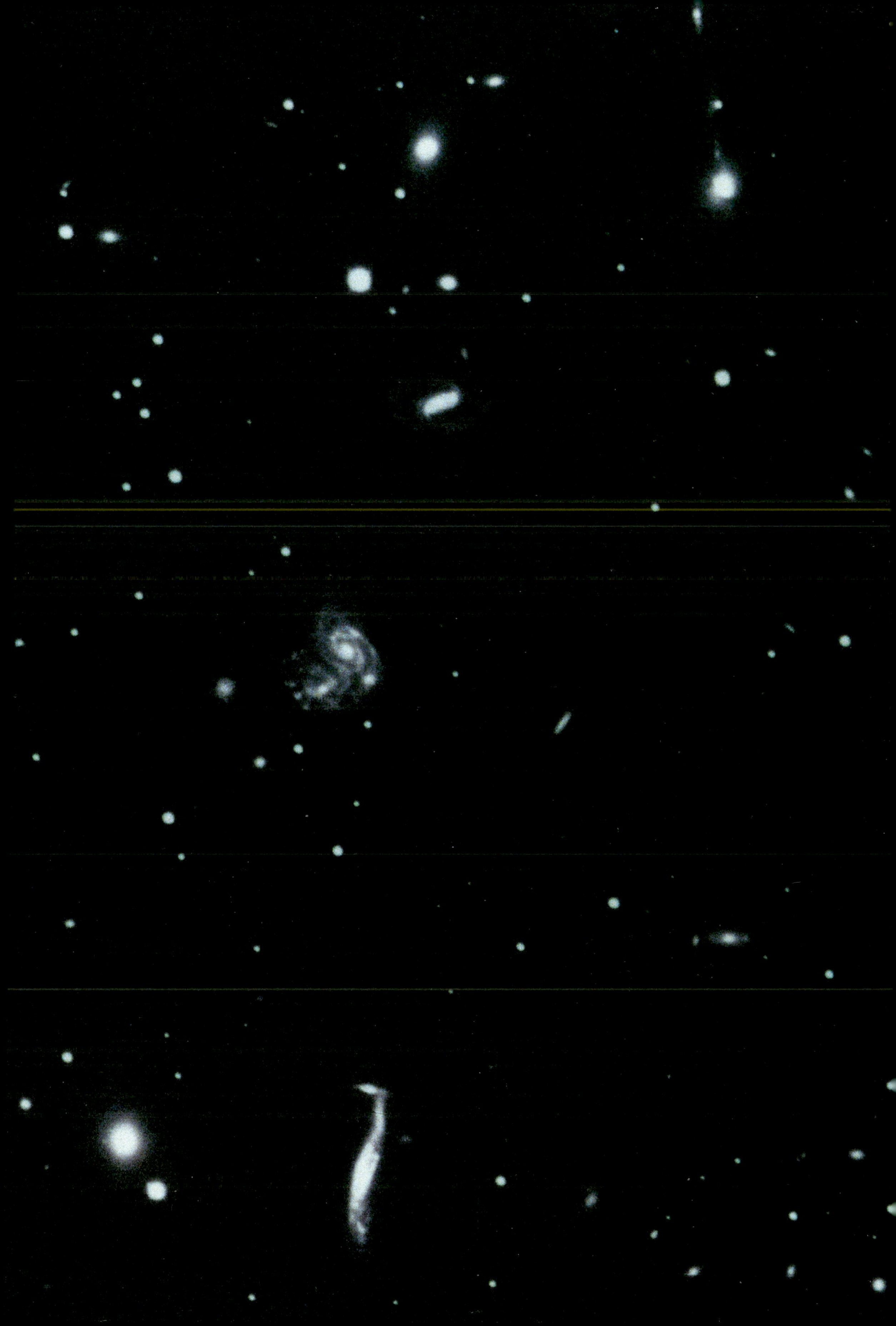

NGC 1395

NGC 2997

LA RÉGION CENTRALE DE L'AMAS DE GALAXIES D'HERCULE (page précédente)
Les amas de galaxies regroupent quelques centaines à quelques milliers de galaxies de tous types morphologiques, qui s'y meuvent à plusieurs centaines de kilomètres par seconde. Les collisions de galaxies ne sont pas rares. Au centre de la figure, deux galaxies spirales sont en interaction proche.

Galaxie du Sombrero

Centaurus A

NGC 1097

Les galaxies sont peuplées d'étoiles d'âges différents. La couleur jaune orangé du centre des galaxies spirales NGC 1365 et NGC 2997 témoigne de la présence de vieilles étoiles et de géantes rouges de petite masse. La couleur bleue des bras spiraux est due au rayonnement de très nombreuses étoiles jeunes et très chaudes qui prennent naissance au sein du gaz interstellaire. Mélangé à d'innombrables et minuscules grains de poussière, le gaz des galaxies spirales s'étend généralement sur un disque mince qui s'épaissit à sa périphérie, comme dans le cas de la galaxie NGC 4594 (M 104), dite du « Sombrero ». La distribution du gaz dans les galaxies d'un autre type morphologique est souvent plus complexe, comme dans NGC 5128, puissante radiosource connue sous le nom de Centaurus A. Le 3 mai 1986, un astronome amateur y découvrit une supernova. L'accentuation des différences de couleur des étoiles de la galaxie spirale barrée NGC 1097, par un traitement numérique approprié, permet de distinguer plusieurs composantes morphologiques, bulbe, barre, disque, bras spiraux, auxquelles sont associées des étoiles d'âges différents.

LA VOIE LACTÉE
La bande brillante de la Voie lactée, dont on voit ici la région centrale située dans la direction de la constellation du Sagittaire, ne donne qu'une modeste image de la Galaxie, constituée de plus de cent milliards d'étoiles. La plupart sont masquées par de nombreux nuages de gaz et de poussières. Les plus proches apparaissent comme des taches sombres sur le fond serré des étoiles. Le centre galactique échappe ainsi complètement à l'observation optique. De nombreux amas ouverts et nébuleuses d'hydrogène ionisé sont regroupés au voisinage du plan médian de la Voie lactée, témoignant de la formation régulière de nouvelles générations d'étoiles.

AMAS GALACTIQUE

Les étoiles se forment en groupes de quelques centaines à quelques milliers de membres, au sein de nuages froids de gaz moléculaire. Peu après leur naissance, les étoiles les plus massives émettent un rayonnement ultraviolet intense qui ionise et disperse le gaz environnant. L'amas de jeunes étoiles se libère ainsi de sa matrice gazeuse originelle. Faiblement liées entre elles par l'attraction gravitationnelle, les étoiles d'un amas ouvert se dispersent peu à peu dans la Galaxie.

L'amas galactique NGC 3293, encore associé à des lambeaux de gaz interstellaire, est situé au voisinage de la nébuleuse de la Carène. L'âge de ces étoiles, en moyenne de cinq millions d'années, augmente d'un bord à l'autre de l'amas, suggérant qu'elles se sont formées en séquence soit sur le passage d'une onde de choc, probablement due à l'explosion d'une supernova ou à la collision de deux nuages interstellaires, soit par contagion, l'action sur le nuage protostellaire des premières étoiles formées déclenchant la formation des suivantes.

AMAS GLOBULAIRE (à droite)

Les amas globulaires regroupent jusqu'à plusieurs centaines de milliers d'étoiles, fortement liées entre elles par leur attraction gravitationnelle mutuelle. Ce sont les objets les plus âgés de la Galaxie. Les étoiles les plus brillantes d'un amas globulaire sont des géantes rouges dont l'âge remonte à plus de dix milliards d'années. Ces témoins de la formation de la Galaxie, au nombre de quelques centaines, sont répartis dans un vaste halo qui s'étend sur une vingtaine de kiloparsecs autour du centre galactique.

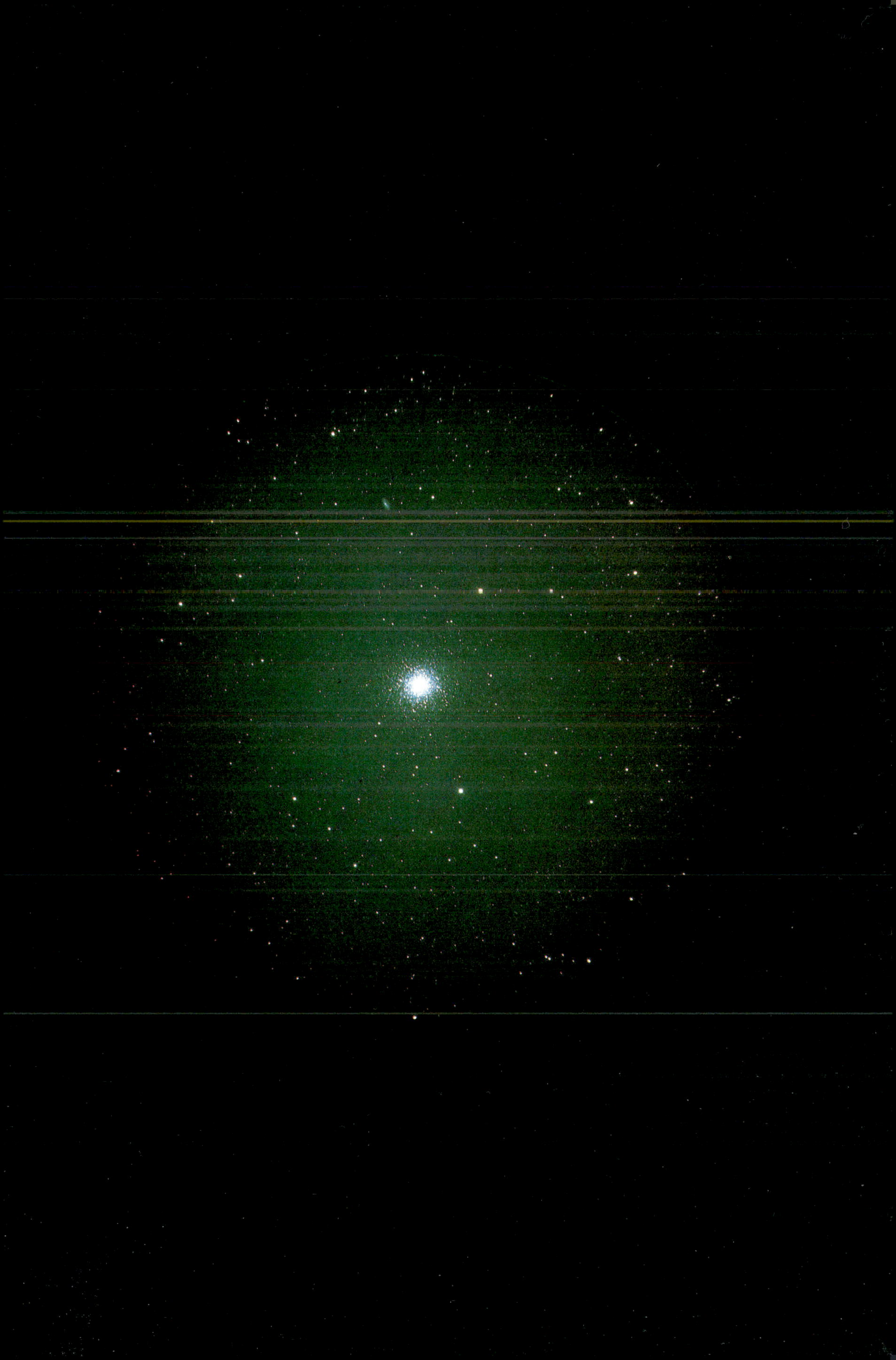

LA NÉBULEUSE D'ORION

La nébuleuse d'Orion est une toute petite partie d'un vaste complexe de nuages moléculaires, qui est un des centres actifs de formation d'étoiles dans la Galaxie. La nébuleuse proprement dite résulte du rayonnement de l'hydrogène ionisé par l'émission ultraviolette d'un groupe d'étoiles massives, très lumineuses, âgées de moins d'un million d'années. L'observation du rayonnement infrarouge révèle la présence d'un nombre bien plus élevé d'étoiles moins lumineuses, tout aussi jeunes mais de petite masse.

L'UNIVERS À GRANDE ÉCHELLE

L'image de l'Univers que nous fournissent les grands télescopes est de même nature que celle de la peinture avant la découverte de la représentation de la perspective. L'éloignement formidable des galaxies fait disparaître toute perception de distance, et les photographies du ciel manquent singulièrement de profondeur. Cependant, le simple fait que l'Univers soit non pas statique, mais en expansion, permet aux astronomes d'évaluer la distance des galaxies les plus lointaines. On sait depuis les travaux d'E. Hubble que les galaxies s'éloignent toutes les unes des autres. Deux régions de l'Univers s'éloignent d'autant plus vite l'une de l'autre qu'elles sont plus distantes car une quantité d'autant plus grande d'espace se « crée » entre elles. La situation est en quelque sorte analogue à celle d'un élastique que l'on étire par les deux bouts : les deux extrémités s'éloignent plus vite l'une de l'autre que de n'importe quel autre point de l'élastique. La différence est que dans l'Univers le phénomène se produit dans toutes les directions de l'espace, et qu'il n'a pas de bout !

Deux galaxies s'éloignent l'une de l'autre à une vitesse qui est proportionnelle à leur distance. La constante de proportionnalité s'appelle la *constante de Hubble.* Elle est désignée par la lettre « H » mais sa valeur précise est encore aujourd'hui un sujet de vifs débats. L'Univers se dilate à un taux tel que deux points séparés d'un mégaparsec (soit 3×10^{19} km) s'écartent à une vitesse comprise entre 50 et 100 km/s. Deux points deux fois plus éloignés se séparent à une vitesse double, etc.

Comme nous l'avons vu, la distance d'un mégaparsec est l'unité adaptée dès lors que l'on envisage la structure globale de l'Univers accessible à l'observation. La lumière émise par un objet situé à cette distance met 3,3 millions d'années pour nous parvenir. La loi de Hubble permet d'évaluer la distance d'une galaxie qui s'éloigne de nous. L'ensemble du spectre de la lumière qu'elle émet est comme étiré par le phénomène appelé *décalage Doppler des fréquences,* dont l'analogue acoustique est quotidiennement perçu au passage de n'importe quel véhicule suffisamment bruyant et rapide. En particulier, les positions des raies spectrales, qui sont la signature précise de l'émission ou de l'absorption des ondes électromagnétiques par les divers éléments chimiques, sont décalées vers de plus grandes longueurs d'onde. La mesure de ce décalage des raies spectrales est aisée et permet de déterminer la vitesse d'éloignement de l'objet émetteur (étoile ou galaxie) avec une très bonne précision. Il suffit alors de diviser cette vitesse par la constante de Hubble pour obtenir, en principe, la distance de la source.

Mais en principe seulement. Car une galaxie peut posséder un mouvement propre qui n'a rien à voir avec son mouvement d'entraînement universel. Comme on n'a que peu de moyens d'estimer son mouvement propre, la distance déduite de la loi de Hubble ne peut être qu'indicative. On peut améliorer cette évaluation par des méthodes statistiques, qui permettent, entre autres, d'estimer la vitesse d'éloignement moyenne et la distance d'un groupement localisé de galaxies.

À cela, il faut rajouter une difficulté qui surgit dès que l'on tente d'appliquer la loi de Hubble à des objets extrêmement lointains. En effet, la constante de Hubble n'est pas une « vraie constante », c'est-à-dire indépendante du temps, parce que le mouvement d'expansion de l'Univers se ralentit graduellement. L'Univers, il y a plusieurs milliards d'années, enflait plus vite que l'Univers contemporain.

La notion de temps s'impose d'elle-même quand on examine les grandes profondeurs de l'espace. La lumière qui nous en parvient témoigne de l'état de l'Univers en des temps extrêmement reculés. Sonder l'Univers à grande distance, c'est aussi sonder loin dans le temps, et il faut tenir compte, nous l'avons dit, de la décélération de l'expansion de l'Univers. Ce ralentissement progressif est exprimé par un second paramètre d'Univers, q_0, appelé tout naturellement ***paramètre de décélération***. Malheureusement, il est encore moins bien connu que H : sa valeur est comprise entre -1 et 2, ce qui correspond, comme nous le verrons plus loin, à des comportements globaux de l'Univers très différents. Cela suffit à se faire une idée de l'impatience des astronomes, dans l'attente de la nouvelle génération de télescopes géants qui verra le jour au début de la prochaine décennie, et de la venue du télescope spatial. Ces instruments amélioreront l'estimation des paramètres d'Univers H et q_0. La vision actuelle de l'Univers dans son ensemble, dont nous allons maintenant, par la force des choses, ne brosser qu'une simple ébauche, s'en trouvera fort heureusement clarifiée.

L'INSTINCT GRÉGAIRE

L'examen qualitatif d'une photographie d'une région du ciel, prise à l'aide d'un grand télescope capable de révéler les galaxies les plus faibles – parce que les plus lointaines –, suggère que les galaxies ont une forte tendance à se regrouper en amas plus ou moins fournis. Notre Galaxie fait elle-même partie d'une petite concentration regroupant une vingtaine de galaxies (dont la galaxie d'Andromède et ses satellites), appelée ***amas local***. Ce petit amas fait lui-même partie du superamas de la Vierge.

Dès que l'on considère le peuplement de l'Univers à grande échelle, on parle essentiellement de galaxies, et éventuellement de gaz intergalactique. Pourquoi ne parle-t-on plus d'étoiles ? Les galaxies, on le sait, sont autant de « sociétés stellaires », regroupant en moyenne une à quelques centaines de milliards d'étoiles. Ces associations constituent les briques de base de l'édifice cosmique, dans lesquelles se fondent les entités plus élémentaires que sont les étoiles. À très grande distance, les étoiles cessent d'être visibles avec les moyens actuels si elles ne sont pas regroupées en associations suffisamment compactes, comme, précisément, les galaxies. Dans une galaxie lointaine, les étoiles ne sont plus visibles individuellement, et c'est seulement la lueur de leurs éclats conjugués que l'on perçoit. De même qu'en avion, de nuit, on distingue aisément les villes mais pas les fermes isolées...

L'observation ne nous révèle donc que la répartition des *galaxies* dans l'Univers mais peut-être ne témoigne-t-elle pas correctement de la répartition réelle de la matière. Pour que l'on puisse l'observer directement, la matière doit être lumineuse comme dans une étoile ou, plus généralement, émettre des ondes électromagnétiques. C'est là un problème considérable de l'astronomie contemporaine, que l'on rencontrera à plusieurs reprises dans cet ouvrage : l'Univers n'est-il seulement peuplé que de ce qui « saute aux yeux » des télescopes ? La question n'est pas simple, et l'on possède plusieurs indices qui font pencher grand nombre d'astronomes vers une réponse négative. Mais alors, quelle est la nature des objets, voire la nature même de la matière, qui échappent à l'observation directe ? La question, largement débattue à l'heure actuelle, demeure tout aussi largement ouverte. Nous y reviendrons dans le chapitre consacré à la *cosmologie*. Pour le moment, contentons-nous d'examiner ce que l'on voit et les conséquences qui en résultent.

En toute première et très grossière approximation, l'Univers semble uniformément peuplé de galaxies. Cela veut tout juste dire qu'en moyenne, où que l'on regarde, le nombre de galaxies contenues dans une « unité de volume d'Univers » suffisamment grand est pratiquement constant. La densité moyenne de l'Univers est d'environ une galaxie pour un volume de 80 mégaparsecs cube. Cela veut dire que l'Univers n'a pas la forme d'une énorme galaxie, ce qui n'était pas évident *a priori*.

Mais l'homogénéité à très grande échelle disparaît lorsque l'on examine la répartition fine des galaxies. Il apparaît alors qu'elles sont pour la plupart regroupées en amas rassemblant en général quelques milliers de membres, comme l'amas de Coma dont la dimension transversale est de l'ordre de 2 mégaparsecs.

On s'est aperçu dès 1933 que les galaxies n'étaient pas réparties au hasard dans l'espace. Harlow Shapley, puis Fritz Zwicky et George Abell contribuèrent dans les années 1960 à définir la notion d'amas de galaxies. Dans un rayon d'environ 1 000 mégaparsecs, on dénombre une vingtaine d'amas rassemblant chacun entre 100 et 500 galaxies suffisamment lumineuses pour être détectées. L'amas de la Vierge, le plus proche de nous à une vingtaine de mégaparsecs, est le plus riche avec environ 2 500 galaxies. Il est suivi de près par l'amas de Coma, situé dans la direction de la Chevelure de Bérénice à une centaine de mégaparsecs. La taille des amas de galaxies est de l'ordre de 5 mégaparsecs, de sorte que la concentration de galaxies dans un amas est des milliers de fois supérieure à ce qu'elle serait si elles étaient uniformément réparties dans tout l'espace.

En fait, dans un amas, la distance moyenne entre deux galaxies est de l'ordre de 500 à 1 000 kiloparsecs, de sorte qu'il est probable, compte tenu de leurs vitesses relatives voisines de 1 000 km/s, qu'une collision ou deux se produisent au cours de leur existence. Par ailleurs, les galaxies assez massives comme la nôtre sont généralement accompagnées d'un cortège de petites galaxies satellites dont l'interaction gravitationnelle influe sur l'évolution de la galaxie principale.

Les galaxies ne sont pas immobiles au sein d'un amas. Entraînées par les forces de gravité qu'elles exercent mutuellement les unes sur les autres, elles s'y meuvent avec une vitesse voisine d'un millier de km/s. Cette vitesse, dans laquelle on a fait abstraction de la vitesse d'entraînement due à l'expansion de l'Univers, pose un sérieux problème aux astronomes. Elle est en conflit avec celle que l'on déduit de la masse que l'on assigne aux amas, qui est, *a priori,* la somme des masses de toutes les galaxies qu'il contient. Si l'on admet que les galaxies des amas sont normales, on parvient à « peser » un amas en comptant les galaxies et en évaluant leur luminosité, donc le nombre d'étoiles qu'elles contiennent. La masse et la taille d'un amas conduisent à une estimation du champ de gravité et, de là, on déduit la vitesse qu'il est apte à imprimer aux galaxies. On trouve souvent que la masse requise pour entretenir les vitesses des galaxies, telles qu'on les observe, est environ dix fois supérieure à celle que l'on estime directement à partir de ce que l'on voit.

Ou bien les amas de galaxies ne sont pas dans l'état dynamique que l'on croit, ou bien ils recèlent de la *matière cachée,* invisible à l'observation directe, mais trahie par le mouvement intempestif des galaxies.

Revenant à la distribution de la matière visible (les galaxies), il semble que de nombreux amas de galaxies se regroupent eux-mêmes en superamas, environ cent fois plus étendus. Cartographiés autant que faire se peut à trois dimensions – en tirant parti des décalages spectroscopiques et de la loi de Hubble –, de nombreux amas et superamas présentent la forme de filaments ou de feuillets laissant entre eux d'énormes espaces apparemment dépeuplés. Au-delà de l'homogénéité à très grande échelle de l'Univers, il existe certaines régions du ciel vides de matière lumineuse. L'existence même de ces associations en filaments est actuellement l'objet de nombreuses études mettant en particulier en œuvre des méthodes statistiques plus objectives que le simple examen à l'œil.

La cartographie de l'Univers à grande échelle a donc essentiellement permis de poser un des problèmes fondamentaux de l'astronomie contemporaine, à savoir l'existence même et la nature de la « matière cachée ». Nous verrons plus loin ce que la physique des particules élémentaires est susceptible de nous apprendre à son sujet.

De plus, le fait que les galaxies soient regroupées en amas, superamas, voire en filaments ou feuillets, doit guider les astrophysiciens qui s'attachent à cerner la façon dont se sont formées les galaxies.

LES GALAXIES ET LA VOIE LACTÉE

La notion de galaxie remonte au XVIIIe siècle : en 1755, Kant émet l'hypothèse que la centaine de nébuleuses (répertoriées un peu plus tôt par Ch. Messier et P. Méchain) étaient autant d'Univers-Îles. Mais ce n'est qu'après 1922 que les travaux de l'astronome E. Hubble permirent d'établir sans ambiguïté la distance de la nébuleuse d'Andromède et de NGC 6822. Les galaxies s'appelaient encore nébuleuses, mais on était sûr désormais que celles qui avaient une forme de spirale étaient situées bien au-delà de la Voie lactée.

En 1929, Hubble avait déterminé la distance d'une vingtaine de galaxies. En examinant le décalage vers le rouge de leur spectre, dû à l'effet Doppler, il constata que la plupart s'éloignaient de nous avec une vitesse proportionnelle à leur distance. L'expansion générale de l'Univers était établie, et l'on disposait du même coup d'un indicateur de distance fondé sur l'emploi généralisé de la relation éloignement-décalage spectral. La calibration de cette relation connut plusieurs vicissitudes, et en connaît encore. La polémique concernant la valeur réelle de ce facteur de calibration demeure vive et continue à affecter les débats portant sur la cosmologie.

Les galaxies sont de vastes amas de quelques dizaines à quelques centaines de milliards d'étoiles, espacés les uns des autres de plusieurs centaines de kiloparsecs. Les galaxies ne sont pas distribuées au hasard dans l'espace, mais regroupées en amas plus ou moins peuplés. Notre Galaxie fait partie d'un petit amas appelé amas local, qui comprend 28 membres, dont M31 (la « nébuleuse » d'Andromède). Leurs tailles s'échelonnent entre un et une trentaine de kiloparsecs, et leur aspect est très varié. Parmi les dix-huit plus importants, quatre présentent une forme irrégulière, comme les Nuages de Magellan, deux (dont le nôtre) sont aplatis avec des bras enroulés en spirale, un a la forme d'une lentille renflée au centre mais n'a pas de bras spiraux, et dix ont un aspect elliptique, semblable à un ballon de rugby plus ou moins allongé.

Typologie galactique

Toutes les grandes catégories de galaxies, classées dès 1926 par E. Hubble selon leur aspect morphologique, sont représentées dans l'amas local. La classification de Hubble subdivise les galaxies observées en galaxies elliptiques, lenticulaires, spirales (barrées et non barrées) et irrégulières. Les galaxies elliptiques sont désignées par la lettre E affectée d'un suffixe allant de 0 à 7, croissant avec leur allongement. Les galaxies E_0 sont sphériques, et les E_7 sont les plus étirées. Leur morphologie est homogène sans structure apparente. La forme des galaxies lenticulaires, notées S_0, est plus différenciée. Elles possèdent un disque stellaire aplati et, en plus, un renflement central appelé bulbe. Elles n'ont pas d'autre structure visible. Morphologiquement, elles constituent une classe intermédiaire entre les galaxies elliptiques, étirées, et les spirales qui sont toujours très fortement aplaties. Les galaxies spirales comportent toujours un bulbe central plus ou moins développé et un disque où l'on observe une ou plusieurs spirales, sur la nature desquelles nous reviendrons. Les galaxies spirales sont désignées par les symboles S_a, S_b et S_c selon une séquence où les spirales sont de plus en plus ouvertes. Souvent, le bulbe de ces galaxies est très allongé jusqu'à avoir l'apparence d'une barre, avec deux bras spiraux partant de ses extrémités. La barre est parfois entourée d'un anneau stellaire. Les galaxies spirales barrées sont notées SB, et celles présentant en plus un anneau, SBR. D'une manière générale, le dessin des spirales est beaucoup plus symétrique, marqué et régulier dans les galaxies barrées que dans les spirales ordinaires.

Enfin, la classe des galaxies irrégulières regroupe toutes celles d'apparence chaotique. Elles sont souvent grumeleuses et de taille modeste. Dans certains cas, on peut y discerner l'amorce d'une barre, comme dans les Nuages de Magellan.

La grande majorité (61 %) des galaxies sont des spirales. Les lenticulaires et les elliptiques représentent respectivement 22 % et 13 % du total. On n'observe, peut-être en raison de leur faible luminosité, que 4 % de galaxies irrégulières.

Cette classification empirique des galaxies repose uniquement sur des critères morphologiques. Ils sont parfois si difficiles à apprécier que cela conduit, d'un catalogue à l'autre, à des désaccords importants, sur le type de telle ou telle galaxie. De plus, la séquence Irrégulières-Spirales-Elliptiques, appelée *séquence de Hubble,* ne correspond en rien à une évolution temporelle, comme on a pu le penser initialement. On pense aujourd'hui que les galaxies se sont toutes formées pratiquement au même moment, il y a environ 15 milliards d'années, puis se sont différenciées en quelques centaines de millions d'années. Les raisons de cette différenciation ne sont qu'entrevues. Pour les deviner, on ne dispose que de l'observation de la pyramide des âges des étoiles dans les différents types de galaxies, et de la mesure de la quantité de gaz interstellaire qu'elles contiennent.

D'une manière générale, les galaxies elliptiques sont peuplées d'étoiles géantes rouges, vieilles et froides. Les spectres de ces étoiles révèlent cependant que leurs enveloppes contiennent des éléments lourds, comme le carbone ou le fer, en quantité appréciable. Dans le chapitre consacré à l'évolution chimique des galaxies (voir page 183 et suivantes), on verra que cela implique que des étoiles massives, susceptibles de synthétiser et rejeter ces éléments dans l'espace, se sont formées très rapidement en quelques centaines de millions d'années, dès la formation de ces galaxies.

Les premières générations d'étoiles se sont succédé à un rythme plus rapide que celui de l'effondrement de la jeune galaxie. 200 à 300 millions d'années représentent typiquement le temps qu'une étoile ou un nuage de gaz met pour traverser une galaxie de part en part – ou pour en faire le tour, suivant la forme de l'orbite. Les galaxies elliptiques seraient alors celles dans lesquelles le gaz interstellaire se serait presque entièrement transformé en étoiles avant que les mouvements de la protogalaxie aient eu le temps d'altérer profondément sa forme. La mesure de la quantité de gaz interstellaire que contiennent actuellement les galaxies elliptiques vient corroborer cette description qualitative. De tous les types morphologiques, les elliptiques sont les galaxies qui contiennent le moins de gaz, soit environ 1 % de leur masse totale.

À de rares exceptions près, dont témoigne par exemple la présence de poussières interstellaires ou d'une puissante émission radio, les galaxies elliptiques apparaissent comme des mondes fossiles. À peu de choses près, elles se ressemblent toutes. Ce qui les distingue essentiellement les unes des autres, c'est leur luminosité totale, qui varie dans de très grandes proportions. La vitesse moyenne à laquelle se meuvent les étoiles dans une galaxie elliptique et la quantité d'éléments lourds qu'elle renferme, synthétisés très tôt dans son histoire, croissent avec sa luminosité totale.

L'éventail des masses des galaxies elliptiques est extrêmement large. On trouve dans l'amas local des elliptiques d'environ 10^6 masses solaires, alors que la galaxie M87 (le 87e objet du catalogue de Messier), au cœur de l'amas de la Vierge, a une masse environ 4 millions de fois plus élevée. On s'aperçoit que la masse des galaxies elliptiques est proportionnelle à leur luminosité totale. Cela signifie qu'elles sont toutes constituées de vieilles étoiles. En proportion, la matière que renferment les galaxies elliptiques produit, par l'intermédiaire des étoiles, 80 fois moins de lumière que le Soleil. On dit que le rapport « masse sur luminosité » (M/L) est de 80. Il est toujours exprimé en prenant le Soleil comme référence. On a pu également établir que ces galaxies sont d'autant plus enrichies en éléments lourds qu'elles sont plus massives. Les facteurs d'enrichissement chimique d'une galaxie sont liés à la masse des étoiles qui se succèdent, à l'importance du taux de formation d'étoiles au cours des âges et à la faculté qu'a la galaxie de retenir le gaz interstellaire progressivement enrichi. La masse, la luminosité et l'abondance des éléments lourds dans une galaxie constituent de précieux renseignements sur son histoire.

À l'inverse des galaxies elliptiques moribondes, les galaxies spirales sont en pleine maturité. La pyramide des âges des étoiles y est assez équilibrée. On y trouve une abondante population d'étoiles vieilles qui côtoie des étoiles beaucoup plus jeunes et même naissantes. Certaines étoiles vieilles sont extrêmement pauvres en éléments lourds : elles peuvent en contenir jusqu'à mille fois moins que le Soleil qui est lui-même une étoile née quand la Galaxie était âgée d'une dizaine de milliards d'années. Les étoiles les plus jeunes sont environ deux fois plus riches en éléments lourds que le Soleil. Cela signifie qu'une galaxie comme la nôtre s'est enrichie en éléments chimiques « lourds » d'un facteur deux pendant les cinq derniers milliards d'années.

De cela on conclut que le processus d'astration – c'est-à-dire de transformation du gaz en étoiles – est plus lent et plus régulier dans les galaxies spirales que dans les elliptiques. Le temps caractéristique d'astration y est de l'ordre de 7 milliards d'années, soit au moins dix fois plus long que pour les galaxies elliptiques. C'est vraisemblablement la raison pour laquelle ces galaxies ont pu se différencier morphologiquement.

Le gaz interstellaire primordial n'a pas été consommé tout de suite. Au lieu de s'effondrer sur lui-même comme une boule, il s'est étalé en un vaste disque mince en rotation. Ce comportement est naturel et bien reproduit par le calcul. Par la suite, les étoiles ont continué à prendre naissance dans le disque gazeux. Actuellement, le disque de notre Galaxie ne contient plus qu'environ 10 % de gaz, mais c'est amplement suffisant pour y entretenir une activité régulière de formation d'étoiles. Les toutes premières générations d'étoiles se sont formées alors que la protogalaxie était encore à peu près sphérique et un peu plus étendue que de nos jours. Les étoiles qui ont survécu se répartissent dans un vaste halo peu dense qui entoure toute la Galaxie. Beaucoup d'entre elles se retrouvent dans les amas globulaires.

Les galaxies spirales sont donc beaucoup plus différenciées que les elliptiques. Leur bulbe central, composé en majorité d'étoiles vieilles, ressemble cependant, sur plus d'un point, à une petite galaxie elliptique. Le disque est plus jeune que le bulbe. Sa luminosité, proportionnelle à la densité d'étoiles, décroît du centre vers le bord. Il contient une fraction appréciable de gaz ou de nuages interstellaires, au sein desquels prennent naissance, par essaim, les nouvelles générations d'étoiles. Ces concentrations d'étoiles très jeunes et très lumineuses, associées à des nébulosités brillantes d'hydrogène ionisé, sont réparties le long des bras spiraux dont elles accentuent fortement la luminosité. C'est la raison pour laquelle ces bras sont le trait morphologique le plus apparent de ces galaxies, bien qu'ils ne représentent que quelques centièmes de leur masse. Ces bras sont toujours fins et bien marqués dans les spirales barrées et souvent plus larges et plus touffus dans les spirales ordinaires. L'examen photométrique d'une galaxie spirale vue à peu près de face révèle que l'espace compris entre les bras spiraux est peuplé d'un grand nombre d'étoiles moins lumineuses et plus rouges (donc plus froides). Cette population relativement vieille du disque, qui compte pour 30 à 60 % de la masse totale d'une galaxie spirale, est composée d'étoiles dont l'âge est compris entre 1,5 et 6 milliards d'années. Elles sont cinq à dix fois plus pauvres en éléments lourds que les étoiles les plus jeunes des bras spiraux.

En dehors des grandes familles que nous venons de décrire brièvement, le monde des galaxies rassemble d'autres classes d'objets possédant des propriétés particulières. Parmi eux, nous mentionnerons ce que l'on appelle les « galaxies bleues compactes », les « galaxies à noyaux actifs » et les quasars.

Les galaxies bleues compactes, étudiées en détail par Fritz Zwicky à partir de 1950, sont peu massives – quelques centaines de millions de masses solaires –, et leur morphologie les apparente aux galaxies irrégulières. Elles ressemblent en fait à de gigantesques régions d'hydrogène ionisé. Les étoiles s'y forment actuellement à un taux considérable, de sorte que la grande majorité des étoiles de ces galaxies ont un âge inférieur à quelques centaines de millions d'années. De deux choses l'une : ou bien on assiste à la naissance de petites galaxies, à partir de lambeaux de gaz primordial, laissés pour miettes depuis une quinzaine de milliards d'années à la suite de la formation des grandes galaxies ; ou bien des étoiles se forment sporadiquement dans ces petites galaxies, par petites bouffées successives, et nous assistons à l'une de ces bouffées. La question reste actuellement ouverte. Quoi qu'il en soit, ces galaxies sont extrêmement jeunes du point de vue de la nucléosynthèse et de l'évolution chimique. La galaxie 1ZW 18 (la 18e galaxie du premier catalogue de galaxies bleues compactes de Zwicky), avec une abondance d'éléments lourds quatre cents fois inférieure à celle du Soleil, est la galaxie la moins évoluée que l'on connaisse. En tirant parti de la découverte récente d'une corrélation entre l'abondance d'hélium et celle des éléments lourds dans les galaxies bleues compactes, on a pu remonter à l'abondance d'hélium synthétisé à l'issue du Big Bang. 24 % des nucléons ont fusionné en noyaux d'hélium avant la formation des étoiles et des galaxies. Cette valeur est une contrainte essentielle des modèles cosmologiques.

De nombreuses galaxies sont de puissants émetteurs radio. Les radio-galaxies possèdent souvent un noyau émetteur très petit, d'un diamètre voisin d'un dixième de parsec ou encore un tiers d'année-lumière. La région émettrice est donc extraordinairement plus petite que la galaxie. Cependant, sa luminosité radio peut être comparable ou même supérieure à celle du reste de la galaxie. L'émission varie dans le temps sur des périodes parfois aussi courtes que quelques mois. On est alors sûr que le phénomène intéresse une région qui ne peut être plus grande que quelques mois-lumière. Les noyaux actifs des galaxies éjectent sporadiquement des composantes compactes avec une énergie de l'ordre de 10^{55} ergs. C'est l'énergie susceptible d'être libérée lors de l'engloutissement par un trou noir d'une étoile ou d'un nuage de gaz d'une dizaine de masses solaires. On pense que cet effondrement dans un trou noir géant est à l'origine de l'énergie rayonnée par ces noyaux actifs de galaxies. Rappelons qu'un trou noir est un objct dont les dimensions par rapport à sa masse sont si faibles (ou sa densité si grande) qu'il emprisonne toute forme de matière et de rayonnement (à l'exclusion des ondes gravitationnelles). Il agit comme un véritable aspirateur cosmique attirant sur lui la matière avoisinante ; cette chute de matière est vivement accélérée par le champ d'attraction exercée par le quasar ; se produisant à grande vitesse, elle peut dégager énormément d'énergie : certaines sources X stellaires parmi les plus énergétiques doivent renfermer un trou noir en leur sein. D'où la relation qui doit exister entre l'énergie libérée par une radiosource et un trou noir géant central.

Les énergies colossales mises en jeu au cours de ces phénomènes donnent parfois lieu à des comportements paradoxaux. Le quasar (voir plus loin) 3C 273 (le 273e objet du 3e catalogue de radiosources de Cambridge), radiosource compacte rapidement variable, possède une composante qui semble s'éloigner de lui à environ 10 fois la vitesse de la lumière ! En fait la composante a été éjectée pratiquement à la vitesse de la lumière (0,99 *c*) et presque dans notre direction (la théorie relativiste de l'effet Doppler indique que c'est une condition nécessaire pour que l'on puisse recevoir le rayonnement d'une source animée d'une vitesse proche de celle de la lumière). La contraction relativiste du temps – alors que le déplacement perpendiculaire à la ligne de visée n'est pas affecté – conduit à l'illusion d'un mouvement transverse superluminique.

Les objets quasi stellaires ou quasars

Les objets quasi stellaires, dont l'acronyme quasar a été proposé par M. Schmidt de façon à exciter l'intérêt et l'imagination du public, ont indéniablement révolutionné notre vision de l'Univers. L'astronomie du début des années 1960 fut dominée par leur découverte qui reste une page magnifique de l'histoire de cette science. Cette découverte illustre en fait la synergie que constitue l'observation du ciel dans différents domaines de longueur d'onde. Les quasars n'ont pu être découverts qu'après l'avènement de la radioastronomie et des grands télescopes optiques. Retraçons très brièvement cette découverte. Juste après la fin de la Seconde Guerre mondiale, les pionniers de la radioastronomie naissante découvrirent les premières radiosources intenses. Une grande majorité d'entre elles s'avérèrent d'origine extragalactique ; Bolton, Stanley et Slee identifièrent deux d'entre elles, Centaurus A et Virgo A, avec deux galaxies proches alors que Cygnus A, étudié en 1954 par W. Baade et R. Minkowski, est la manifestation d'une galaxie lointaine. Lors des années 1950, les plus grands radiotélescopes du moment, en particulier celui de Cambridge, G.-B., dans l'hémisphère nord, et de Parkes, Australie, dans l'hémisphère sud, établirent les premiers catalogues de radiosources dont peut-être le plus célèbre est le catalogue 3C (c'est-à-dire le 3e catalogue de Cambridge de radiosources). L'on constata à cette époque que de nombreuses galaxies constituent des radiosources très intenses : on leur donna le nom de radiogalaxies. L'étude des radiogalaxies et, en particulier, des mécanismes de génération d'énergie libérée par les radiosources qu'elles constituent, demeure un problème particulièrement difficile auquel s'attachent de nombreux astrophysiciens. En effet, de nombreuses radiosources extragalactiques apparaissent à la fois très énergétiques et très étendues. On postule que ces radiosources tirent leur origine de l'interaction de jets d'électrons ultrarelativistes avec les champs magnétiques environnants.

Revenons donc au début des années 1960 marquées par la découverte quasi journalière de radiosources particulièrement intenses dans le ciel. À côté des radiosources étendues dont nous venons de mentionner l'existence, on s'aperçut, au radiotélescope de Jodrell Bank (à côté de Manchester), que plusieurs de ces radiosources ont un diamètre angulaire extrêmement petit. C'était le cas de 3C 48, 3C 286... Deux astronomes du mont Palomar, A. Sandage et O. Matthews, observèrent ces radiosources avec le télescope géant de l'époque et durent constater qu'elles semblaient assimilables à des « étoiles » aux propriétés spectroscopiques tout à fait surprenantes : en 1960, Sandage remarqua en particulier que 3C 48 avait des propriétés très étranges : un excès en lumière bleue assez prononcé et la présence dans le spectre optique de nombreuses raies brillantes en émission de nature inconnue à l'époque. Ce remarquable objet resta totalement mystérieux pendant deux ans. Il fallut attendre 1963 pour que M. Schmidt, en collaboration avec J. Greenstein et O. Matthews, s'aperçoive que les fortes raies en émission ne sont rien d'autre que des raies d'hydrogène *très fortement* décalées vers le rouge. L'article de J. Greenstein et M. Schmidt, publié en 1964 à partir de cette découverte, marque de fait la naissance du concept de quasar dans l'astrophysique moderne.

La découverte de ces objets quasi stellaires libérant autant d'énergie sous forme radio qu'une galaxie, ayant l'aspect optique d'une étoile et apparemment dotés de vitesses d'éloignement plus grandes que n'importe quelle galaxie, même très lointaine, bouleversa grandement le panorama astronomique du milieu des années 1960.

Dans le cadre d'un Univers en expansion, les quasars sont les astres les plus lointains. Leur très fort décalage vers le rouge est dû en effet à leur très grande distance. L'on connaît maintenant plusieurs quasars présentant un décalage vers le rouge supérieur à 4, ce qui conduit à penser que sa distance par rapport à nous est de 12 à 14 milliards d'années-lumière. Les quasars, étant très distants, sont également, nécessairement, des objets très jeunes par rapport à la naissance de l'Univers. Leur observation revient à voir des astres dont l'âge est peut-être inférieur à un milliard d'années après le Big Bang.

Ce très grand éloignement et cette très grande jeunesse expliquent deux caractéristiques fondamentales des quasars, à savoir leur aspect ponctuel et leur très grand débit d'énergie. On peut confondre les quasars avec des étoiles simplement parce qu'ils sont loin. L'interprétation actuelle la plus plausible est que les quasars sont les noyaux de galaxies jeunes et donc très actives ; on ne voit pas le reste de la galaxie parce que le rayonnement émis par ces régions externes n'est pas assez brillant.

L'énergie libérée par les quasars est énorme. Et, curieusement, la meilleure explication à ce jour d'un phénomène aussi extraordinaire est d'invoquer la présence d'objets aussi surprenants que les trous noirs : on postule donc qu'au centre des quasars, il existe un trou noir central qui aspire la matière environnante. Cette matière, dans son aspiration très violente, libère une énorme quantité d'énergie qui est la source du rayonnement émis par le quasar.

Notre système : la Galaxie

La Voie lactée est la manifestation la plus apparente du vaste système stellaire dans lequel le Soleil évolue. Cette magnifique draperie fait tout le tour du ciel, ce qui indique que nous sommes situés à l'intérieur de la Galaxie. Elle est parcourue de bandes sombres qui trahissent la présence du gaz interstellaire et d'une grande quantité de poussières. On est bien loin de voir toutes les étoiles de la Galaxie à cause de l'absorption de la lumière par la poussière interstellaire qui y abonde. La portée des télescopes optiques ne dépasse guère 5 kiloparsecs dans ces régions. La lumière visible à l'œil nu, qui émane de la Voie lactée, provient d'étoiles dont la magnitude est supérieure à 6, qui ne seraient pas visibles isolément. En supposant toutes les étoiles semblables au Soleil et en négligeant l'absorption interstellaire, cela correspondrait à des étoiles éloignées de plus de 17 parsecs. Au sol, les télescopes les plus puissants permettent d'observer les étoiles jusqu'à la magnitude 25, c'est-à-dire huit milliards de fois moins brillantes que Sirius (ils verraient le Soleil à 1 mégaparsec, c'est-à-dire vingt fois plus loin que les Nuages de Magellan).

Quand on dénombre les étoiles sur une petite portion de ciel d'étendue donnée, on constate que leur nombre diminue régulièrement depuis le plan de la Voie lactée jusqu'à la direction dans le ciel qui lui est perpendiculaire, appelée pôle galactique. Dans la Voie lactée, une surface du ciel correspondant à celle de la Pleine Lune contient environ 800 000 étoiles plus brillantes que la magnitude 21 (pour seulement une étoile visible à l'œil nu), alors que, dans la direction des pôles galactiques, ces nombres sont divisés respectivement par 60 et 4.

Cette distribution est le reflet de la répartition des étoiles brillantes dans la Galaxie, qui a la forme d'un disque. Dans le voisinage du système solaire, on compte environ 1 étoile pour 15 parsecs cube. Autrement dit, les étoiles sont séparées en moyenne de 2,4 parsecs. Elles appartiennent à trois grands types : les étoiles géantes et supergéantes, les étoiles naines et les naines blanches. Pour 1 étoile géante on compte 8 naines blanches et 100 étoiles naines. Toujours dans le voisinage du système solaire, 51 % des étoiles appartiennent à un système multiple. En effet, les 100 étoiles les plus proches (situées à moins de 6,5 pc) appartiennent à 72 systèmes seulement. 49 sont simples, 19 sont doubles, 3 sont triples et 1 est quadruple. 65 % de ces étoiles sont de type M, c'est-à-dire plus froides et plus rouges que le Soleil.

Les étoiles les plus proches sont loin d'être celles qui brillent le plus dans le ciel. Dans les meilleures conditions, à peine une vingtaine sont visibles à l'œil nu. Toutes les autres, soit environ 3 000 étoiles par hémisphère, sont éloignées de plus de 6,5 parsecs. Parmi les étoiles brillantes du ciel, ζ *Puppis* est la plus éloignée, à 700 parsecs. C'est une étoile très jeune et très lumineuse.

DES ESSAIMS DE JEUNES ÉTOILES

À grande échelle, on observe un grand nombre de concentrations d'étoiles appelées amas stellaires ou associations. Les associations regroupent des étoiles très jeunes du même type. On connaît environ 90 associations ou groupes d'étoiles comprenant de quelques dizaines à un millier d'étoiles de type O, c'est-à-dire jeunes et massives, ou de type T Tauri, encore plus jeunes, mais de masses voisines de celle du Soleil. Ces associations, comme celles d'Orion, du Taureau ou d'Ophiuchus, révèlent les régions de formation d'étoiles.

On trouve souvent dans leur voisinage des amas d'étoiles plus étendus, constitués d'étoiles un peu plus âgées, appelés amas ouverts. On en connaît environ un millier. Les étoiles y sont faiblement retenues par l'attraction qu'elles exercent les unes sur les autres. Le calcul montre que toutes les étoiles d'un amas ouvert d'un millier de masses solaires s'en évadent au bout de 250 millions d'années. Ce sont donc des structures assez jeunes. Les étoiles s'y sont toutes formées pratiquement en même temps, et cela fournit une façon d'estimer leur âge.

En se fondant sur la théorie de l'évolution stellaire, on détermine l'âge d'un amas en mesurant la luminosité des étoiles qui s'apprêtent à devenir des géantes rouges. Pour les amas ouverts ou galactiques, on trouve des âges compris entre une dizaine de millions et près de 1 milliard d'années. Ce sont parmi les objets les plus jeunes de la Galaxie. Les deux amas *h* et χ de Persée, visibles à l'œil nu, sont âgés de 10 millions d'années. Ils sont antérieurs à l'apparition de l'homme sur Terre. Jeunes, les amas ouverts sont les objets les plus riches de la Galaxie en éléments lourds comme le carbone, l'azote, l'oxygène ou le fer. Les étoiles de ces amas en contiennent une proportion deux fois plus élevée que le Soleil. Les étoiles nées à peu près ou au même moment que le Soleil sont appelées « étoiles de la vieille population I »[1], alors que les très jeunes étoiles des amas ouverts, les Céphéides, les supergéantes de type O ou B, les étoiles de type T Tauri des associations, sont dites de « population I extrême »[1].

Du fait de l'absorption interstellaire, on n'observe pas d'amas ouvert à plus de 3 000 parsecs de nous. Le plus proche, qui comprend quelques étoiles de la Grande Ourse, est situé à 21 parsecs ; l'amas des Pléiades (50 millions d'années) est à 127 parsecs, et celui des Hyades, la tête du Taureau (630 millions d'années), à

1. On distingue les étoiles de population I, qui appartiennent au disque de notre Galaxie, des étoiles de population II, qui sont dans son halo.

40 parsecs. Les amas ouverts ne sont pas distribués au hasard dans l'espace. Ces traceurs des régions de formation d'étoiles sont répartis le long de trois larges bandes séparées de 1,6 kiloparsec environ et très minces : en valeur moyenne, les amas globulaires ne s'écartent pas de 70 parsecs du plan médian de la Galaxie. Ces bandes sont également soulignées par la présence d'étoiles variables de type Céphéide. Ces étoiles de période comprise entre 2 et 40 jours sont également très jeunes. L'intérêt considérable qu'elles présentent tient à ce que leur luminosité intrinsèque est une fonction connue de leur période. Dès lors, en mesurant leur luminosité apparente, on déduit leur distance. Les bandes en question correspondent chacune à une petite portion des trois bras spiraux les plus proches du Soleil parmi les quatre que compte la Galaxie. Le Soleil se trouve au bord externe du bras baptisé bras d'Orion-Carène-Cygne. Vers le centre de la Galaxie, à 1,7 kiloparsec, on rencontre le bras du Sagittaire. Vers l'extérieur, à environ 2,3 kiloparsecs, se déroule le bras de Persée. De l'autre côté du centre galactique, prend naissance le quatrième bras de la Galaxie, symétrique du bras intermédiaire, appelé bras de Norma. Mais il n'est révélé que par l'observation radioastronomique.

La structure à grande échelle du dessin en spirale de notre Galaxie, esquissé au voisinage du système solaire par la distribution des amas et des étoiles jeunes, a pu être établie grâce à l'observation radioastronomique, technique qui pâtit beaucoup moins de l'absorption interstellaire que l'observation optique. Les très jeunes étoiles massives rayonnent intensément en ultra-violet et ionisent le gaz interstellaire qui les entoure. Ces vastes régions d'hydrogène ionisé s'appellent « régions HII » et émettent une lumière rose sépia. Le rayonnement radioélectrique de ces régions de formation d'étoiles est un des traceurs de la structure spirale de notre Galaxie.

Quatre bras spiraux se développent donc dans le plan de la Voie lactée. On les suit jusqu'à une douzaine de kiloparsecs du centre de la Galaxie. L'épaisseur des bras est typiquement de 600 parsecs ; ils sont assez enroulés sur eux-mêmes puisqu'au niveau du Soleil, soit à 8,5 kiloparsecs du centre galactique, ils sont inclinés de 63° sur la direction radiale. Les bras spiraux ne se remarquent que parce qu'ils sont constitués d'étoiles très jeunes et très lumineuses et de nébuleuses qui leur sont généralement associées. Ce sont les sites privilégiés de la formation des nouvelles générations d'étoiles dans la Galaxie. Ces bras se développent dans un disque peuplé d'étoiles plus vieilles, dont l'âge est compris entre 1,5 et 5 milliards d'années. Par opposition à la population des bras, ces étoiles sont dites « étoiles de population I vieille du disque ». Ce ne sont pas encore les plus vieilles étoiles de la Galaxie, dont les représentants typiques se trouvent regroupés dans les *amas globulaires* et constituent les étoiles dites de « population II ».

DES TÉMOINS DES PREMIERS ÂGES

Les amas globulaires se présentent comme des essaims d'étoiles presque parfaitement sphériques. La densité d'étoiles, qui peut être mille fois plus élevée qu'au voisinage du Soleil, décroît rapidement vers les bords. On en connaît environ 125 et on estime leur nombre total à 500. Leur distribution est très différente de celle des amas ouverts. Alors que ces derniers sont confinés dans un disque dont l'épaisseur moyenne (70 pc) est près de trois cents fois moindre que son diamètre, les amas globulaires sont répartis uniformément sur la sphère céleste. En effectuant une série de mesures soigneuses de leurs distances, H. Shapley montra dès 1918 que le système des amas globulaires n'était pas centré sur le Soleil (ce qui aurait signifié qu'ils peuplaient en réalité l'Univers entier), mais que son centre de gravité coïncidait avec le centre de la Galaxie, qui se trouve donc dans la direction du Sagittaire. Le centre de gravité des amas globulaires a longtemps servi de définition précise du centre galactique. Comme ceux-ci sont situés pour la plupart hors du disque galactique, leur observation ne souffre pas de l'extinction provoquée par les poussières interstellaires. On peut les observer à des distances bien supérieures à celle des amas ouverts. L'amas M13, visible à l'œil nu dans la constellation d'Hercule, est distant de 7,7 kiloparsecs. Il est situé à 5 kiloparsecs au-dessus du plan galactique. Plus lointain encore, l'amas globulaire géant ω Centauri est éloigné de 20 kiloparsecs. Considérés dans leur ensemble, les amas globulaires forment autour de la Galaxie un halo sphérique dont la densité décroît fortement du centre galactique, où elle est voisine de 1 amas pour 2,5 kiloparsecs cube, jusqu'à environ 30 kiloparsecs du centre où elle n'est plus que quatre cent mille fois moindre.

Les étoiles qui peuplent les amas globulaires (des étoiles de type F8) sont les plus vieilles de la Galaxie. L'âge des amas globulaires s'échelonne de 8 milliards d'années comme M 71, à 15 milliards d'années, comme ω Centauri. On attribue à la Galaxie le même âge que celui des amas les plus anciens. Les étoiles des amas globulaires sont appelées étoiles de population II du halo. Elles sont extrêmement pauvres en éléments chimiques lourds, sans en être toutefois totalement dépourvues : l'abondance de ces éléments peut y être mille fois moindre que dans le Soleil. Une toute première génération d'étoiles, vraisemblablement très massives, dont il ne subsiste aucun représentant, a pu enrichir modestement le gaz primordial en éléments lourds juste avant que ne se forment le gros des étoiles des amas globulaires. Les deux tiers des amas globulaires sont cent fois moins riches que le Soleil en éléments chimiques complexes.

Le mode de formation d'étoiles dans les premiers âges de la Galaxie, au sein d'un gaz pratiquement privé d'éléments lourds, était bien différent de celui qui est actuellement à l'œuvre dans les bras spiraux, où il ne se forme plus aucun amas globulaire. On doit noter cependant que des amas globulaires se sont encore formés il n'y a guère plus de 10 millions d'années dans le Grand Nuage de Magellan, qui contient une proportion deux fois plus élevée de gaz interstellaire, mais six fois moins riche en éléments lourds que les étoiles les plus jeunes de la Galaxie.

Les amas globulaires rassemblent individuellement plus d'étoiles que les amas ouverts. Pour la plupart, leurs masses sont comprises entre 10^4 et 10^6 masses solaires. Ils sont liés par la gravité mais subissent l'influence destructive des forces de marée induites par la Galaxie. Pour chaque amas, il existe un rayon, appelé rayon de marée, qu'une étoile ne peut franchir sans s'en évader définitivement. Chaque fois que le mouvement orbital d'un amas globulaire (dont les orbites sont très allongées) l'amène au voisinage du centre galactique, il perd une partie de son contenu. Si l'on rajoute l'abrasion des amas globulaires lors de leur traversée périodique du plan galactique, on en conclut que l'on observe aujourd'hui des fossiles quelque peu « amaigris ». Les étoiles arrachées peuplent le halo. On estime que l'ensemble des étoiles du halo représente une masse totale d'une vingtaine de milliards de masses solaires, soit près de 20 % de la masse totale de la Galaxie. En comparaison, tous les objets de population I extrême peuplant les bras spiraux ne représentent qu'environ 3 à 6 milliards de masses solaires, soit entre 3 et 6 % de la masse totale.

Toutes les galaxies possèdent un cortège plus ou moins important d'amas globulaires. Nous avons déjà signalé le cas du Grand Nuage de Magellan, une petite galaxie irrégulière satellite de notre Voie lactée. Nous ajouterons celui de M31 dont les amas globulaires sont plus riches en éléments lourds que ceux de notre Galaxie, ou encore celui de M87, galaxie elliptique géante, qui compte environ 15 000 amas globulaires.

ENTRE LES ÉTOILES

Comme nous allons le voir dans le chapitre suivant, l'espace interstellaire est rempli de gaz très dilué. Il est en majeure partie rassemblé dans de vastes nuages, dont les plus denses donnent naissance aux étoiles. Les plus massives d'entre elles y retournent au terme de leur évolution à la suite d'une gigantesque explosion, une *supernova,* dont l'effet sur le milieu environnant se fait sentir pendant 200 à 300 millions d'années. Les explosions de supernovae sont fréquentes dans la Galaxie, mais la plupart d'entre elles échappent à l'observation directe, à cause, une nouvelle fois, de l'extinction provoquée par les poussières interstellaires. On se fait une idée de leur fréquence en observant les explosions dans les galaxies voisines de la nôtre et vues à peu près de face. Comme au moment de l'explosion une supernova brille presque autant que toute une galaxie, l'observation est relativement aisée. On a pu déterminer qu'il explose, dans une galaxie aussi massive que la nôtre, environ 2 supernovae par siècle. On mesurera les tristes effets de l'extinction interstellaire en considérant que la dernière supernova que l'on ait vue dans la Galaxie a été observée par J. Kepler en 1604. On peut calculer qu'il faut qu'une supernova explose à moins de 5 kiloparsecs pour qu'elle soit visible à l'œil nu, c'est-à-dire dans ce qu'on appelle le voisinage solaire, qui représente le dixième de la surface du disque. On s'attend donc à ne voir qu'une supernova galactique sur dix, ou encore une tous les trois siècles. Mais, bien sûr, chacun garde en mémoire l'apparition subite en février 1987 de la supernova du Grand Nuage de Magellan, sur laquelle nous allons revenir à loisir !...

LE MILIEU INTERSTELLAIRE

La matière d'une galaxie est principalement confinée dans les étoiles. Dans le système solaire, toute la masse en orbite autour du Soleil ne représente qu'un peu plus du millième de la masse du Soleil. Si l'on admet que le système solaire est un représentant typique du cortège planétaire accompagnant les étoiles, la masse totale des planètes représente donc une très faible fraction de la masse d'une galaxie.

Cependant, la matière galactique n'est pas exclusivement condensée en étoiles et planètes. *Le gaz interstellaire* constitue une fraction non négligeable de sa masse totale. Cette fraction dépend avant tout du type morphologique des galaxies. L'observation de l'émission radio du gaz interstellaire a permis de déterminer la quantité totale de gaz diffus que recèlent les galaxies.

UN VIVIER D'ÉTOILES

Ce sont les galaxies spirales et irrégulières qui contiennent le plus de gaz. En moyenne, 10 % de leur masse est sous forme gazeuse, ce qui représente en gros 10 milliards de fois la masse du Soleil. En revanche, les galaxies elliptiques ne contiennent que très peu de gaz. Ce lien entre le type morphologique des galaxies et la présence ou l'absence de gaz interstellaire est à rapprocher de l'activité de la formation des étoiles dans ces galaxies.

Dans les galaxies spirales, relativement riches en gaz, les étoiles se forment continûment, alors que les galaxies elliptiques, pauvres en gaz, ne présentent actuellement aucun signe de formation active d'étoiles. Ce fait n'est guère surprenant puisque les étoiles prennent naissance au sein même du gaz interstellaire.

Il faut cependant se garder d'associer systématiquement présence de gaz et formation d'étoiles. Si la présence de gaz est une condition naturelle et nécessaire pour la formation de nouvelles générations d'étoiles, ce n'est pas pour autant une condition suffisante. L'observation des galaxies lenticulaires en apporte la preuve. Il s'agit de galaxies souvent riches en gaz, ayant la forme aplatie d'une galaxie spirale, mais sans bras spiraux. Ces galaxies ne présentent pas de signes d'une récente formation d'étoiles. De même, certaines galaxies compactes, également riches en gaz, sont le siège d'une formation sporadique d'étoiles, qui paraissent s'y former pendant de brèves périodes entrecoupées de longs temps de latence.

Tout cela signifie que l'état du gaz, c'est-à-dire sa distribution dans l'espace, ainsi que sa densité et sa température, jouent un rôle déterminant dans l'efficacité de la genèse stellaire.

En tout état de cause, le gaz interstellaire représente la seule ressource à partir de laquelle une galaxie puisse donner naissance à de nouvelles générations d'étoiles. Ce capital n'est pas inépuisable. Dans notre Galaxie, les étoiles se forment au taux régulier d'environ 3 à 10 masses solaires par an. Compte tenu de la masse de gaz dans notre Galaxie, ce rythme, en supposant qu'il se maintienne, assurerait une activité pendant un peu plus de 3 milliards d'années. C'est court en comparaison de l'âge de la Galaxie, estimé à une quinzaine de milliards d'années.

En réalité, la Galaxie récupère régulièrement une fraction de la matière contenue dans les étoiles au moment de la mort des plus massives d'entre elles. En explosant, elles restituent au milieu interstellaire tout ou partie du gaz qu'elles retenaient. Cependant, les étoiles de faible masse sont de loin les plus nombreuses. Elles bloquent environ 75 % de la matière galactique et s'éteignent sans éclat. Une fraction appréciable de la masse prisonnière dans les étoiles est donc retranchée pour toujours du milieu interstellaire.

D'UNE GALAXIE L'AUTRE

Il existe un autre apport dont il faut tenir compte dans le bilan de la masse de gaz interstellaire des galaxies : ce ne sont pas des systèmes isolés et clos, sans échange avec le monde extérieur. On observe dans notre Galaxie un courant de matière interstellaire – intergalactique devrait-on dire – provenant de la direction des Nuages de Magellan, galaxies compagnes de la nôtre. Ce courant de gaz déverse chaque année dans la Galaxie l'équivalent de la masse du Soleil.

Des courants de matière bien plus puissants alimentent en gaz « frais » certaines galaxies géantes situées dans les régions centrales des amas de galaxies. Les petites galaxies, soumises par exemple aux effets de marée des plus grosses, peuvent au contraire se vider de leur contenu de gaz.

Beaucoup de galaxies – nous l'avons vu – sont membres de vastes amas, rassemblant quelques milliers d'entre elles. Dans les amas, l'espace intergalactique contient du gaz très chaud, porté à 1 ou 2 millions de degrés. Les galaxies s'y déplacent à environ un millier de km/s. Dans ces conditions, la force exercée par ce gaz intergalactique sur celui contenu dans les galaxies peut être suffisante pour l'arracher graduellement.

Finalement, la quantité de gaz interstellaire dans une galaxie varie certainement au cours du temps et diminue dans la grande majorité des cas observés.

UNE DENSITÉ INFIME

L'étude du milieu interstellaire constitue un préalable à la compréhension du mécanisme de formation des étoiles, qui, à l'heure actuelle, est loin d'être élucidé. Les conditions physiques qui règnent dans le milieu interstellaire sont extrêmement variées. Mais elles sont toutes inhabituelles si on les compare à celles rencontrées d'ordinaire sur Terre, même en laboratoire.

La densité du gaz interstellaire est extrêmement faible. Bien que, d'une région galactique à l'autre, l'on puisse enregistrer des variations *relatives* de densité atteignant plusieurs millions, la densité moyenne des régions « denses » en gaz interstellaire n'est que de quelques dizaines de particules par centimètre cube. C'est environ 10^{18} (un milliard de milliards) fois moins que la densité de l'air !

Cette situation extraordinaire pose un problème délicat aux astrophysiciens qui ne peuvent pas approcher en laboratoire ces conditions de dilution extrême. De ce point de vue, le milieu interstellaire peut susciter un très vif intérêt de la part des physiciens, qui peuvent découvrir de la sorte une série de phénomènes nouveaux qu'il est impossible d'étudier en laboratoire.

Sur Terre, l'état physique et le bilan énergétique du gaz dans son ensemble sont déterminés par le très grand nombre de collisions que les particules subissent entre elles. Cette situation est qualifiée d'*équilibre thermodynamique,* ou d'*équilibre collisionnel.* Les lois qui le régissent ont été énoncées par le physicien allemand L. Boltzmann, dès la fin du siècle dernier. Le grand intérêt que revêt l'équilibre thermodynamique est que l'on peut caractériser complètement les propriétés du gaz à l'aide d'un nombre très restreint de grandeurs facilement mesurables, comme, par exemple, sa température et sa densité.

Une molécule peut également tourner sur elle-même ou bien encore vibrer, ce qui correspond à deux formes distinctes d'énergie. Connaissant la température du gaz, on peut calculer les parts respectives de l'énergie totale représentées par l'énergie cinétique, l'énergie de rotation et l'énergie de vibration de l'ensemble des molécules. Cela à condition, bien entendu, que le gaz soit effectivement dans un état d'équilibre thermodynamique.

La densité du gaz interstellaire est, nous l'avons dit, extrêmement faible. Aussi les collisions que subissent les particules sont rares. Dans ces conditions l'équilibre thermodynamique est rompu. Cette situation particulière et les difficultés qu'elle soulève ont fortement compliqué l'interprétation des premières observations du milieu interstellaire. En fait, ces difficultés n'ont été complètement surmontées que dans le cours des années 1950.

Fort heureusement, cette très faible densité ne présente pas que des aspects défavorables. Elle est à l'origine de l'émission radioélectrique de l'hydrogène atomique (H) à la longueur d'onde de 21 cm qui s'est révélée fort utile dans la compréhension physique du gaz interstellaire.

SUR LES TRACES DE L'HYDROGÈNE

L'atome d'hydrogène possède un niveau d'énergie extrêmement proche de son état d'énergie la plus basse possible – appelé *état fondamental.* Il peut être porté à ce niveau d'énergie ou, au contraire, revenir dans son état fondamental à l'occasion d'une collision avec un autre atome d'hydrogène au cours de laquelle intervient toujours un échange d'énergie entre les deux atomes impliqués.

Dans les conditions du laboratoire, la dépopulation de ce niveau d'énergie serait extrêmement prompte du fait de la succession très rapide des collisions. Mais l'atome d'hydrogène possède un autre moyen de se libérer de cet excès d'énergie : il peut se « désexciter » en émettant spontanément un train d'onde électromagnétique, de 21 cm de longueur d'onde. Seulement, il faut attendre en moyenne une dizaine de millions d'années pour que cela se produise en l'absence de toute collision, donc en dehors des conditions de l'équilibre thermodynamique. En revanche cette émission interstellaire est facilement détectée dans le milieu interstellaire à l'aide de radiotélescopes accordés, naturellement, sur cette longueur d'onde.

Les bases théoriques de cette méthode ont été énoncées dès 1945 par le physicien hollandais H. Van de Hulst, avant d'être mises en œuvre, pour la première fois, en 1951 par une équipe de radioastronomes de l'université de Harvard. Cette méthode s'est révélée extrêmement efficace pour détecter le gaz interstellaire dans les galaxies. Les premières cartographies de la répartition de l'hydrogène atomique dans notre Galaxie ont marqué une étape très importante dans la détermination de sa structure à grande échelle.

Un autre astronome hollandais, J. Oort, et son équipe ont ainsi découvert que la matière interstellaire était confinée dans un disque très mince, d'environ 150 parsecs d'épaisseur, qui coïncide avec le plan de symétrie de la Galaxie : son épaisseur n'est que le millième de son extension !

La découverte essentielle du groupe hollandais demeure la mise en évidence de la structure spirale de notre Galaxie. Le gaz interstellaire n'est pas uniformément réparti dans le disque galactique, mais rassemblé le long de vastes bras spiraux s'enroulant autour de son centre. Ces bras spiraux sont en fait assez irréguliers et doivent ressembler à ceux de la galaxie Messier 101. C'est précisément le long de ces bras que se forment les nouvelles générations d'étoiles dans les galaxies spirales.

DES MOLÉCULES EXOTIQUES

La très faible densité du milieu interstellaire a bien d'autres conséquences, comme, par exemple, l'existence de molécules tout à fait extraordinaires, constituées de longues chaînes d'atomes de carbone, comme la molécule $C_9 H_2$, dans laquelle 2 atomes d'hydrogène ponctuent une succession de 9 atomes de carbone. De telles molécules extrêmement labiles ne doivent leur survie qu'à la rareté des collisions qu'elles subissent dans l'espace interstellaire. L'identification de ces molécules, que l'on n'observe pas en laboratoire, repose sur la détermination théorique des fréquences d'émission radio qui les caractérisent. Des efforts techniques considérables sont déployés pour améliorer la sensibilité des détecteurs qui suscitent une vive compétition entre les diverses équipes de radioastronomes.

À ce titre, le milieu interstellaire peut donc être considéré comme un laboratoire de physique atomique extrêmement utile et particulièrement stimulant.

Le gaz interstellaire dans tous ses états

Le gaz interstellaire possède des caractéristiques extrêmement diverses. Diffus ou condensé en nuages interstellaires très étendus ou très petits, il peut être extrêmement froid, ou au contraire très chaud, lumineux ou presque totalement opaque...

Il existe cependant une propriété commune à tous ces états : les diverses régions du gaz interstellaire étant en contact les unes avec les autres, un équilibre de pression s'établit assez rapidement entre elles. Ainsi pense-t-on que la pression du gaz interstellaire est assez uniforme dans toute la Galaxie. Il en résulte que les régions les plus froides du milieu interstellaire sont aussi les plus denses, et qu'inversement les plus chaudes sont aussi les plus diluées. Sur quelques parsecs de distance, la température du gaz interstellaire peut varier d'une dizaine de degrés absolus à plus de 1 million de degrés. La phase la plus froide, où le gaz est condensé en « nuages », est donc environ cent mille fois plus dense que la phase la plus chaude.

Deux protons par litre !

Examinons d'abord les propriétés du gaz interstellaire chaud et dilué : à 1 million de degrés, sa densité n'est que de 2 particules par litre. C'est en fait celui dont la détection est la plus délicate. Elle est confiée à des détecteurs de rayonnement X embarqués à bord de satellites. Sa température varie entre une dizaine de milliers de degrés et quelques millions de degrés. À des températures aussi élevées, le gaz est ionisé ; c'est un plasma. Le plasma interstellaire est un mélange d'électrons circulant librement parmi un ensemble de noyaux d'hydrogène (protons), d'hélium et d'éléments plus lourds comme le carbone, l'azote ou l'oxygène, beaucoup moins nombreux.

La proportion des différents éléments qui composent le gaz interstellaire – chaud ou froid – est pratiquement la même partout dans la Galaxie, si l'on excepte un enrichissement graduel en éléments plus lourds que l'hélium à mesure que l'on se rapproche du centre de la Galaxie. Pour 100 noyaux d'hydrogène, on dénombre (en moyenne) 8,5 noyaux d'hélium, 0,12 noyau du groupe carbone-azote-oxygène-néon, et seulement 0,014 noyau d'atomes plus lourds, pris dans leur ensemble. L'hydrogène est donc de très loin le constituant principal d'un gaz interstellaire. Cela est d'ailleurs vrai pour toute la matière contenue dans l'Univers.

Dans la chaleur des supernovae

Il faut mettre en jeu de très grandes quantités d'énergie pour porter le gaz interstellaire à 1 million de degrés ou plus, et l'on pense naturellement aux explosions de supernovae. Ces explosions libèrent en moyenne une énergie de 10^{51} ergs ou, si l'on préfère, un peu plus de 2 10^{28} mégatones de TNT. Une grande partie de cette énergie résulte du mouvement de la matière de l'étoile après l'explosion. La vitesse du gaz éjecté par l'explosion est initialement de quelques dizaines de milliers de km/s, et diminue ensuite graduellement. L'explosion provoque dans le milieu interstellaire une onde de choc approximativement sphérique, centrée sur la supernova, qui, sur son passage, porte soudainement le milieu ambiant à une température très élevée.

On estime qu'il explose environ 2 supernovae tous les siècles dans notre Galaxie. Les ondes de choc produites par ces explosions parcourent environ 200 parsecs avant de s'affaiblir puis cesser d'avoir un effet sensible sur le gaz interstellaire. En tenant compte du ralentissement des ondes de choc, cette distance est parcourue en 1 million d'années environ. Ces estimations conduisent à un résultat étonnant : une supernova explose presque toujours dans une région qui a déjà été récemment balayée par le reste d'une autre supernova.

Autrement dit, un point quelconque du disque de notre Galaxie est presque toujours à l'intérieur d'un reste de supernova âgé de moins de quelques centaines de milliers d'années. La température et la densité qui règnent dans la majeure partie du volume occupé par le gaz interstellaire sont celles qui caractérisent l'intérieur des bulles extrêmement chaudes mais très peu denses provoquées par ces explosions.

La position du système solaire ne fait pas exception. L'observation, par satellite, du rayonnement X, révélateur des régions à hautes températures, témoigne de la présence d'une telle composante chaude de gaz interstellaire qui nous entoure sur une distance de plusieurs parsecs. Un gaz très chaud possède une vitesse d'agitation thermique très élevée. On s'attend à ce que cette composante très chaude du gaz interstellaire englobe l'ensemble de la Galaxie.

LES NUAGES INTERSTELLAIRES

La phase chaude, difficile à observer bien qu'elle soit vraisemblablement omniprésente, ne représente au total qu'une masse très faible. Ce n'est pas la seule composante du milieu interstellaire. En fait, la présence de lambeaux de gaz beaucoup plus froid a été détectée bien avant elle.

Livré à lui-même, le gaz interstellaire chaud ne peut que se refroidir en rayonnant son énergie. La vitesse à laquelle il se refroidit, ou plus précisément la puissance du rayonnement qu'il émet, est proportionnelle au carré de sa densité. 2 fois plus dense, le gaz se refroidit 4 fois plus vite. Les régions denses du milieu interstellaire se refroidissent donc rapidement, tout au moins à l'échelle astronomique. Il faut voir là, vraisemblablement, l'origine des nuages interstellaires qui rassemblent du gaz beaucoup plus froid que celui que nous venons d'évoquer.

Le bilan énergétique du gaz s'établit entre des sources de chauffage (dont l'explosion des supernovae fournit un des exemples les plus extrêmes) et toute une série de processus de refroidissement par lesquels le gaz se libère de son énergie thermique en rayonnant. La température du gaz ne peut demeurer constante que s'il reçoit autant d'énergie qu'il en rayonne. De ce point de vue, le gaz interstellaire constitue un système ouvert sur l'extérieur puisque son énergie peut s'échapper de la Galaxie. Tout état d'équilibre doit donc être entretenu par un apport continuel d'énergie.

À une température de l'ordre de 1 million de degrés, le gaz se refroidit très lentement. À des températures plus basses, le gaz ne peut atteindre l'équilibre thermique qu'à l'intérieur de deux plages de températures bien distinctes. La première se situe au voisinage de 10 000 degrés, la seconde à des températures inférieures à une centaine de K (degrés absolus). En dehors de ces deux zones, le chauffage ou le refroidissement du gaz viennent toujours l'emporter l'un sur l'autre. C'est l'origine physique de l'existence, d'une part, des nuages interstellaires très froids et denses et, d'autre part, d'une troisième phase plus chaude, à 10 000 degrés, que l'on observe disséminée dans la Galaxie.

Les nuages interstellaires proprement dits méritent une attention toute particulière parce que les plus denses d'entre eux engendrent les nouvelles générations d'étoiles.

L'HYDROGÈNE EN ATOMES

Un peu moins de la moitié de la masse totale de gaz interstellaire est rassemblée en « nuages » dont la densité est voisine d'une cinquantaine d'atomes d'hydrogène par centimètre cube, pour une température de 80 K : le contraste est très marqué avec la phase chaude du milieu interstellaire. De plus, le terme même de « nuage » souligne que le gaz froid est rassemblé en amas que l'on peut distinguer les uns des autres.

À cette température, l'hydrogène n'est pratiquement pas ionisé. Sa densité est trop faible pour qu'on l'y trouve sous forme de molécules H_2, facilement détruites par le rayonnement ultraviolet émis par les étoiles voisines. Ces objets sont donc appelés « nuages d'hydrogène atomique » puisque l'hydrogène s'y trouve sous sa forme élémentaire monoatomique.

La masse et la taille de ces nuages sont très variées. Les plus petits ont une masse de l'ordre du dixième de la masse du Soleil. Ils sont immergés dans la phase chaude du milieu interstellaire. Beaucoup plus petits, ils s'évaporeraient tout simplement. Les plus gros ont une masse de l'ordre de 1 000 fois celle du Soleil. Cette limite est imposée par l'intensité des forces de gravité qui se développent au sein d'un nuage très massif. Au-delà de 1 000 fois la masse du Soleil, la conjugaison des forces de pression exercées à la surface du nuage par le gaz ambiant et des forces de pesanteur entraîne inéluctablement l'écrasement du nuage sur lui-même.

Pendant longtemps on a vu là l'origine de la formation des étoiles. Mais la réalité est beaucoup plus complexe. Les nuages d'hydrogène atomique ne sont qu'un maillon de la chaîne qui mène à la formation des étoiles.

Ces nuages affectent des formes très variées, qui rappellent souvent la structure effilochée des cirrus atmosphériques. Leur forme est rarement sphérique, ce qui représenterait pourtant une sorte d'idéal pratique pour le théoricien...

L'origine de ces nuages, concentrés dans les bras spiraux de la Galaxie, est loin d'être claire. On pense qu'ils se sont formés et stabilisés après le refroidissement du gaz chaud interstellaire. À la température de 80 K, le rayonnement du gaz est efficacement compensé par plusieurs mécanismes de chauffage qui sont induits pour la plupart par le rayonnement ultraviolet émis par les étoiles.

Une de ces sources de chauffage fait intervenir la poussière interstellaire faite de particules solides microscopiques qui sont mêlées au gaz. Leur présence est connue depuis longtemps, mais on apprécie seulement maintenant leur importance.

LUMIÈRE ET POUSSIÈRES

Ces grains de poussières interstellaires représentent au plus 2 % de la masse totale de la matière interstellaire. Leurs tailles sont comprises entre quelques millièmes et quelques dixièmes de micromètre. La plupart d'entre eux sont constitués de silicates ou de graphite. Ils doivent être enrobés d'une pellicule de molécules d'eau, d'ammoniac ou de méthane. La formation de ces grains de poussière appauvrit sensiblement le gaz en éléments réfractaires. Les poussières interstellaires se sont vraisemblablement formées en se condensant dans les vents émis par certaines étoiles froides. Par la suite, elles peuvent se développer en capturant des atomes ou des molécules du gaz dans lequel elles baignent. Mais elles sont assez facilement détruites, sous l'influence des phénomènes énergétiques qui accompagnent soit la mort des étoiles massives, soit, au contraire, la formation des étoiles au sein des nuages denses où elles sont particulièrement abondantes.

Les poussières interstellaires affectent l'observation astronomique. Elles font écran à la lumière des étoiles dont elles atténuent les parties violette et bleue du spectre et, dans une bien moindre mesure, la partie rouge. La lumière des étoiles apparaît donc rougie après la traversée des nuages interstellaires. Cette *extinction interstellaire* est d'autant plus importante que les étoiles sont plus éloignées de nous, car la lumière doit traverser de plus grandes quantités de gaz chargé de poussières. L'étude détaillée de l'extinction interstellaire a débuté en 1930 avec les travaux de Trumpler, aux États-Unis, qui se rendit compte que la portée des observations optiques était très diminuée par ce phénomène, longtemps considéré comme plus fâcheux qu'autre chose.

Cependant, les astronomes ne cédèrent pas au découragement et surent même tirer profit de la situation. En mesurant l'extinction et le rougissement de la lumière émanant d'étoiles de type spectral connu, on parvient à évaluer la quantité de poussières interposées entre elles et nous. La taille des poussières a pu être évaluée grâce à des observations optiques et infrarouges. En combinant ces observations avec d'autres, on s'est rendu compte que la proportion de poussières contenue dans le gaz interstellaire était assez uniforme, égale à 1 ou 2 % de la masse totale. L'analyse de l'extinction du rayonnement stellaire provoqué par les nuages offre la possibilité d'estimer leur taille et leur masse totale.

UNE ÉVOLUTION TUMULTUEUSE

Le gaz d'hydrogène atomique forme donc des nuages de masse comprise entre 0,1 fois et 1 000 fois la masse du Soleil. On observe également de vastes régions, en forme de boucle ou de bulle, qui rassemblent chacune une masse de gaz égale à près de 1 million de fois la masse du Soleil. La boucle de Barnard, entourant la constellation d'Orion, en offre un exemple. De tels amas de gaz sont aussi observés dans les galaxies spirales suffisamment proches. L'origine de ces structures est encore incertaine. Elles pourraient provenir de l'addition des effets de plusieurs explosions de supernovae, presque simultanées, et concentrées dans une petite région de l'espace. Agissant à la manière d'un « chasse-neige », elles repoussent les nuages interstellaires à la périphérie d'une vaste bulle de gaz chaud.

Individuellement, les nuages d'hydrogène neutre sont en mouvement pratiquement circulaire autour du centre de la Galaxie. À ce mouvement d'ensemble se superposent des mouvements désordonnés dont la vitesse est de l'ordre de 7 km/s. On remarque que cette vitesse d'agitation des nuages interstellaires se retrouve dans pratiquement toutes les galaxies, indépendamment de leur morphologie et, ce qui est plus surprenant encore, indépendamment de la masse des galaxies.

Cette agitation des nuages les uns par rapport aux autres entraîne de nombreuses collisions qui altèrent profondément leur structure. Les collisions provoquent de violentes ondes de choc qui se propagent au sein des nuages. Ces mouvements supersoniques sont mis en évidence par le décalage spectral des raies d'absorption de la matière en mouvement, dû à l'effet Doppler. Lors d'une collision de plein fouet, les plus petits nuages sont engloutis par les plus gros, qui gagnent ainsi progressivement de la masse. Mais si, au contraire, les nuages ne font que se frôler, les lambeaux de matière arrachée viennent s'ajouter à la population des petits nuages, qui sans cela se verrait littéralement cannibalisée.

On ne sait trop que penser du sort des gros nuages qui, collision après collision, finissent par acquérir une masse supérieure à la limite fatidique des 1 000 masses solaires environ. À ce stade, les forces de gravité au sein des nuages peuvent entraîner la formation d'amas d'étoiles. On commence seulement aujourd'hui à entrevoir la complexité des phénomènes que cela sous-entend. En premier lieu, les gros nuages sont suffisamment denses, froids et opaques pour que s'opère la transformation du gaz atomique en gaz moléculaire, où domine la molécule d'hydrogène H_2. En second lieu, par des mécanismes mal identifiés, la condensation du gaz est freinée par l'apparition de mouvements turbulents qui empêchent les nuages de s'effondrer d'un seul bloc. Ainsi, la compréhension du processus de formation des étoiles au sein du gaz interstellaire exige une bonne représentation de la morphologie des nuages interstellaires.

LES NUAGES MOLÉCULAIRES

Quand le gaz interstellaire est comprimé, sous l'action de la gravité par exemple, l'augmentation de sa densité entraîne celle du taux de collisions entre les particules, ainsi que l'accroissement de l'opacité du gaz vis-à-vis du rayonnement ultraviolet ambiant. Il s'ensuit une altération considérable du bilan énergétique du gaz, dont la cause principale est la formation de molécules.

La détection des molécules dans les nuages interstellaires les plus denses est assez récente. C'est un des grands apports des techniques d'observation radioastronomiques. Leurs mécanismes de formation ne sont donc connus que de très fraîche date.

Il fut longtemps impensable d'espérer trouver des quantités appréciables de molécules dans les conditions très hostiles qui règnent au sein des nuages interstellaires. Les obstacles qui s'opposent à leur formation paraissaient tout à fait rédhibitoires. D'un côté, les conditions thermodynamiques régnant dans un nuage sont aux antipodes de celles favorables à la synthèse des molécules en laboratoire. Les densités y sont extraordinairement faibles et les températures inférieures à quelques dizaines de K : on s'efforce au contraire en laboratoire d'accroître la concentration des réactifs et d'élever la température, facteur permettant l'accélération de la plupart des réactions chimiques. Par ailleurs, le rayonnement ultraviolet d'origine stellaire est un destructeur de molécules efficace.

Malgré tout, on sait à l'heure actuelle que la quasi-totalité de l'hydrogène contenu dans les nuages les plus denses s'y trouve sous forme moléculaire. De plus, la liste des molécules découvertes dans les nuages interstellaires ne cesse de s'allonger. Elle en rassemble actuellement environ une centaine, au premier rang desquelles on trouve la molécule de monoxyde de carbone, CO, à côté des molécules d'alcool éthylique, de formaldéhyde, d'acide acétique, etc.

L'erreur était de négliger le rôle des catalyseurs... et surtout celui du temps. Le chimiste Ch. Townes, qui s'est vu attribuer le prix Nobel pour la découverte des masers (équivalent radio des lasers), a longtemps et vivement encouragé les astronomes à entamer la recherche des molécules interstellaires.

POUSSIÈRES ACTIVES

L'hydrogène (atomique) constituant 90 % des atomes de l'Univers, la molécule d'hydrogène est de loin la plus abondante dans le milieu interstellaire. Dans un nuage, la synthèse de cette molécule ne peut pas se dérouler efficacement en phase gazeuse. Mais elle est réalisée par l'intermédiaire d'un catalyseur omniprésent, les grains de poussière interstellaires.

Schématiquement le mécanisme est le suivant. Les atomes d'hydrogène qui entrent en collision avec les grains de poussière adhèrent à leur surface. Les forces qui les maintiennent sont à la fois de nature chimique (chimi-absorption), identiques en intensité et en nature aux forces qui lient entre eux les atomes dans une molécule, et de nature physique *(forces de Van der Waals),* liées à la présence d'un faible champ électrique entre l'atome et la surface du grain de poussière.

Les atomes d'hydrogène accumulés à la surface d'un grain de poussière s'y meuvent du fait de l'*agitation thermique* ou de l'*effet tunnel quantique,* qui, tous deux, leur permettent de « sauter » d'un site de piégeage à un autre. Une molécule H_2 peut se former quand deux atomes d'hydrogène se retrouvent en contact l'un de l'autre, sur un même site. L'énergie libérée au moment de la formation de la molécule lui permet de s'échapper de la surface du grain – ce qui constitue de surcroît une source d'énergie appréciable pour le gaz moléculaire.

La surface des grains de poussière est vraisemblablement recouverte d'une ou plusieurs couches de molécules variées. Dans ce cas, les molécules formées sur les couches extérieures peuvent facilement s'en évader.

Les molécules d'hydrogène font elles-mêmes obstacle au rayonnement ultraviolet susceptible de les détruire. Les molécules H_2 à la surface des nuages sont les plus exposées au rayonnement ; elles l'absorbent, sont détruites, mais sont très vite reformées. Elles protègent ainsi celles qui sont formées, en abondance, plus profondément dans le nuage.

Au total, l'équilibre chimique entre la phase atomique et la phase moléculaire s'établit rapidement en faveur de cette dernière dès que la densité du gaz interstellaire est supérieure à quelques centaines de particules par centimètre cube.

La plupart des autres molécules ne se forment pas de cette manière, mais directement en phase gazeuse, à la suite de chaînes de réactions extrêmement complexes.

Parmi toutes les molécules, c'est sûrement celle du monoxyde de carbone, CO, qui a permis les progrès les plus spectaculaires dans l'étude des nuages moléculaires. Bien qu'elle soit environ cinq cent mille fois moins abondante que la molécule d'hydrogène, elle est beaucoup plus facile à observer. Le monoxyde de carbone émet un rayonnement électromagnétique à la longueur d'onde de 2,6 mm, qui peut traverser aisément un nuage, permettant ainsi d'observer l'émission radio de la totalité du gaz, et même des régions les plus profondes.

LES NUAGES SOMBRES

Il existe une grande variété de nuages moléculaires. Les « nuages sombres », ou globules de Bok, sont de petite taille et approximativement sphériques. Leur masse est de l'ordre de cinq cents fois la masse du Soleil.

Ces nuages, souvent isolés, sont observés depuis longtemps. Très denses, les poussières qu'ils contiennent forment un écran presque total à la lumière des étoiles situées en arrière d'eux. Ces nuages apparaissent très nettement comme des taches obscures sur le fond constellé du ciel. Cela permet de délimiter le contour de leurs régions les plus denses. L'observation radioastronomique a confirmé qu'ils étaient composés de gaz moléculaire. Leur densité, dépassant un millier de molécules par centimètre cube, est beaucoup plus élevée que celle des nuages d'hydrogène atomique. Leur température est inférieure à une trentaine de K.

On a toujours soupçonné que ces nuages recelaient des étoiles en formation, longtemps sans pouvoir en obtenir la preuve directe. Le développement des techniques infrarouges, capables de sonder le cœur de ces nuages, opaques au rayonnement visible, a apporté la preuve qu'ils abritaient en moyenne une dizaine d'étoiles tout juste formées.

LES NUAGES MOLÉCULAIRES GÉANTS

Au début de cette décennie, l'observation systématique du ciel (plus précisément du plan galactique à la longueur d'onde de 2,6 mm de l'émission du monoxyde de carbone) a permis de faire une découverte remarquable. Une grande partie du gaz moléculaire se trouve concentrée dans de très vastes amas, dont la taille peut atteindre une centaine de parsecs et la masse cinq cent mille à un million de fois celle du Soleil. Ces gigantesques structures ont été appelées *complexes moléculaires géants*. Elles semblent confinées dans les bras spiraux de notre Galaxie, bien que ce soit là l'objet de débats animés. La température du gaz y est de 10 K dans les régions les plus profondes et les plus denses de ces nuages complexes, et de quelques dizaines à une centaine de degrés à leur périphérie. On y observe fréquemment des densités supérieures à 1 million de particules par centimètre cube. Mais ces régions sont d'extension comparativement très réduite, toujours inférieure à 1/10 de parsec.

La masse des nuages moléculaires s'échelonne de quelques centaines à plusieurs centaines de milliers de fois la masse du Soleil. Malgré cette grande disparité apparente, on a pu observer que ces nuages présentent des caractères communs. Par exemple, leur masse est proportionnelle non pas à leur volume, ce qui serait le cas s'ils étaient homogènes, mais seulement au carré de leurs dimensions linéaires. Ainsi, un nuage de 1 parsec d'extension a typiquement une masse égale à une centaine de fois celle du Soleil, alors qu'un nuage moléculaire de 100 parsecs de diamètre contient une masse de gaz égale à un million de fois celle du soleil.

Une des questions les plus intrigantes que soulèvent ces nuages tient au fait que les forces internes de pression thermique ne peuvent en aucun cas contrebalancer les forces d'attraction gravitationnelle engendrées par ces gigantesques accumulations de matière.

Ces nuages devraient donc en principe être extrêmement instables et s'effondrer sur eux-mêmes. En tout état de cause, leurs durées de vie devraient être inférieures à une dizaine de millions d'années, ce qui doit être considéré comme très bref.

Cependant, l'examen détaillé de leurs mouvements internes montre qu'il n'en est rien. D'ailleurs, le temps qu'ils mettraient pour s'effondrer rendrait bien étonnant que l'on en observe autant dans le ciel : les complexes moléculaires géants rassemblent à eux seuls environ la moitié de tout le gaz interstellaire.

Un élément important de solution vient de l'observation suivante : ces structures ne sont pas homogènes d'un seul bloc, mais au contraire très fragmentées. En réalité, on observe la plupart du temps une structure hiérarchisée dans laquelle les fragments les plus gros contiennent des sous-ensembles de plusieurs fragments plus petits et plus denses, et ainsi de suite. Un fait remarquable est que la masse des divers fragments est liée à leur taille par la même relation qui prévaut pour les nuages ou les complexes pris dans leur globalité.

Comme la masse des fragments est proportionnelle à leur surface, et non à leur volume, il s'ensuit que leur densité moyenne est inversement proportionnelle à leur taille. Les condensations, ou les fragments les plus petits, sont donc les plus denses.

Si la densité moyenne d'un grand complexe moléculaire n'est que d'une vingtaine à une quarantaine de particules par centimètre cube, on y recense cependant de très nombreuses condensations de très petites dimensions dont les densités sont supérieures à plusieurs millions de particules par centimètre cube.

L'observation, et *a fortiori* le dénombrement des condensations, sont des affaires très délicates. La limite de résolution imposée par les radiotélescopes actuels est de l'ordre de un centième de parsec, limite qui n'est effectivement atteinte que dans le cas favorable des nuages moléculaires très proches, comme ceux observés dans la constellation du Taureau. L'observation directe ne permet pas d'évaluer la taille des plus petites condensations qu'abritent sûrement les nuages moléculaires.

Les fragments les plus massifs sont animés de mouvements désordonnés à l'intérieur même d'un complexe moléculaire. Les vitesses mises en jeu sont de l'ordre du km/s. C'est sans doute là la solution du paradoxe de la stabilité des nuages moléculaires. C'est précisément cette vitesse d'agitation qui permet à ces fragments de lutter contre l'attraction gravitationnelle qu'exerce sur eux tout le reste du nuage, et leur évite de tomber précipitamment les uns sur les autres.

L'origine de la fragmentation des nuages moléculaires demeure en partie énigmatique. Une des clés du problème est offerte par l'examen des propriétés thermodynamiques du gaz interstellaire, dont certaines sont, sinon paradoxales, du moins, inhabituelles. Il est maintenant bien compris, par exemple, que le gaz interstellaire se refroidit en se comprimant. Ce refroidissement peut parfois être si intense que la pression elle-même diminue au cours d'une... compression !

CHAUFFAGE À INFRAROUGE ET PAR RAYONNEMENT COSMIQUE GALACTIQUE

Nous avons vu précédemment que le rayonnement ultraviolet interstellaire jouait un rôle capital dans le chauffage du gaz d'hydrogène atomique. Mais dans le cas des nuages moléculaires denses et opaques, on ne peut guère compter sur cet apport d'énergie puisque ce rayonnement ne peut pratiquement pas pénétrer à l'intérieur de ces nuages. L'absorption de l'ultraviolet y est beaucoup plus élevée, à cause de la présence des molécules d'hydrogène, que dans les nuages d'hydrogène atomique.

Il faut compter, tout au moins dans les régions les plus denses, sur la présence des grains de poussière interstellaire. Le rayonnement électromagnétique de grande longueur d'onde, et notamment le rayonnement infrarouge, parvient à pénétrer sans trop d'encombre jusqu'au cœur des nuages moléculaires. Là, il sert en particulier à chauffer les grains de poussière dont la température d'équilibre s'établit au voisinage d'une quinzaine de K. Cependant, l'observation du rayonnement infrarouge réémis par les poussières chauffées indique par endroits l'existence de températures de grains de l'ordre d'une centaine de K. Le gaz moléculaire est alors chauffé par l'intermédiaire des collisions qu'il subit avec les grains de poussière.

Par ailleurs, le *rayonnement cosmique galactique* constitue une seconde source de chauffage des régions denses, pénétrant sans aucune difficulté dans les régions les plus enfouies à l'intérieur d'un nuage.

Le *rayonnement cosmique* consiste en un flux de noyaux d'atomes très énergétiques (dont l'énergie va de quelques millions d'électrons-volts à des valeurs aussi élevées que 10^{22} électrons-volts).

Ce flux est isotrope, c'est-à-dire que son intensité est la même quelle que soit sa direction dans le ciel. Il a été découvert en 1917 par V. Hess, mais il a fallu attendre les années 1930 pour savoir qu'il est constitué de particules ionisées, et ce n'est qu'en 1947 qu'un groupe de physiciens travaillant à l'Université de Minnesota a découvert que le rayonnement cosmique est constitué d'une matière assez analogue à la nôtre, comprenant tous les éléments existant dans la nature depuis l'hydrogène jusqu'à l'uranium. La composition effective de ce rayonnement est semblable mais néanmoins différente : certains éléments quasiment absents dans la matière ordinaire se trouvent en grande abondance dans le rayonnement cosmique. C'est le cas des éléments légers, lithium, béryllium et bore, qui sont synthétisés par des interactions nucléaires entre ce rayonnement et le milieu interstellaire.

Ce sont les astrophysiciens nucléaires français qui ont contribué le plus à définir l'origine de ce rayonnement cosmique et la façon dont celui-ci voyage à l'intérieur de la galaxie avant d'être détecté par les satellites ou sur Terre. Il semble aujourd'hui que le rayonnement cosmique provienne du mélange du gaz interstellaire ordinaire avec de la matière transformée à l'intérieur d'étoiles de masse élevée. Ce mélange est accéléré par l'explosion des supernovae. Lors de leur transit à l'intérieur de la galaxie, ces particules subissent l'effet des champs magnétiques qui existent dans ce milieu et qui en perturbent la trajectoire. La durée du trajet du rayonnement cosmique avant d'être freiné par son interaction avec le milieu interstellaire, qu'il contribue ainsi à réchauffer, ou de s'échapper de la Galaxie, est de l'ordre d'une dizaine de millions d'années.

L'énergie du gaz, alimentée par les différentes sources de chauffage que nous venons d'énoncer, est principalement évacuée par le rayonnement radioélectrique des molécules. Les molécules asymétriques comme CO peuvent emmagasiner de l'énergie sous la forme d'énergie de rotation, la molécule tournant autour de son centre de gravité. La distribution dissymétrique des charges électriques dans ces molécules en rotation conduit à l'émission d'une onde électromagnétique. En fait, l'énergie de rotation d'une molécule est distribuée sous forme de *quanta* discontinus (comme toutes les autres formes d'énergie d'ailleurs). Les niveaux d'énergie sont excités par les collisions entre les molécules. Puis ils se désexcitent spontanément en cascade jusqu'au niveau d'énergie le plus bas de la molécule, en émettant des photons, c'est-à-dire des quanta d'énergie électromagnétique. Ce rayonnement, et donc l'énergie qu'il transporte, est susceptible de s'échapper du nuage avant d'être réabsorbé par une autre molécule. Le cas contraire se rapprocherait d'une situation d'équilibre thermodynamique.

Dans les régions les plus denses des nuages, l'équilibre du bilan énergétique du gaz moléculaire conduit à une température proche de 10 K. Cela ne signifie pas que tout le nuage soit à cette température. À cause de la prépondérance d'autres mécanismes de chauffage ou de refroidissement, la température de l'enveloppe de ces nuages est nettement plus élevée, de l'ordre de 80 à quelques centaines de K.

Des observations récentes suggèrent que les divers fragments d'un complexe moléculaire baignent en fait dans une phase gazeuse beaucoup moins dense et beaucoup plus chaude. Cette composante assure la continuité entre les nuages moléculaires proprement dits, qui occupent une petite fraction du volume de la Galaxie, et la phase très chaude et très diluée qui occupe, elle, la quasi-totalité de son volume.

Le berceau des étoiles

Les nuages moléculaires sont identifiés sans ambiguïté comme étant les sites de formation des étoiles, tout au moins dans notre Galaxie. L'étude de l'ensemble des phénomènes qui conduisent à la formation d'une étoile ou d'un amas d'étoiles passe donc nécessairement par celle des nuages moléculaires.

Ces nuages renferment toujours des étoiles très jeunes, dont l'âge est généralement inférieur à 1 million d'années. C'est assurément la certitude qu'elles sont formées sur place.

La masse des étoiles est le paramètre essentiel qui détermine leur évolution ultérieure. Mais il semble bien que ce paramètre intervienne également dans le processus de formation des étoiles. Les fragments denses, de petite masse, des nuages moléculaires sont associés à des étoiles très jeunes et de petite masse également, appelées étoiles T Tauri, parce que c'est dans le complexe moléculaire du Taureau que ce type d'étoiles a été le plus étudié du fait de sa relative proximité (il n'est éloigné que d'environ 300 pc). On ne rencontre pas d'étoiles massives au voisinage de ce type de condensation de gaz moléculaire.

Inversement, les plus grosses condensations sont associées à des étoiles également très jeunes mais beaucoup plus massives, dites de type O et B. Ces étoiles, cent mille fois plus lumineuses que le Soleil, sont la source d'une intense émission de rayonnement ultraviolet. Un exemple typique de nuage moléculaire où l'on rencontre de telles étoiles est fourni par les nuages associés à la grande nébuleuse d'Orion.

Dans la mesure où des étoiles se forment au sein des nuages moléculaires, il y a tout lieu de penser que le bilan énergétique très schématique que nous avons présenté se trouve fortement altéré. En effet, les étoiles jeunes émettent une copieuse quantité de rayonnement ultraviolet, dont on a vu l'importance pour le chauffage du gaz interstellaire.

À l'heure actuelle on ne connaît pas avec précision les modifications que la formation des étoiles entraîne sur la structure des nuages moléculaires. Les premières indications suggèrent que les étoiles massives se forment après les premières générations d'étoiles de faible masse. Après avoir formé une ou plusieurs générations d'étoiles de faible masse, et peut-être à cause de cela, un complexe moléculaire poursuivrait son évolution en se ramassant sur lui-même avant de former des étoiles plus massives.

L'intensité du rayonnement émis par ces étoiles, associée à la violence des vents stellaires qui affectent la plupart des étoiles jeunes, contribue à ioniser le gaz et finalement à le disperser dans l'espace. La formation des étoiles très massives met un terme à l'existence de ces nuages. En gros, 10 % seulement de la masse d'un complexe moléculaire se transforme en étoiles. Les 90 % qui restent sont recyclés dans l'une ou l'autre des phases d'hydrogène atomique ou ionisé, où les conditions physiques interdisent au gaz de former des étoiles avant qu'il ne se soit à nouveau condensé pour créer une nouvelle génération de nuages moléculaires.

En tout état de cause, le gaz moléculaire dispersé et chauffé par la formation des étoiles massives, ramené à l'état atomique, doit à nouveau se refroidir et se condenser en nuages interstellaires d'hydrogène neutres. On pense que les nuages finissent par s'agglutiner les uns aux autres à la suite de collisions. Le processus conduit à la formation de grands complexes. Une autre théorie fait intervenir le champ magnétique présent dans la Galaxie. En s'écoulant le long des lignes de champs magnétiques qui parcourent la Galaxie, le gaz interstellaire est amené à se rassembler en vastes amas dont la masse est voisine de celle des grands complexes moléculaires.

Les étoiles

Qu'est-ce qu'une étoile ? C'est une grande quantité de matière, confinée dans un volume très réduit de l'espace par les forces d'autogravitation. Une des causes principales de l'évolution d'une étoile, dont le rythme est fixé par sa masse, est qu'elle émet un intense rayonnement dans l'espace interstellaire très dilué.

Matière, gravité et espace interstellaire

L'analyse spectroscopique du rayonnement émis par la surface des étoiles permet de déterminer leur composition chimique. On constate ainsi que les étoiles de notre Galaxie se répartissent en deux populations qui se distinguent à la fois par leur composition chimique et par leur répartition dans l'espace. Les étoiles de *population II* sont pauvres en éléments plus lourds que l'hélium. Comparées au Soleil, elles peuvent contenir une proportion mille fois moins élevée de fer, sans que l'on en ait trouvé qui en soient complètement dépourvues. Ces étoiles de population II constituent notamment les amas globulaires qui circulent autour de la Galaxie sur des orbites très allongées, et se rencontrent également dans le bulbe galactique.

Les étoiles de *population I* sont localisées avant tout dans les bras spiraux qui se déroulent dans le plan de la Galaxie, on n'en voit jamais dans les amas globulaires. Elles renferment des éléments lourds en proportions comparables à celles du Soleil, qui est une étoile de population I. Toutes les compositions chimiques intermédiaires s'échelonnent entre deux représentants extrêmes des deux populations. Cela témoigne de l'existence d'un processus d'évolution chimique lié à l'évolution stellaire.

La masse des étoiles est une grandeur difficile à mesurer directement.

Au moins est-on sûr de celle du Soleil. Il rassemble environ 2×10^{33} g de matière répartie selon la composition suivante :

$1,4 \times 10^{33}$ g d'hydrogène, $5,5 \times 10^{32}$ g d'hélium, 6×10^{30} g de carbone
$2,2 \times 10^{30}$ g d'azote, $1,9 \times 10^{31}$ g d'oxygène, $2,7 \times 10^{31}$ g d'éléments plus lourds

L'étude minutieuse du mouvement de quelques étoiles doubles proches a permis de déterminer avec une précision d'environ 20 % la masse d'une trentaine d'étoiles. C'est fort peu[1]. Cependant, les données astrométriques continuent de s'accumuler au bénéfice des générations futures grâce aux travaux d'astronomes opiniâtres, notamment de P. Couteau de l'Observatoire de Nice. L'enjeu est important. Le satellite Hipparcos (qui a subi quelques vicissitudes) a pour mission de déterminer les mouvements de 100 000 étoiles avec une précision supérieure à un millième de seconde d'arc. À la fin du siècle, le nombre des étoiles dont on connaîtra la masse de manière directe devrait être considérablement plus élevé.

Il existe heureusement une relation liant la luminosité et la masse d'un certain type d'étoiles, qui permet d'estimer la masse des étoiles isolées. Cependant, l'utilisation de cette relation repose sur le tout petit nombre de mesures directes effectuées jusqu'à présent. Comme on va le voir, la détermination précise de la masse des étoiles est très importante, car elle détermine le caractère et la rapidité de leur évolution.

ACCÉDER À L'INACCESSIBLE

La quasi-totalité des informations dont nous disposons sur la nature et les propriétés physiques des étoiles parvient à nous sous forme de rayonnement. Jusqu'à une date très récente, ce que l'on pouvait décrypter du message des étoiles était tout entier contenu dans le spectre électromagnétique du rayonnement émis à partir de leur surface. L'astronomie est maintenant dotée d'une gamme complète de détecteurs couvrant les domaines radio, infrarouge, visible, ultraviolet et X. L'interprétation des propriétés du rayonnement des étoiles permet de déterminer l'énergie qu'elles produisent, la température de leur surface et leur composition chimique.

Depuis une dizaine d'années, la détection des neutrinos est venue renforcer la panoplie des moyens d'investigation stellaire. Les neutrinos sont des particules élémentaires dont l'existence a été postulée par W. Pauli dès 1933. Ces particules sont produites lors de la transformation d'un neutron en proton (ou vice versa) via la radioactivité bêta. On n'a pu les détecter que vingt et un ans plus tard. Cela tient au fait que ces particules n'interagissent pratiquement pas avec la matière, ce qui rend leur détection extrêmement ardue. À l'inverse du rayonnement électromagnétique stellaire, produit dans les couches superficielles des étoiles, les neutrinos émanent des régions profondes où se déroulent les réactions thermonucléaires, source de leur luminosité. L'analyse de la production des neutrinos permet en principe de sonder le cœur des étoiles et en particulier sa température que l'on ne peut déterminer de façon directe. Cette technique difficile en est à ses tout débuts, et l'on n'a pu jusqu'à présent détecter, en tout et pour tout, que les neutrinos produits dans le cœur du Soleil et, circonstance vraiment exceptionnelle, la bouffée très brève de neutrinos émis – conformément à la théorie – au moment de l'explosion de la supernova « 1987 a », apparue en février 1987 dans le Grand Nuage de Magellan.

1. Rappelons ici que plus de la moitié des étoiles appartiennent à un système multiple.

À cause de sa proximité, le Soleil bénéficie d'une technique d'analyse en plein essor, qui consiste à interpréter les pulsations du Soleil. Le Soleil oscille selon plusieurs modes de fréquences différentes dont certains, engendrés par la gravité, prennent naissance dans le cœur de l'étoile. Leur examen permet en principe d'obtenir des renseignements sur la structure interne de l'astre. En fait, ces techniques nouvelles – détection et analyse des neutrinos solaires et sismologie solaire – ont soulevé beaucoup de questions sur la structure interne de la plus familière des étoiles.

La description des étoiles, le Soleil mis à part, est une tâche bien difficile. Leur éloignement interdit d'accéder à une observation détaillée de leur surface et des phénomènes susceptibles de s'y dérouler, à l'exception cependant de quelques images du disque de certaines étoiles géantes ou proches, que l'on a pu très récemment obtenir à l'aide de l'interférométrie des tavelures. Dans tous les cas, la structure interne des étoiles demeure inaccessible à l'observation directe : en effet tout le rayonnement provient uniquement des zones les plus superficielles. L'idée que l'on se fait de l'intérieur des étoiles est donc le fruit de la théorie. Décrire une étoile, c'est avant toute chose retracer le cheminement qui a permis d'obtenir, pour un certain nombre d'entre elles, la mesure de paramètres globaux comme leur distance, leur masse, leur rayon ou la température de leur surface.

Un point lumineux dans l'espace. L'histoire de l'astronomie, c'est en grande partie celle des observateurs et des physiciens qui ont su dépasser cette apparence insignifiante, en reconnaissant une formidable machine à fusion thermonucléaire, et qui peuvent désormais en retracer la naissance, la vie et la mort.

Comment est-on parvenu à percer le secret des étoiles, quel panorama s'est peu à peu dégagé de cette longue quête, telles sont les questions que nous allons maintenant aborder – de façon nécessairement assez schématique.

L'examen précis et suivi de la position apparente des étoiles sur la voûte céleste révèle qu'elles sont animées de petits mouvements mesurables avec une bonne précision quand elles sont assez proches. Les mesures de ces mouvements apparents ont permis d'évaluer directement *leur distance* et, pour plus d'une centaine d'étoiles, *leur masse* et *leur rayon.*

L'énergie qu'elles produisent, la *température* de leur surface et leur *composition chimique* sont les seuls paramètres que l'on puisse évaluer directement. Ces grandeurs sont fondamentales puisqu'elles servent de base quantitative à une grande partie des conceptions relatives à la structure de l'Univers. En effet, par l'énergie qu'elle libère et les transformations nucléaires qu'elle opère, l'étoile peut être considérée comme la « brique de base » de l'Univers. L'échantillon fondamental est malheureusement assez limité. Pour dépasser le cadre très étroit de cet échantillon, les astronomes ont recherché des relations empiriques entre les diverses quantités mesurées. Une fois établie et bien calibrée, la mesure d'un paramètre stellaire permet d'en estimer un second, inaccessible à l'observation directe. Par exemple, la détermination de la luminosité intrinsèque d'une étoile permet d'estimer sa masse.

Bien des pièges se sont dressés lors de l'établissement de ces relations, travail qui a exigé beaucoup de métier et de perspicacité. Leur interprétation *relativement récente* en termes physiques et non plus empiriques a permis de dégager un ensemble cohérent là où l'on pouvait ne voir que variations et cas particuliers. Cet ensemble cohérent constitue la théorie physique de l'évolution stellaire.

L'ANALYSE DES MOUVEMENTS

La fixité des étoiles n'est qu'apparente. L'analyse de leurs mouvements, dont l'amplitude sur la voûte céleste est très petite, a constitué la première et la plus accessible des informations qu'apporte l'observation directe des étoiles.

Si l'on prend plusieurs clichés successifs du champ stellaire entourant par exemple l'étoile *Proxima Centauri,* on s'aperçoit qu'elle semble se déplacer sur une petite ellipse qu'elle parcourt entièrement en un an[1]. L'angle sous lequel est vu le demi-grand axe de l'ellipse qui se projette sur la voûte céleste s'appelle la *parallaxe* de l'étoile. La mesure de cet angle ne dépasse jamais quelques dixièmes de seconde d'arc. La parallaxe de *Proxima Centauri,* l'étoile la plus proche de nous, à 1,3 parsec, est 0,765 seconde d'arc. Cet angle correspond au diamètre apparent d'une pièce de 10 F vue à une distance de 6,7 km. Parce que c'est l'étoile la plus proche, *Proxima Centauri* a la plus grande parallaxe. En effet, le mouvement apparent des étoiles proches sur la voûte céleste est dû à un effet de perspective sur le fond fixe – en apparence – des étoiles beaucoup plus lointaines pour lesquelles ces mêmes déplacements sont insignifiants. La trajectoire elliptique apparente des étoiles proches, en projection sur la voûte céleste, reproduit, avec un facteur de réduction proportionnel à leur distance, la forme de l'orbite terrestre. L'effet est le même que celui que l'on perçoit en déplaçant la tête devant une fenêtre. Le paysage lointain paraît fixe alors que la fenêtre semble reproduire dans le sens inverse le mouvement de la tête. Par ailleurs la parallaxe d'une étoile ne dépend pas de sa direction dans l'espace.

La trigonométrie élémentaire permet de déterminer directement la distance d'une étoile à partir de sa parallaxe et de la distance qui nous sépare du Soleil. Ainsi, la distance D d'une étoile de parallaxe π est $D=1/\pi$, où D est exprimé en parsec, et la parallaxe en seconde d'arc.

Bessel et Rath, mesurant pour la première fois, en 1839, la parallaxe de l'étoile 61 *Cygni,* estimèrent sa distance à 3,2 parsecs. L'échelle des distances interstellaires était désormais établie. La distance précise de 61 *Cygni* est en fait 3,42 parsecs.

La mesure des parallaxes annuelles permet donc d'établir la distance des étoiles. Seule méthode vraiment indiscutable, elle n'est malheureusement appliquable qu'à des étoiles relativement proches ; en effet depuis la Terre, on ne peut pas mesurer avec précision un écart de position apparente inférieur à 5 centièmes de seconde d'arc, correspondant à une distance maximale de 20 parsecs. Il y a 1 049 étoiles à moins de 20 parsecs de nous, mais, parmi elles, seules les distances des 200 plus proches sont déterminées avec une précision meilleure que 10 %.

Si les étoiles étaient uniformément réparties dans la Galaxie, leur séparation moyenne serait de l'ordre de 4 parsecs, soit plus de 100 millions de fois leurs rayons.

Une variante de la méthode des parallaxes a été mise au point pour mesurer la distance d'étoiles regroupées en amas, comme les Hyades (les étoiles de la tête du Taureau). Ces étoiles sont trop lointaines pour que l'on puisse mesurer leur parallaxe, mais elles se déplacent dans l'espace avec un mouvement d'ensemble uniforme par rapport au Soleil. Ce mouvement se traduit, année après année, par un petit déplacement apparent sur la voûte céleste. Ces déplacements appelés mouvements propres, bien parallèles en réalité, ne le paraissent pas vus de la Terre : ils semblent converger

1. Voir définition du parsec page 13.

vers un point de fuite, ce qui traduit encore une fois un simple effet de perspective. On peut de plus obtenir la valeur de la vitesse de l'amas par rapport au système solaire, appelée vitesse radiale, en mesurant le décalage Doppler du spectre émis par les étoiles. En combinant cette mesure avec l'angle séparant le centre de l'amas et le point de fuite, on parvient à déterminer directement la distance de l'amas.

La distance des *Hyades,* évaluée par cette méthode, est de 41 parsecs. Celle du célèbre amas des *Pléiades* est de 130 parsecs. Au total, on peut mesurer directement la distance d'un millier d'étoiles. Pour les autres, il faut avoir recours à des méthodes indirectes, entachées d'erreurs plus ou moins importantes et difficiles à estimer.

LA MASSE DES ÉTOILES

Plus de la moitié des étoiles ne sont pas isolées mais forment des systèmes d'étoiles doubles ou multiples, liés par la gravité. Même avec un petit télescope, Mizar, dans la Grande Ourse, est facilement résolue en deux composantes. Mais en fait, chacune d'elles est elle-même une étoile double, la plus faible étant même sans doute triple. Mizar est vraisemblablement un système quintuple. Dans le cas simple des systèmes doubles proches on parvient à observer le mouvement orbital des deux compagnons. Conformément aux lois de Kepler, ils décrivent deux ellipses dont un des foyers occupe la position du centre de gravité. La mesure du diamètre angulaire apparent de l'orbite d'une des étoiles (appelée parallaxe dynamique) et celle du temps que cette étoile met pour la parcourir (de quelques années à quelques centaines d'années) permet, grâce à la troisième loi de Kepler, de déterminer la *somme* des masses des deux étoiles. On déduit la masse de chacune des deux étoiles, si on a la chance de pouvoir déterminer la taille apparente de l'orbite du compagnon. On a pu ainsi mesurer avec une bonne précision la masse d'une cinquantaine d'étoiles très proches s'échelonnant entre 0,1 et 50 masses solaires. La situation est évidemment moins favorable pour les étoiles doubles lointaines ou celles dont les compagnons sont très rapprochés. Cependant, les systèmes binaires (ou multiples) très éloignés sont trahis par les variations périodiques de leur spectre, qui résulte de la superposition de celui de chaque étoile. Le spectre de chaque étoile présente des raies caractéristiques dont la position oscille périodiquement autour d'une valeur moyenne. Leur décalage dû à l'effet Doppler permet d'évaluer à chaque instant la vitesse radiale des compagnons. Dans le cas de ce type d'objets appelés binaires spectroscopiques, on parvient à déterminer la variation de la vitesse radiale des étoiles au cours d'une période de révolution. Si les deux spectres sont bien visibles, l'application des lois de Kepler fournit une limite supérieure de la masse des compagnons. Si l'on ne peut observer qu'un seul spectre, parce qu'un des compagnons est trop faible, on obtient seulement la limite supérieure de la masse totale des deux étoiles.

L'étude des systèmes binaires, à la fois visuels et spectroscopiques, a permis la détermination de la masse d'environ 200 étoiles. Il apparaît que les étoiles de faible masse sont beaucoup plus nombreuses que les étoiles massives. Ce sont aussi les moins lumineuses. On verra par la suite que la masse d'une étoile conditionne son évolution. C'est le paramètre clé de l'évolution stellaire, et l'on peut déplorer actuellement le trop faible nombre d'étoiles dont on soit parvenu à mesurer la masse de façon directe. Seules des méthodes indirectes que nous examinerons par la suite permettent d'estimer la masse des étoiles lointaines.

LE RAYON DES ÉTOILES

Les systèmes binaires sont une bénédiction pour l'astronome ! Outre la détermination de la masse des étoiles, ils fournissent, dans plusieurs cas, de précieuses informations sur leurs tailles relatives. Lorsque l'inclinaison apparente des orbites d'un système d'étoiles double est faible, les étoiles peuvent s'éclipser mutuellement au cours de leur révolution. La variation périodique de l'éclat total du système est appelée « courbe de lumière ». Sa forme est différente selon que l'éclipse est totale ou partielle, et peut même trahir des déformations de la surface des étoiles. Si les étoiles sont très rapprochées, elles cessent d'être sphériques : leur gravité mutuelle les déforme en ellipsoïdes allongés. Cette déformation peut atteindre un degré tel que la périphérie de l'enveloppe d'une des étoiles s'écoule sur l'autre. Dans les cas extrêmes, représentés par le système W Ursae Majoris, les deux enveloppes se fondent en une grande enveloppe commune, au sein de laquelle orbitent les deux cœurs stellaires.

Malgré la complexité et l'ambiguïté de l'interprétation des courbes de lumière, on peut en déduire la valeur des rayons des étoiles compagnes. Plus directement, A. Michelson et F.G. Pease parvinrent à mesurer, dès 1921, le diamètre de quelques étoiles supergéantes à l'aide d'une technique d'interférométrie optique. Actuellement, le développement de l'interférométrie des tavelures, due à A. Labeyrie, remarquable extension de l'interférométrie traditionnelle, permet d'observer le disque d'étoiles géantes proches. Bételgeuse, par exemple, est une supergéante rouge éloignée d'environ 200 parsecs. Son rayon est égal à 800 fois celui du Soleil, c'est-à-dire 1,3 fois celui de la ceinture des astéroïdes. Sirius, beaucoup plus proche (2,7 pc), est bien plus petite : son rayon n'est que le double de celui du Soleil.

LE MESSAGE LUMINEUX DES ÉTOILES

Le rayonnement qui nous parvient des étoiles est chargé d'une grande quantité d'informations. Il indique le taux de production d'énergie des étoiles, la température et la composition chimique de leur surface. Le spectre d'une étoile présente parfois des particularités qui révèlent l'existence d'une enveloppe étendue en expansion rapide, dont on peut déterminer la vitesse. Il contient également des informations qui permettent de mesurer la vitesse de rotation d'une étoile, la pression qui règne dans son atmosphère, les champs magnétiques qui s'y développent, etc.

L'éclat d'une étoile est exprimé en magnitudes.

L'énergie lumineuse n'est pas répartie uniformément dans tous les domaines de longueurs d'onde. L'éclat d'une étoile varie selon qu'on la regarde à travers un filtre rouge, jaune, bleu ou encore ultraviolet. Aussi définit-on plus exactement la magnitude d'une étoile en indiquant le domaine de longueur d'onde sélectionné à l'aide de filtres calibrés. On emploie généralement un système de trois filtres laissant passer un petit domaine de longueurs d'onde autour des trois couleurs ultraviolet (3 500 Å), bleu (4 350 Å) et jaune (5 500 Å). Ce dernier correspondant au maximum de sensibilité de l'œil, la magnitude correspondante est, pour cette raison, appelée magnitude-« visible ».

Les propriétés observées du rayonnement d'une étoile diffèrent de celles qu'il possède à sa source pour essentiellement trois raisons. En premier lieu, l'éloignement de l'étoile se traduit par une diminution de sa luminosité apparente proportionnelle au carré de sa distance. Cet effet est indépendant de la longueur d'onde. Il n'affecte pas la proportion d'énergie transportée, par exemple dans les parties rouges, bleues ou ultraviolettes du spectre. En second lieu, une partie du rayonnement est absorbée ou diffusée par la matière interstellaire qu'il rencontre sur son trajet. Ce phénomène, étudié pour la première fois en détail par Trumpler vers 1930, est assez catastrophique : il empêche d'observer dans le domaine visible les étoiles distantes de plus de quelques kiloparsecs. Le rayonnement intercepté par les grains de poussière interstellaire est d'autant plus facilement absorbé que sa longueur d'onde est plus courte : dans le domaine spectral correspondant à la lumière visible, l'absorption du rayonnement est inversement proportionnelle à sa longueur d'onde.

Les photons de la partie bleue du spectre sont donc une fois et demie plus absorbés et diffusés par la matière interstellaire que ceux de la partie rouge. En revanche, les photons infrarouges la traversent presque sans encombre. C'est la raison pour laquelle les étoiles lointaines apparaissent très fortement rougies, non pas parce qu'elles sont intrinsèquement plus rouges que les autres, mais parce que leur rayonnement nous parvient fortement appauvri en lumière bleue. La luminosité apparente d'une étoile doit être corrigée, en fonction de la longueur d'onde, de l'extinction interstellaire. On dit alors que l'on « dérougit » l'étoile.

Enfin, quand une étoile s'éloigne de nous avec une vitesse v, la lumière qu'elle émet à une longueur d'onde donnée nous parvient à une longueur d'onde augmentée de la quantité $\lambda v/c$, où c est la vitesse de la lumière. Si l'étoile se rapproche de nous, la longueur d'onde est diminuée de la même quantité. Ces décalages sont petits (au plus de l'ordre de quelques angströms) pour les étoiles de notre Galaxie mais parfaitement mesurables. Ils permettent d'obtenir immédiatement la vitesse relative d'une étoile par rapport au système solaire.

Toutes corrections faites, on dispose donc de la distribution de l'énergie rayonnée par une étoile dans un domaine spectral s'étendant, dans certains cas, du rayonnement radio au rayonnement X.

LA TEMPÉRATURE DES ÉTOILES

L'énergie rayonnée par une étoile est répartie sur toute l'étendue du domaine spectral d'une façon qui dépend de la température de sa surface. Une fois l'opération de dérougissement effectuée, beaucoup d'étoiles apparaissent jaunes ou orangées, comme le Soleil ou Aldébaran, alors que d'autres, moins nombreuses, rayonnent d'un éclat blanc comme Sirius ou bleuté comme Véga.

Le rayonnement d'une étoile est très semblable à celui qu'émettrait un four porté à une température très élevée, et idéalement totalement clos. Les lois qui caractérisent le rayonnement issu d'un tel four, appelé corps noir, sont très simples. L'énergie est continûment répartie sur toutes les longueurs d'onde, mais la valeur de celle où l'énergie rayonnée est maximum est inversement proportionnelle à la température du four. La constante de proportionnalité ne dépend ni de la nature du four, ni de sa composition chimique ni de sa forme. C'est une constante universelle.

Le rayonnement stellaire est caractéristique d'une température bien précise appelée température effective (notée T_e). Contrairement à un four idéal, l'atmosphère de l'étoile n'est pas à la même température sur toute son épaisseur. La température effective est celle qui caractérise le mieux son rayonnement. Cette température correspond à celle qui règne pratiquement à mi-hauteur de l'atmosphère de l'étoile.

En réalité, le rayonnement issu d'une étoile n'est pas tout à fait identique à celui émis par un corps noir ou un four idéal, puisque l'étoile est grande ouverte sur l'espace interstellaire. Cela se traduit par la présence de raies dans les spectres stellaires. Un élément chimique donné est susceptible d'absorber et de réémettre des photons appartenant à une série précise de longueurs d'onde qui le caractérise. Cette série est modifiée suivant que les atomes sont ionisés ou non. Dans un corps noir, ou un four fermé, tout photon émis à une longueur d'onde donnée est immédiatement réabsorbé par un autre atome et vice versa. De sorte que, dans un four parfait, donc idéalement isolé, l'énergie du rayonnement contenue dans chaque tranche de longueur d'onde demeure constante. Cette distribution d'énergie, exprimée par la loi de Planck, ne dépend que de la température.

Mais dans l'atmosphère d'une étoile, il n'en est plus tout à fait de même. Cette fois-ci, les photons finissent par s'échapper, et cela fait toute la différence. Quand on observe une étoile, on n'enregistre que les photons qui ont quitté la surface de l'étoile strictement en direction de la Terre. Ce sont ceux qui ont quitté librement l'atmosphère de l'étoile après avoir été, une dernière fois, absorbés par un atome puis réémis juste dans la bonne direction. Cela a pu se produire plus ou moins profondément dans l'atmosphère. Considérons un atome situé dans les profondeurs de l'atmosphère. Il absorbe un photon se propageant dans la direction de la Terre, que nous appellerons la direction « avant », et le réémet, aléatoirement, dans une autre direction, par exemple vers l'« arrière ». Ce photon est extrait du flux lumineux susceptible de nous parvenir mais il est immédiatement remplacé par un photon identique émis par le même atome (ou un atome voisin) après que ce dernier a absorbé un photon de même longueur d'onde provenant tout aussi bien de l'avant que de l'arrière.

Le flux lumineux n'est pas altéré tant que deux processus d'absorption et d'émission, dont l'effet est finalement d'échanger rigoureusement l'énergie et la direction de propagation de deux photons, dont l'un se dirige initialement vers la Terre, se produisent simultanément... Le flux lumineux progresse ainsi vers la surface de l'étoile, sans que ce soit jamais les mêmes photons qui le peuplent.

À chaque processus d'absorption-réémission, l'échange s'effectue avec des photons « à contre-courant » qui proviennent de couches plus élevées de l'atmosphère, où ils ont été rétrodiffusés pour la dernière fois. Mais ceux-ci sont de moins en moins nombreux au fur et à mesure que l'on se rapproche de la surface – en raison du quasi-vide interstellaire –, point où il n'y en a plus du tout, car aucun photon ne pénètre dans l'étoile en provenance de l'espace, si l'on veut bien omettre la pâle clarté des étoiles ! De plus, la décroissance rapide de la densité de l'atmosphère avec l'altitude diminue de plus en plus la probabilité de telles rétrodiffusions.

Ainsi l'équilibre des échanges, nécessaire au maintien du flux lumineux en direction de la Terre, est de moins en moins probable à cause de la diminution du nombre de photons « à contre-courant » à mesure que l'on se rapproche de la surface. L'analyse spectroscopique du flux lumineux qui émerge d'une étoile révèle la présence de « raies d'absorption » (diminution de l'intensité lumineuse dans une bande de longueur d'onde très étroite correspondant précisément à l'énergie des photons susceptibles d'être absorbés et réémis par les atomes et les ions présents dans l'atmosphère de l'étoile). Les autres longueurs d'onde ne sont pas altérées et constituent ce que l'on appelle le « continuum », fond sur lequel se détachent les raies spectrales.

TYPOLOGIE STELLAIRE

Une étoile n'est donc à l'œil qu'un simple point lumineux, coloré et scintillant. Sa luminosité dépend de sa brillance intrinsèque (qui dépend elle-même de sa masse) et de sa distance par rapport à nous. Sa couleur indique la température de sa surface. Les étoiles scintillent en raison du manque de stabilité de l'atmosphère terrestre.

Comme nous le verrons plus en détail, la seule connaissance de la luminosité intrinsèque, de la température effective et de la composition chimique (déduite de la spectroscopie stellaire) permet de savoir dans quel stade de son évolution se trouve l'étoile observée. Bornons-nous ici de rappeler la typologie stellaire. Pour l'établir, les astronomes Ejnar Hertzsprung et Henry Russell montrèrent que l'on peut classer les étoiles sur un diagramme qui porte leur nom et qui joue le même rôle en physique stellaire que le tableau de Mendeleïev en chimie et en physique nucléaires.

Chaque étoile peut être représentée sur ce diagramme en fonction de sa température de surface et de sa luminosité intrinsèque. Si l'on porte par exemple sur ce diagramme les points représentatifs des 1 000 étoiles les plus proches de nous, on s'aperçoit que la grande majorité d'entre elles vont occuper une bande partant d'étoiles lumineuses et chaudes à d'autres peu lumineuses et froides. Cette bande est dite *Séquence Principale* des naines. C'est à cette nombreuse famille qu'appartient le Soleil. Une famille moins nombreuse est constituée d'étoiles jusqu'à dix mille fois plus lumineuses que les précédentes pour une température de surface semblable. C'est celle des étoiles dites *géantes rouges.* Quelques étoiles, aussi bien bleues que rouges, sont encore dix à cent fois plus lumineuses. Ce sont des *supergéantes.* D'autres, en revanche, ont une température de surface très élevée alors que leur luminosité est faible ; on dit que ce sont des *naines blanches.* Chacune de ces familles, nous le verrons, correspond à un stade d'évolution bien précis.

La typologie stellaire comprend beaucoup d'autres familles. Sans chercher à les rappeler toutes, mentionnons les étoiles T Tauri intrinsèquement brillantes et rouges (dans la même partie du diagramme de Hertzsprung-Russell que les géantes rouges) et dont la surface est très active (soumise à de forts champs magnétiques et à des mouvements de matière très violents) ; les étoiles de Wolf-Rayet sont des étoiles extrêmement chaudes et très lumineuses. Les nébuleuses planétaires sont constituées d'une étoile centrale chaude entourée d'une enveloppe de matière très étendue.

La plupart des étoiles (c'est le cas du Soleil) ont une luminosité constante sur des durées qui peuvent être longues (quelques milliards d'années dans le cas du Soleil). Ce n'est pas le cas de toutes les étoiles. Certaines pulsent de façon assez régulière, comme les Céphéides ou les RR Lyrae dont la période de pulsation est liée à leur luminosité intrinsèque. D'autres voient leur luminosité s'accroître brutalement et diminuer ensuite avec une périodicité de l'ordre du mois ou de l'année. Ces astres explosifs se rangent en novae pour les objets les moins brillants jusqu'aux supernovae pour les étoiles qui explosent très franchement, comme ce fut le cas de l'étoile Sanduleak −69°202 du Grand Nuage de Magellan.

Voilà très sommairement les principaux types d'étoiles rencontrés par l'astronome. Attardons-nous maintenant un peu sur deux cas assez extrêmes : l'étoile Soleil et la supernova magellanique de février 1987.

L'ÉTOILE SOLEIL

Voici 4,5 milliards d'années naissait une étoile comme tant d'autres, une petite étoile même, sans lustre particulier, et avec elle tout un cortège de planètes, de petits astres, de comètes, et d'astéroïdes. 1 milliard d'années plus tard, au terme d'une mystérieuse alchimie, le Soleil et la Terre avaient façonné la vie. Mille fois plus massif que le système planétaire dont il est le pivot gravitationnel, le Soleil exerce toujours une double fascination : c'est une étoile on ne peut plus typique dont la proximité – 150 millions de km – permet les analyses les plus détaillées et les plus complètes, et c'est aussi l'astre à qui l'on doit le développement de la vie telle que nous la connaissons sur Terre. Étudier le Soleil, c'est certes profiter d'une occasion unique de préciser les détails de la physique stellaire. C'est aussi s'interroger sur son passé proche ou lointain, tenter de retracer son impact sur le développement non seulement du système biologique terrestre mais aussi sur celui du système planétaire dans son ensemble.

Mais il y a loin de la coupe aux lèvres ! Pour comprendre la nature du Soleil, il ne suffit pas de le regarder, car si les phénomènes qui se déroulent à sa surface sont riches d'enseignements, bien peu permettent d'entrevoir ce qui se passe réellement à grande profondeur. La surface rayonnante du Soleil est en fait opaque au regard, et ce n'est qu'indirectement que l'on peut révéler les secrets enfouis à l'intérieur du Soleil. Pourquoi ne peut-on pas « voir » directement l'intérieur du Soleil, qui, après tout, n'est qu'une gigantesque boule de gaz incandescent ? Le regard (du physicien), naturellement, ne pénètre nulle part ; l'œil ou l'instrument d'optique se contente de recevoir la lumière d'où elle vient. Mais s'il est vrai que l'énergie lumineuse du Soleil est essentiellement produite dans ses profondeurs, elle ne s'en échappe qu'après bien et bien des péripéties qui font que c'est une lumière dégradée, ayant perdu toute mémoire de son origine, qui parvient finalement à s'élancer dans l'espace depuis le disque de la photosphère (la « surface » lumineuse du Soleil). Et cette lumière ne nous renseigne que sur la centaine de kilomètres qui constitue la seule épaisseur visible du Soleil. Pour comprendre cela, il faut se représenter que les 2 milliards de milliards de millards de tonnes de gaz solaire, retenues par la gravité – 27 fois supérieure à la surface du Soleil qu'à la surface de la Terre –, exercent sur les régions centrales une pression phénoménale. Le cœur du Soleil est soumis à une pression de 200 milliards d'atmosphères. Dans ces conditions, l'intérieur solaire est très dense (1 cm^3 pris au cœur du Soleil contiendrait environ 140 g de matière) mais la température y est si élevée que la matière y demeure gazeuse. Cependant, comme dans une flamme, le gaz est à l'état de plasma, c'est-à-dire que les atomes sont totalement ou en partie dépouillés de leurs électrons, qui naviguent entre les noyaux ou les ions. L'agitation thermique incessante de ces particules électrisées produit, sous forme de rayonnement gamma, une lumière « invisible ». Ces particules de lumière très énergétiques – les photons – se frayent un chemin vers la surface du Soleil. Mais la difficulté et la lenteur de leur progression viennent de ce qu'ils sont continuellement absorbés par la matière, puis réémis, au hasard, dans une direction qui est généralement tout autre que celle menant directement vers la surface. Dans les régions les plus profondes du Soleil, un photon ne parcourt guère plus de 20 micromètres en ligne droite. On calcule qu'à ce rythme, la lumière met près de 1 million d'années pour atteindre la surface ! Qui plus est, ces très nombreuses interactions permettent aux photons de s'adapter aux conditions du gaz ambiant, c'est-à-dire essentiellement à sa température, de sorte que l'énergie lumineuse finit par se répartir sur un grand nombre de photons dont l'énergie moyenne est caractéristique de la température de l'endroit où ils se trouvent, et plus du tout de celui où cette énergie a été produite.

Ainsi, la lumière qui nous parvient du Soleil nous renseigne-t-elle sur les propriétés de sa surface, mais absolument pas sur celles des régions profondes. Cependant, la quantité de lumière produite – la luminosité du Soleil – nous indique la puissance du mécanisme de la production énergétique, d'origine thermonucléaire, demeuré si longtemps mystérieux et qui a permis au Soleil de briller depuis que notre monde existe.

Face à cet astre impénétrable, les astronomes ont dû pendant longtemps se contenter d'analyser ses manifestations superficielles. Il reste d'ailleurs fort à faire. Taches solaires, cycles solaires, granulations mouvantes de la photosphère, protubérances, éruptions solaires, couronne solaire, jets coronaux, vent solaire, autant de manifestations d'une intense activité de surface dont aujourd'hui encore tous les aspects ne sont pas entièrement élucidés.

Le Soleil est une sphère gazeuse de 700 000 km de rayon, essentiellement composée d'hydrogène (92 % en nombre d'atomes) et d'hélium (7,8 %). Les autres éléments, comme le carbone, l'azote, l'oxygène ou le fer, n'y sont présents qu'à l'état de trace. Cela n'a rien d'exceptionnel et caractérise la composition chimique moyenne de l'Univers. Sa surface, dont la température est de 5 800 K, rayonne une énergie totale de 400 millions de milliards de gigawatts, émise moitié sous forme de rayonnement visible – la lumière blanche –, moitié sous forme de rayonnement infrarouge de longueur d'onde inférieure à 2 micromètres. La surface du Soleil est parsemée de taches sombres dont le diamètre peut atteindre 10 000 km. Ce nombre varie périodiquement, suivant un cycle de onze ans. Ce nombre sera très élevé en 1991 pour retomber à un minimum en 1 996 et ainsi de suite. Les taches solaires révèlent les régions d'intense activité où le champ magnétique engendré sous la surface du Soleil traverse la photosphère pour rejoindre les régions extrêmement diluées de la haute atmosphère. Les taches ou groupes de taches solaires sont toujours associés par paires, liées aux deux polarités du champ magnétique. Ce champ magnétique solaire est environ mille fois plus élevé que le champ terrestre, il perturbe l'écoulement du rayonnement issu de la photosphère : c'est pourquoi les régions actives se détachent en sombre sur le disque solaire. La température des taches est d'environ 2 000 K, moins élevée que celle de la photosphère. Cependant, à des longueurs d'onde différentes de celles de la lumière visible, ces régions optiquement sombres émettent plus puissamment que les autres, par exemple dans le domaine des longueurs d'ondes radio. Au-dessus des taches solaires, dans l'atmosphère raréfiée, les boucles de champ magnétique emprisonnent de grandes quantités de gaz ionisé, ou protubérances.

Les régions actives sont fréquemment le siège de phénomènes éruptifs très violents. Lors de ces explosions, de grandes quantités de gaz sont accélérées et projetées dans le système solaire. Les électrons émis par les éruptions solaires perturbent l'ionosphère de la Terre et les transmissions radioélectriques, et provoquent le phénomène des aurores polaires en excitant les molécules de la haute atmosphère. Normalement, les protubérances solaires sont des langues de gaz relativement froid (environ 10 000 degrés) et dense qui se déploient dans la couronne solaire beaucoup plus chaude (environ 1 million de degrés) et diluée. Elles sont maintenues par les lignes de champ magnétique issues d'un groupe de taches solaires. L'éruption proprement dite est due à une altération soudaine du champ magnétique dont les lignes de champ se distordent et se déploient dans l'espace, en y projetant, à plus de 1 000 km/s parfois, la matière contenue dans la protubérance.

À la surface du Soleil, quand deux boucles de champ magnétique de polarités opposées viennent à s'interpénétrer, la « reconnexion » du champ magnétique libère une énergie susceptible de provoquer une éruption locale, au cours de laquelle la température peut atteindre une vingtaine de millions de degrés.

La haute atmosphère du Soleil est appelée couronne solaire. Elle est reliée à la photosphère par une région de transition peu épaisse dont la température atteint 100 000 degrés. Cette couche de transition est localisée, comme les régions actives, au-dessus de la bande équatoriale du Soleil ; on lui donne le nom de chromosphère. La couronne solaire proprement dite est 1 million de fois moins lumineuse que la photosphère. On ne peut la voir à l'œil nu que pendant les quelques minutes d'une éclipse totale. Portée à une température de 1 à 2 millions de degrés, la couronne émet essentiellement du rayonnement X. Les observations effectuées dans ce domaine spectral à bord de satellites ont montré que la couronne était en fait très irrégulière, et localisée essentiellement au-dessus des régions actives, toujours reliées à elles par le champ magnétique solaire. Là où le champ magnétique ne forme pas de boucles fermées en arche au-dessus de la surface du Soleil, mais au contraire s'échappe dans l'espace, la couronne solaire n'est pas retenue au voisinage de la surface et s'écoule continuellement dans l'espace interplanétaire. C'est là l'origine du vent solaire, qui, à une vitesse de l'ordre de 400 km/s quand il aborde le voisinage de l'orbite terrestre, souffle sur tout le système solaire. Le Soleil perd ainsi un milliardième de sa masse en 100 000 ans. À cela, il faut ajouter la matière épisodiquement arrachée à la couronne à la suite des éruptions solaires.

La surface du Soleil est entièrement recouverte d'une granulation mouvante dont les éléments ont une taille d'un millier de km. Ces cellules, dont la durée de vie est de l'ordre d'une dizaine de minutes, témoignent du mouvement ascensionnel du gaz solaire en dessous de la photosphère. Animé d'un mouvement de convection, le gaz monte à une vitesse d'environ 1 km/s à l'intérieur des « cheminées » que sont les grains, se refroidit, puis redescend le long de leurs bords, plus sombres. La différence de température entre le centre et le bord d'un grain est d'environ 500 degrés. Mais les caractéristiques de ce brassage superficiel de matière ne nous renseignent pas pour autant sur ce qui se passe réellement à grande profondeur.

UNE FENÊTRE SUR LE CŒUR DU SOLEIL

Pendant longtemps, il fallut chercher les informations sur la structure interne du Soleil au bout de la plume des astrophysiciens dont le métier est de mettre les étoiles en équations. La situation a maintenant beaucoup évolué, grâce à certaines observations très délicates, impensables il n'y a guère. Toute la théorie de la structure du Soleil, et des étoiles en général, est fondée sur la notion d'équilibre hydrostatique. Le terme d'équilibre rend compte de ce que la structure globale du Soleil n'évolue que sur des échelles de temps considérables, si l'on excepte les sursauts explosifs et récurrents que l'on vient de décrire, épiphénomènes de surface qui n'affectent en rien l'équilibre général de notre étoile. On calcule par exemple qu'en 4,5 milliards d'années, la luminosité du Soleil s'est lentement accrue de 40 %, soit moins de un dixième de milliardième par année. Le terme « hydrostatique » désigne l'équilibre d'une boule de gaz où s'affrontent gravité et pression. L'équilibre n'est assuré que parce que la pression du gaz s'élève à mesure que l'on s'enfonce dans le Soleil, en fonction de l'accroissement du poids des couches en surplomb. Ces considérations simples permettent à elles seules d'estimer l'ordre de grandeur de la pression, de la densité et de la température à l'intérieur du Soleil. On montre ainsi que la température au centre du Soleil est de l'ordre d'une dizaine de millions de degrés. Cette estimation a deux conséquences immédiates. D'une part, une telle disparité de température entre le centre et le bord de l'étoile entraîne une fuite d'énergie, qui s'écoule des régions chaudes vers la surface beaucoup plus froide : le rayonnement du Soleil n'est autre que ce flux d'énergie que le calcul permet de suivre depuis les profondeurs de l'astre ; d'autre part, portée à de telles températures, la matière – mélange d'hydrogène et d'hélium – n'est plus stable et fusionne en noyaux d'hélium. Cette combustion de l'hydrogène par réactions thermonucléaires dégage précisément la quantité d'énergie qui s'échappe continuellement de la surface. C'est ainsi que l'équilibre énergétique du Soleil se trouve également réalisé. Cela dit, pour disposer d'une théorie correcte reproduisant bien les caractéristiques du Soleil, il faut préciser à quel taux l'énergie nucléaire est produite à l'intérieur du Soleil, et comment elle s'écoule vers la surface.

La région de combustion thermonucléaire est concentrée dans le cœur du Soleil. Elle n'affecte que 20 % de la totalité de sa masse. C'est en 1938, à la suite des travaux des physiciens H.A. Bethe et C. von Weiszacker, que l'on commença à élucider l'ensemble des réactions nucléaires dont le bilan élémentaire revient à la fusion de quatre protons, ou noyaux d'hydrogène, en un seul noyau d'hélium. Ces réactions exigent des températures supérieures au million de degrés pour se déclencher et s'entretenir. En fait, ces réactions sont très lentes et ne délivrent chacune qu'une faible quantité d'énergie. C'est seulement parce que des masses considérables et, partant, des nombres énormes de protons sont mis en jeu que l'effet cumulé de ces réactions est appréciable. Certes, ce sont 600 millions de tonnes d'hydrogène qui sont converties, chaque seconde, en hélium. Mais ce ne sont jamais que 2 milliardièmes du milliardième de la masse du cœur du Soleil. À ce rythme, cela peut durer encore une bonne dizaine de milliards d'années... moins, en fait, car le rythme de l'évolution stellaire se précipite en fin de parcours. La combustion thermonucléaire du cœur du Soleil est une combustion lente, bien loin d'être explosive. Le jeu conjugué de la gravité et de la pression s'oppose à tout emballement. Le Soleil est bien une centrale thermonucléaire à confinement gravitationnel.

L'énergie ainsi libérée ne reste pas sur place, mais s'écoule vers la surface. Sur 72 % du rayon solaire, le transport de l'énergie est assuré par le rayonnement. La matière est immobile. Dans les 28 % restants, sous la surface du Soleil, la convection prend le pas sur le rayonnement. Le transport d'énergie par convection, c'est-à-dire par mouvements de matière en panaches, est un des plus efficaces qui soient. Cependant, le détail de ces mouvements est inconnu, la théorie de la convection étant encore incomplète.

Soulignons le fait que ce sont précisément les détails des mécanismes de transport d'énergie qui déterminent la luminosité du Soleil. L'étoile *adapte* la quantité d'énergie thermonucléaire qu'elle produit à l'intensité de l'hémorragie. Si le débit thermonucléaire venait à faiblir, à la suite, par exemple, de l'appauvrissement graduel du combustible, l'équilibre énergétique serait rompu, mais, immédiatement, le cœur se contracterait sous l'effet de la gravité avec pour conséquence une élévation de température entraînant l'accroissement du débit d'énergie thermonucléaire jusqu'à ce que l'équilibre énergétique, fixé par les fuites d'énergie, soit retrouvé.

À l'heure actuelle, tous les modèles de la structure interne du Soleil sont en bon accord. Par exemple, la température calculée au centre du Soleil est de 15,5 millions de degrés, et la densité du plasma, de 145 g/cm^3, soit près de 13 fois celle du plomb.

LES ÉCHAPPÉS DE LA FOURNAISE

Depuis quelques années, deux fenêtres se sont entrouvertes sur les conditions physiques régnant à l'intérieur du Soleil. La première l'a été grâce au travail patient de R. Davis et de son équipe de Brookhaven. À 1 500 m sous terre, au fond d'une mine d'or du Dakota du Sud, pour échapper au rayonnement cosmique, un détecteur de *neutrinos,* à base de tétrachlorure de carbone, enregistre depuis une quinzaine d'années ces particules fugaces en provenance du cœur thermonucléaire du Soleil. Les neutrinos détectés par l'installation de Davis sont essentiellement émis par la désintégration au cœur du Soleil des atomes de bore 8 en atomes de béryllium 8, un des maillons de la chaîne de réactions de fusion de l'hydrogène en hélium. Disons tout de suite qu'année après année, le résultat de la mesure n'a cessé de consterner les astrophysiciens spécialistes du Soleil. Le nombre de neutrinos effectivement émis est deux à trois fois inférieur à celui prédit par les modèles. Très rapidement, l'affaire a débordé le cadre de la communauté des astronomes, pour passionner les spécialistes d'autres disciplines, notamment les physiciens des particules élémentaires. De nombreuses variations sur le thème du modèle solaire ont vu le jour, sans réellement convaincre. D'une manière générale, l'objectif est de diminuer de quelques pour cent la valeur de la température estimée selon les hypothèses couramment admises. Quelles sont les hypothèses en défaut ? Quels phénomènes physiques ont été négligés ? Quels paramètres physiques méritent d'être reconsidérés ? Telles sont les questions posées par les neutrinos solaires.

Il faut cependant se représenter l'extrême difficulté de la détection des neutrinos, solaires ou non. Ces particules ont la propriété de n'interagir qu'excessivement faiblement avec la matière (ce qui explique qu'elles s'échappent librement du Soleil). Or toute détection exige au moins une interaction avec la matière du détecteur. Depuis quinze ans, le détecteur souterrain n'enregistre en moyenne que 1 neutrino tous les deux jours, sur un total d'une soixantaine de milliards qui traversent – chaque seconde – chaque centimètre carré de sa surface ! L'échantillon statistique demeure donc très faible !

De plus, la réaction de désintégration du bore qui produit ces neutrinos suffisamment énergétiques pour agir sur les noyaux de chlore 37 joue un rôle tout à fait secondaire dans le cycle thermonucléaire de production d'énergie au centre du Soleil. Ces neutrinos ne représentent d'ailleurs que le dix millième de tous ceux qui sont produits par d'autres réactions beaucoup plus significatives. C'est dire l'importance que revêtent des expériences de détection complémentaires, comme l'expérience GALLEX, dont le détecteur sera à base de gallium, plus sensible aux neutrinos de basse énergie et dont l'objectif est de déterminer le flux de neutrinos produits par la transformation de 2 protons en 1 noyau de deutérium. Il s'agit cette fois d'une réaction clé du cycle de combustion de l'hydrogène. On attend de ces mesures une estimation précise de la température des régions de combustion, dont la comparaison avec la valeur prévue par les modèles constituera un précieux point d'ancrage de la théorie des intérieurs stellaires.

LE SOLEIL VIBRE

Il existe une deuxième voie d'accès à l'intérieur du Soleil, indépendante de la précédente. Cette gigantesque boule de gaz est le siège de pulsations complexes et de plusieurs types. Certains modes de vibration s'effectuent comme une respiration d'ensemble du Soleil, sans modifier la forme de sa surface, alors que d'autres mouvements plus compliqués la distordent. Tous ces mouvements et leurs harmoniques sont naturellement mélangés. La façon dont ces ondes sont excitées (la nature de l'archet) n'est pas encore élucidée. Un premier groupe représente des ondes de pression, qui peuvent être stimulées au voisinage de la surface par les mouvements de convection ou des variations de l'opacité du gaz qui peuvent accompagner la dilatation et la compression périodique de la surface du Soleil. Quoi qu'il en soit, l'analyse détaillée de ces modes de surface renseigne sur la structure de son enveloppe, confirmant par exemple la profondeur de la zone de convection estimée par les modèles.

Un autre groupe d'oscillations est contrôlé par la gravité. Il présente un grand intérêt car il renseigne sur les propriétés physiques qui règnent au cœur du Soleil, cette fois-ci, de façon complémentaire aux flux de neutrinos. La détection des oscillations et la délicate extraction des renseignements qu'elles recèlent constituent un des thèmes de recherche actuellement les plus actifs sur le Soleil.

À l'heure actuelle, on estime que la modélisation de l'ensemble de la structure interne du Soleil atteint une précision de l'ordre d'une dizaine de pour cent. Ce résultat est tout à fait remarquable si l'on songe à la diversité et à la complexité des phénomènes physiques que regroupe et synthétise un modèle d'étoile. Le champ est maintenant ouvert à l'examen d'effets laissés jusqu'ici de côté par une sage application du principe d'Occam (effet de la rotation, étude détaillée de la convection, étude de l'influence des toutes premières étapes de la vie du Soleil, etc.).

Après l'étoile la plus étudiée et aussi celle qui revêt une importance capitale pour nous – le Soleil –, évoquons l'apparition dans le ciel austral de la supernova magellanique, en février 1987, et ce qui en est résulté.

LA SUPERNOVA MAGELLANIQUE DE FÉVRIER 1987

Plus de 380 ans se sont écoulés depuis une nuit d'octobre 1604, où une supernova, visible à l'œil nu, apparut dans la constellation d'Ophiuchus. Repérée par plusieurs observateurs, italiens, coréens et chinois, l'évolution de l'éclat de cette « nouvelle étoile » fut par la suite tenue sous haute surveillance. L'astronome J. Kepler (1571-1630) en poursuivit l'observation pendant une année entière, jusqu'à ce qu'elle disparaisse complètement à l'œil nu. Aujourd'hui, il n'en reste plus qu'une énorme boule de gaz raréfié de près de 3 parsecs de rayon, qui se dilate à plus de 3 000 km/s dans l'espace interstellaire. Des détecteurs de rayons X, embarqués à bord de satellites, ont maintenant remplacé l'œil, et continuent à voir cette boule de gaz en vertu de leur sensibilité au rayonnement qu'émettent les restes de supernovae dont la température dépasse 1 million de degrés.

Depuis cette apparition, aucune supernova n'avait explosé à une distance suffisamment rapprochée pour être visible à l'œil nu, jusqu'en cette nuit du 23 au 24 février 1987, où, depuis l'Observatoire de Las Campanas au Chili, I. Sheldon et O. Duhalde firent la découverte d'une supernova dans le Grand Nuage de Magellan. Il était 2 h 40 mn TU. À 8 h 50 mn TU, un astronome amateur néo-zélandais, A. Jones, découvre à son tour la « nouvelle étoile » dont il évalue la magnitude à 4,8. Mais en fait, la première observation optique de la supernova fut enregistrée le 23 février à 10 h 38 mn TU sur un cliché de cette région du ciel réalisé par R. McNaught à l'Observatoire de Siding Spring en Australie. Sur cette image, développée seulement le lendemain, la supernova apparaissait comme une étoile de magnitude 6. Bien sûr, il ne s'agit pas là de la première supernova que l'on ait observée depuis 1604. Mais toutes avaient été enregistrées dans de lointaines galaxies, et l'affaiblissement considérable de leur éclat, du fait de leur éloignement, faisait obstacle à une analyse très détaillée de leur rayonnement. En fait, on estime qu'en moyenne deux supernovae explosent par siècle dans notre Galaxie, par analogie avec ce que l'on observe couramment dans les galaxies d'un type voisin de la nôtre. La rareté des observations s'explique par la présence d'une grande quantité de poussière interstellaire qui soustrait l'événement à la vue.

Le Grand Nuage de Magellan est une petite galaxie irrégulière, satellite de la nôtre, dont elle est éloignée de 170 000 années-lumière. Entre le Grand Nuage et nous, il existe un grand nombre de nuages interstellaires.

SUPERNOVAE DE TYPE I ET DE TYPE II

Les spécialistes en supernovae (bien que ces astres soient très rares, il y a relativement beaucoup de spécialistes) distinguent deux types de supernovae : le type I qui correspond à des astres dont la luminosité décroît de façon très régulière après l'explosion et qui propulse un reste dépourvu d'hydrogène ; le type II, au contraire, qui présente une courbe de lumière très irrégulière et un reste où l'hydrogène est présent. Les supernovae de type I doivent vraisemblablement leur explosion au fait qu'elles appartiennent à un système binaire et qu'elles subissent une forte accrétion de matière en provenance de leur compagnon. La supernova Kepler est une supernova de type I, comme le fut celle de Tycho Brahe, qui explosa en 1572. Les supernovae de type II explosent parce que leur centre s'effondre et devient étoile à neutrons, tout en cédant par un rebond rapide une petite fraction de leur énergie à la matière qui l'entoure et qui se dilate alors très rapidement. La supernova magellanique, comme la supernova du Crabe, est une supernova de type II.

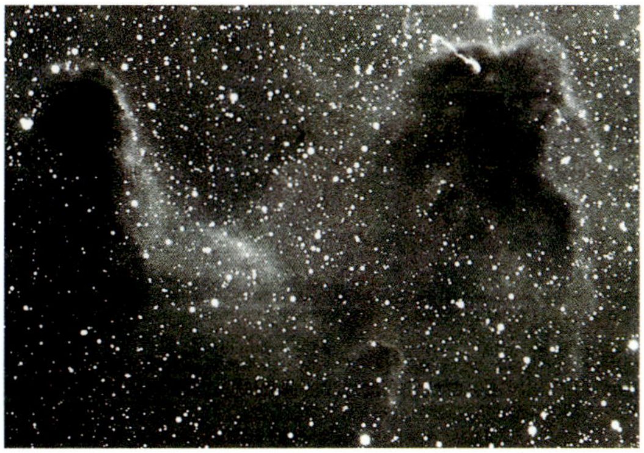

La nébuleuse de la « Tête de Cheval » est située sur la frontière du grand complexe de nuages moléculaires d'Orion. Cette excroissance gazeuse est chargée de poussières dont l'accumulation masque le rayonnement des étoiles situées en arrière-plan. À droite, le gaz interstellaire beaucoup plus diffus est ionisé par le rayonnement ultraviolet de jeunes étoiles chaudes.

Ci-dessus, deux petits nuages sombres de quelques centaines de masses solaires se détachent sur le fond stellaire. Les nuages isolés de ce type, appelés *globules de Bok,* donnent naissance à des étoiles : le filament lumineux qui s'échappe en haut d'un des nuages est un *objet d'Herbig-Haro* émis par une étoile en formation, enfouie dans le nuage.

Une étoile de Wolf-Rayet émet un puissant vent qui la dépouille de son enveloppe d'hydrogène, laissant finalement le cœur d'hélium à nu. Ce vent chasse en avant le gaz interstellaire environnant, ionisé par le rayonnement ultraviolet de l'étoile Wolf-Rayet. La masse de la bulle de gaz en expansion que l'on voit ici, NGC 2359, est estimée à vingt fois celle du Soleil.

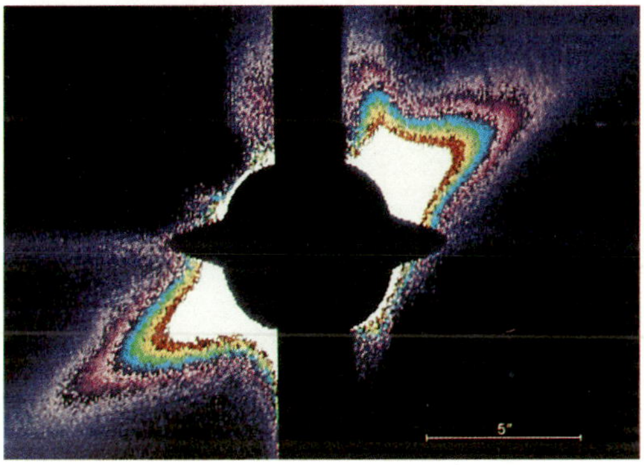

En haut. Le traitement numérique des couleurs des étoiles d'une galaxie (ici M 33 dans le Triangle) met en relief les régions de formation d'étoiles. Celles-ci, en bleu, sont associées aux nuages interstellaires répartis le long des bras spiraux. Le bulbe et le fond du disque sont peuplés d'étoiles plus vieilles, de couleur jaune orangé.

Ci-dessus. L'étoile β Pictoris est une des très rares étoiles en formation que l'on puisse bien observer. Sur ce cliché, dont les couleurs ont été traitées numériquement, l'étoile elle-même est occultée par un masque afin de faire apparaître le disque de poussières qui l'entoure. Il donnera vraisemblablement naissance à un cortège planétaire.

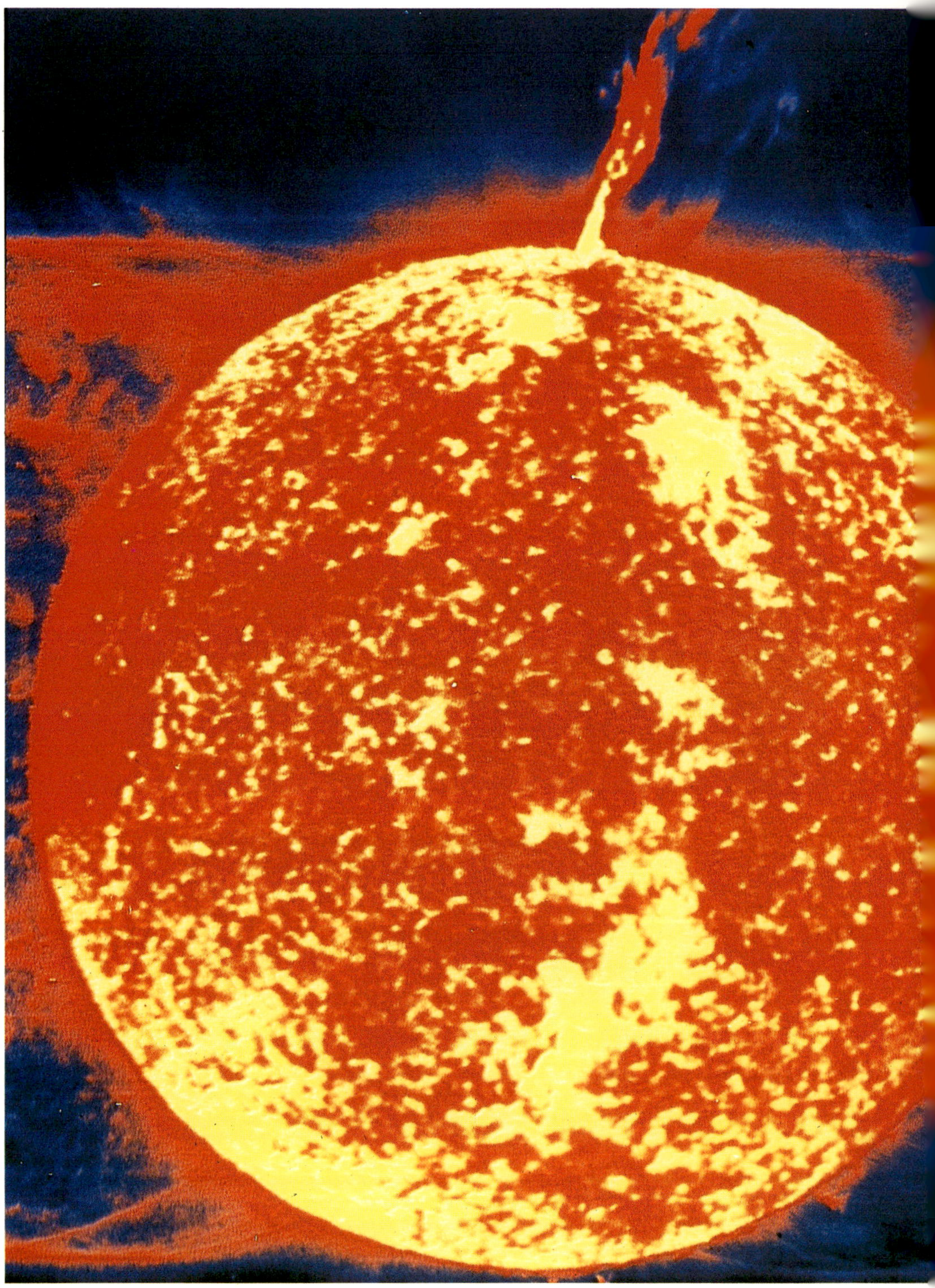

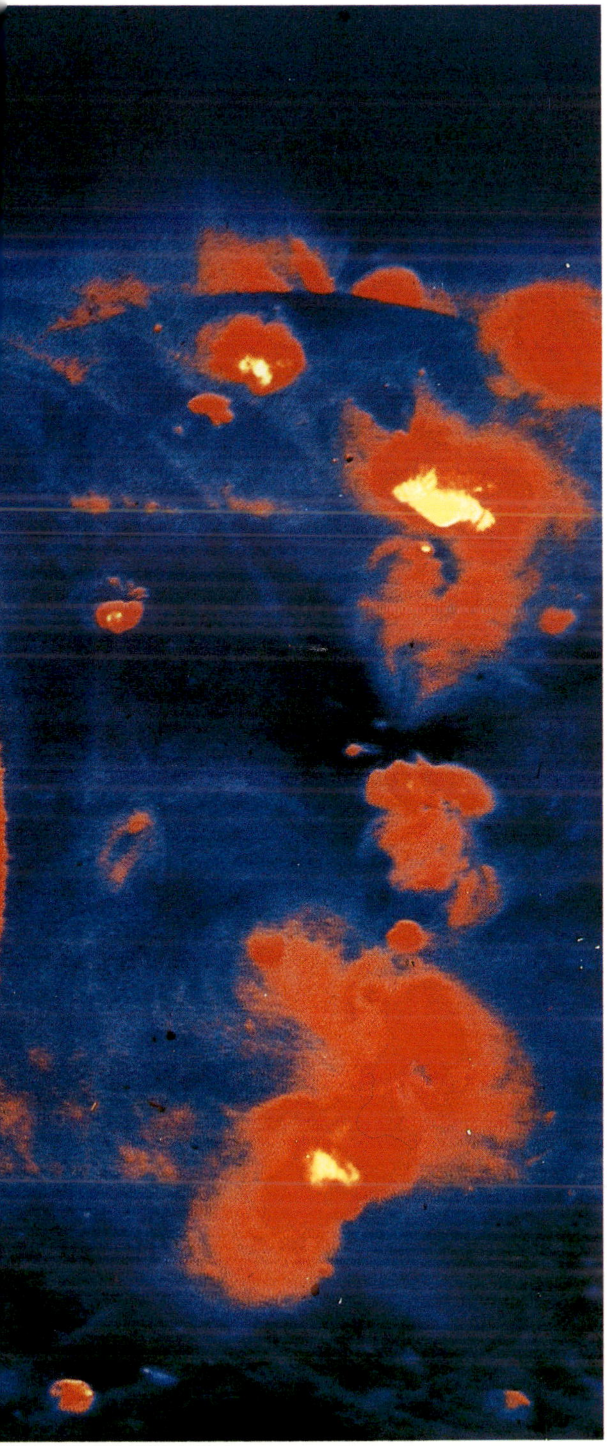

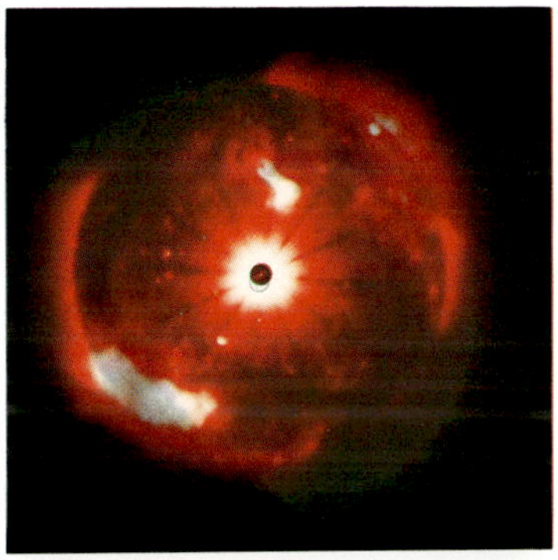

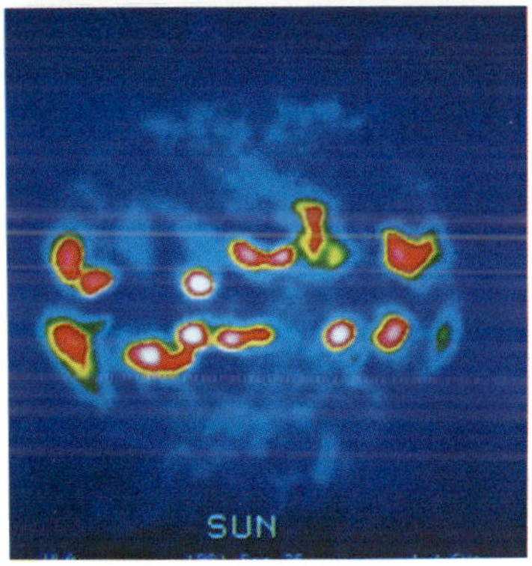

À gauche. Cette photographie du Soleil a été prise à bord de la station orbitale *Skylab,* dans le domaine de longueur d'onde de l'ultraviolet lointain. On a sélectionné ici l'émission à 30,4 nanomètres due à l'hélium une fois ionisé, provenant de la basse atmosphère du Soleil. La taille de la protubérance est d'environ 500 000 km.

En haut. Le rayonnement X du Soleil est émis par les régions les plus chaudes de la couronne solaire. Cette image a été obtenue le 6 août 1973 à bord de Skylab, au cours d'une éruption solaire. La région centrale de l'éruption, au milieu du disque solaire, est occultée par un petit masque circulaire. La luminosité de l'éruption, dans le seul domaine des rayons X, est mille fois supérieure à celle du reste de la surface du Soleil.

Ci-dessus. L'intensité du rayonnement radio du Soleil à 20 cm de longueur d'onde est traduit ici en fausses couleurs. Les régions brillantes forment deux bandes équatoriales. L'émission provient de condensations de gaz très chaud, confinées en surplomb des taches solaires par un champ magnétique intense. Les régions les plus denses sont représentées en blanc. Les taches codées en bleu sombre sont des régions très peu brillantes et de faible densité, appelées *trous coronaux.* (Radiotélescope Very Large Array, Nouveau Mexique, 26 septembre 1980.)

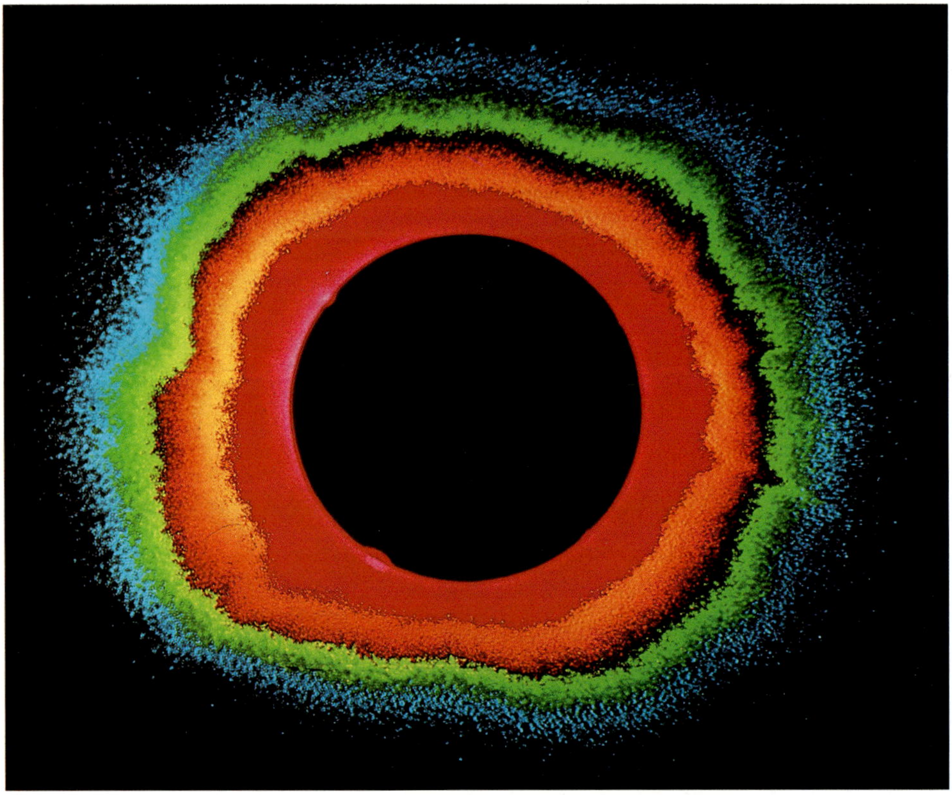

Photographie traitée en fausses couleurs de l'éclipse totale de Soleil du 26 février 1979.
Les différentes couleurs correspondent chacune à des régions de la couronne d'égales luminosités.

À droite. Cette photographie, obtenue au cours d'une éclipse totale, révèle les principales structures de la couronne. Les jets de plasma coronal, très chaud et fortement ionisé, s'écoulent le long des boucles ouvertes du champ magnétique du Soleil. Ils s'étendent jusqu'à une dizaine de rayons solaires. Les plus grands jets ont une durée de vie de quelques mois. La couleur verte est due à l'émission des atomes de fer treize fois ionisé, à la température de 2 millions de degrés.

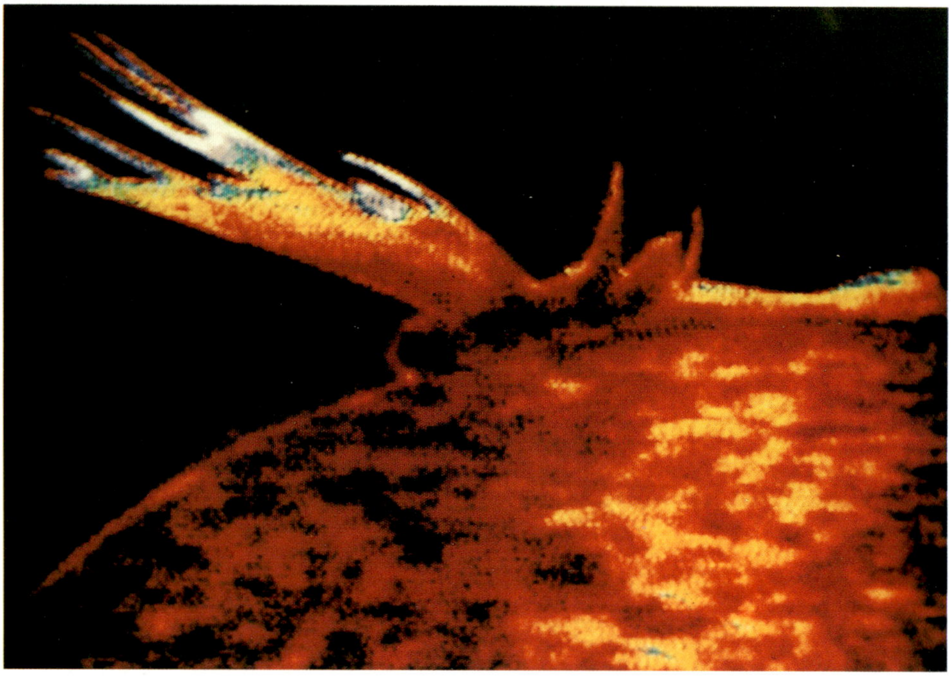

De gigantesques protubérances, hautes de plusieurs centaines de milliers de kilomètres, accompagnent souvent les éruptions solaires. Elles apparaissent d'abord comme des protubérances normales dont la température est voisine de 10 000 degrés. Mais la boucle de champ magnétique qui les sous-tend, reliant par une arche deux groupes de taches solaires, peut en quelques minutes se déployer dans l'espace, projetant la matière à plusieurs centaines de kilomètres par seconde.

Les nuages interstellaires qui sont situés dans notre Galaxie ont une vitesse d'environ 20 km/s, alors que ceux qui appartiennent au Grand Nuage se déplacent par rapport à nous à plus de 200 km/s. C'est en détectant le 25 février, à l'Observatoire austral européen de La Silla au Chili, la faible absorption par ces nuages de la lumière de la supernova qu'Alfred Vidal-Madjar et ses collègues de l'Institut d'Astrophysique de Paris levaient toute ambiguïté sur la position réelle et donc la nature exacte du phénomène : l'explosion avait bien eu lieu dans le Grand Nuage de Magellan, et c'était bien une supernova. Baptisée SN 1987a – la première supernova de l'année 1987 –, son éclat a atteint, dans les premiers jours, une magnitude de 4,4. L'analyse spectrale de son rayonnement, caractérisé par la présence d'une forte émission due à l'hydrogène propulsé dans l'espace à plus de 17 000 km/s, au moment des premières observations, conduisit rapidement à la conclusion qu'il s'agissait d'une supernova de type II, donc, théoriquement, d'une explosion consécutive à l'effondrement gravitationnel du cœur de l'étoile parvenu à l'extrême fin du cycle de combustion thermonucléaire propre aux étoiles massives. Cependant, l'attention était attirée par le fait que la luminosité intrinsèque de cette supernova, somme toute assez faible, ne concordait pas avec les standards attribués aux supernovae de type II (voir encadré page 72). Le maximum de luminosité fut atteint le 20 mai suivant l'explosion. La magnitude était de l'ordre de 3, alors que l'on se fût attendu à une magnitude voisine de 1. La perplexité se trouvait encore accrue par le fait que la vitesse de la matière éjectée par l'explosion, initialement de 30 000 km/s, était environ quatre fois supérieure à ce que l'on prévoit et observe pour une supernova de type II « classique ».

La proximité du Grand Nuage permit, non sans quelques difficultés, de désigner, sur des clichés antérieurs, l'étoile qui venait d'exploser : Sanduleak −69°202. Et l'étonnement fut grand. Cette étoile était connue pour être une supergéante bleue, très compacte, d'une masse égale à environ vingt fois celle du Soleil. La théorie laissait au contraire prévoir une géante rouge, de masse semblable, certes, mais dotée d'une enveloppe beaucoup plus étendue.

Fort heureusement, deux ans auparavant, une équipe d'astrophysiciens français s'étaient préoccupés de la façon dont se présenterait l'évolution de la luminosité – c'est-à-dire la « courbe de lumière » – produite par l'explosion d'une étoile massive mais beaucoup plus compacte qu'une géante rouge. Ils avaient alors illustré leur calcul par un type d'étoiles connu sous le nom d'étoiles de Wolf-Rayet, dont les propriétés se trouvent être assez voisines de celles de Sanduleak −69°202. Ils montraient que le maximum de luminosité engendré par l'explosion devait être inférieur de quelques magnitudes à celui qui caractérise l'explosion d'une supergéante rouge. La raison tient essentiellement à ce qu'une grande partie de l'énergie de l'explosion est consommée pour détendre l'enveloppe compacte de l'étoile, qui se refroidit rapidement au cours de cette expansion. Dans la soirée qui suivit la découverte, le satellite « International Ultraviolet Explorer » réalisa les premières mesures du flux ultraviolet émis par la supernova. On vit alors la température du gaz s'effondrer de 100 000 à 15 000 degrés en une journée. Très tôt, la vitesse des couches visibles se mit à décroître à un rythme accéléré, environ dix fois plus élevé que d'ordinaire. Cela signifiait qu'en se dilatant les couches externes rapides en laissaient progressivement apparaître d'autres plus profondes et plus lentes : dans ce type d'explosion, la vitesse de la matière croît proportionnellement à la distance du centre. En même temps, la couleur de la supernova changeait excessivement rapidement, virant en deux semaines de l'ultraviolet au rouge-orangé.

La remarquable coïncidence de la courbe de lumière de SN 1987a, établie par la suite, avec les calculs fondés sur l'hypothèse de l'explosion d'une étoile bleue compacte finirent d'apaiser les esprits. Sanduleak −69°202 est peut-être une ex-géante rouge dépouillée de son immense enveloppe par l'action d'un vent stellaire très puissant. Mais peut-être n'a-t-elle jamais été géante rouge. Plusieurs spécialistes soulignent en effet que sa composition chimique, héritée de celle, connue, du Grand Nuage de Magellan, a dû être environ quatre fois plus pauvre en éléments lourds que celle des étoiles de notre Galaxie, sur lesquelles se sont exercés la plupart des modèles théoriques reproduisant toute l'évolution d'une étoile. L'appauvrissement en carbone, azote et oxygène a pu ralentir la combustion de l'hydrogène dans l'enveloppe de l'étoile, qui est normalement le moteur de l'expansion des couches externes des géantes rouges.

Quoi qu'il en soit, la portée de l'événement fut encore accrue par la détection historique du flux de neutrinos engendrés par l'explosion. Le 23 février à 7 h 35 mn 41 s TU, des détecteurs d'eau liquide en opération en profondeur au Japon et dans l'État d'Ohio, développés à d'autres fins[1], enregistrent simultanément l'arrivée sur Terre des premiers neutrinos produits par la supernova, situant précisément dans le temps l'instant même de l'effondrement du cœur de cette étoile en étoile à neutrons. Ce sont 11 neutrinos qui ont été détectés en 12,5 secondes au Japon, et 8, en 5,5 secondes, aux États-Unis. 19 détections sur un total de $1,6 \times 10^{28}$ neutrinos, qui, lancés 170 000 ans auparavant en direction de la Terre, l'ont pratiquement tous traversée de part en part. Le bilan peut paraître bien mince, si l'on songe que ce sont au total 10^{57} neutrinos qui ont été émis dans toutes les directions, en son dernier soupir, par Sanduleak −69°202. Mais c'est avant tout l'heureuse et brillante confirmation d'un extraordinaire édifice théorique fondé sur la théorie de l'évolution stellaire, la physique nucléaire et la physique des particules élémentaires. Ces quelques neutrinos, si difficiles à détecter, témoignent de notre compréhension de tout un ensemble de phénomènes qui dépassent pour longtemps encore les possibilités de l'expérimentation. Le cœur de l'étoile s'est donc effondré en quelques dizaines de millisecondes, atteignant une température d'environ 150 milliards de degrés et, dans un volume de plus de 1 000 km^3, une densité au moins égale à celle d'un noyau atomique. L'énergie moyenne des neutrinos détectés, comprise entre 10 et 30 MeV, indique, en accord avec la théorie, qu'ils ont en fait emporté à eux tous une énergie de près de 3×10^{53} ergs, soit la quasi-totalité de l'énergie libérée par l'explosion. Sa manifestation directement visible, pour impressionnante qu'elle soit, ne représente qu'une infime fraction de l'énergie totale mise en jeu, comparable à celle libérée pendant 10 ans par toutes les étoiles de la Galaxie.

La détection des neutrinos produits par SN 1987a a d'importantes implications en physique des particules. Elle prouve que ces particules sont stables pendant au moins 170 000 ans. La durée de la bouffée de neutrinos qui nous est parvenue témoigne de ce que leur masse, vraisemblablement nulle, ne saurait en tout cas être supérieure à une quinzaine d'électrons-volts, c'est-à-dire une masse au plus égale à 300 millièmes

1. Celle de la détermination encore très hypothétique de l'instabilité et donc de la durée de vie du proton.

de celle de l'électron. C'est un fait d'une très grande importance pour la cosmologie : l'espace étant rempli d'un très grand nombre de neutrinos, une masse trois fois plus importante pour chacun d'entre eux aurait pu conduire à une nouvelle phase de contraction de l'Univers. Mais l'estimation de leur masse par cette explosion exclut cette possibilité *a priori*[1].

Une surveillance étroite de la supernova n'a cessé de se poursuivre, mettant en œuvre tous les types de détecteurs disponibles. Une semaine après l'explosion, la luminosité du reste de la supernova commençait à croître à nouveau, atteignant son maximum le 20 mai 1987. La source d'énergie responsable de cet ultime soubresaut provenait de la désintégration du nickel radioactif produit lors de l'explosion. On a pu ainsi déterminer qu'une masse totale de nickel égale à 7 % de la masse du Soleil avait été synthétisée dans les couches constituées d'oxygène sur le passage du choc issu des profondeurs de l'étoile. Ramené près de la surface, le nickel s'est ensuite désintégré en cobalt, puis en fer. Environ 130 jours après l'explosion, quand les régions initialement chauffées par la désintégration du nickel devinrent visibles du fait de la transparence accrue de l'enveloppe en expansion, la luminosité de la supernova, ou de ce qu'il en restait, commença à décroître exponentiellement en suivant le rythme exact de la désintégration radioactive du cobalt qui avait pris le relais du nickel. Mais les photons gamma de 0,85 et 1,24 MeV émis à chaque désintégration d'un noyau de cobalt n'étaient pas encore visibles pour autant. La matière trop dense les absorbait encore complètement, recueillant la totalité de leur énergie. Peu à peu, la matière se diluant rapidement, une partie d'entre eux devinrent visibles sous la forme de rayons X, après avoir perdu près de 99 % de leur énergie au cours de la traversée. Dès la fin du mois de juin 1987, le satellite japonais Ginga et le module spatial soviétique Kvant, arrimé à la station orbitale Mir, détectaient tous deux un flux croissant de rayons X entre 10 et 30 KeV. Finalement, au mois d'août 1987, les débris de la supernova s'étaient suffisamment raréfiés pour laisser passer les premiers photons gamma « intacts », recueillis par le satellite « Solar Maximum Mission », un peu plus tôt que prévu. Cette autre première astronomique était attendue depuis longtemps. Elle apportait la preuve directe de la synthèse de ces éléments dans les supernovae et la confirmation de leur rôle dans l'évolution finale de la courbe de lumière des supernovae de type II.

La supernova du Grand Nuage de Magellan restera encore longtemps le centre d'un intérêt tout particulier. Qu'en sera-t-il de la détection de l'objet ultra-compact qui s'est sûrement formé dans la tourmente ? La naissance de l'astronomie des neutrinos, marquée par le succès considérable qu'a représenté la détection de neutrinos issus d'une supernova située à une distance de 170 000 années-lumière, laisse espérer que celles qui ne manqueront pas d'exploser dans notre voisinage galactique ne nous échapperont plus comme par le passé. Si une supernova explosait à environ 15 000 années-lumière de nous, ce ne sont plus une vingtaine de neutrinos que l'on détecterait mais environ un millier. Traversant d'énormes quantités de matière sans être absorbées, ces particules, émises au cœur même du cataclysme, permettront d'affiner notre compréhension du phénomène.

1. Sauf si les neutrinos du muon et du tau n'ont pas la même masse que ceux de l'électron.

LE SYSTÈME SOLAIRE

Dès l'antiquité, les amoureux du ciel avaient remarqué que certains « luminaires » n'avaient pas le comportement du reste des étoiles apparemment fixes. Effectivement animés d'un mouvement erratique, ils furent appelés planètes ou astres errants. *Mercure, Vénus, Mars, Jupiter* et *Saturne* étaient connus dès ces époques reculées, et les premières théories ont été consacrées au mouvement apparent de ces astres brillants, comme Jupiter, Saturne, Mars et Vénus (l'« étoile du Berger »). La *théorie des épicycles* de Ptolémée (140 après J.-C.) a dominé l'astronomie jusqu'à la révolution copernicienne qui, vers le milieu du XVIe siècle, fit évoluer cette science du géocentrisme à l'héliocentrisme. Le XVIIe siècle a vu nos connaissances sur les planètes s'accélérer (découverte des principaux satellites de Jupiter par Galilée ; observation de la grande tache rouge de cette planète ; observation des anneaux de Saturne par le premier directeur de l'Observatoire de Paris, J.-D. Cassini). C'est au cours de ce siècle que se situe le progrès fondamental apporté par l'élaboration des *lois de Kepler* qui déterminent le mouvement relatif des planètes par rapport au Soleil. On sait l'importance qu'a revêtue la mise en évidence de ces lois dans la découverte par Newton des lois de la gravité, confirmées par les prédictions de Halley concernant le retour de la comète qui porte son nom. Puis vint la découverte des planètes lointaines du système solaire ; *Uranus* fut découvert en 1781 par W. Herschel. Tous les livres d'astronomie ont évoqué les circonstances qui amenèrent la découverte indépendante de *Neptune* par le jeune astronome anglais J.C. Adams en 1845 et par l'astronome français U. Le Verrier en 1846. La dernière planète, *Pluton,* ne fut découverte qu'en 1930 par l'astronome américain C. Tombaugh.

Loin d'être un sujet abandonné par les astronomes, l'étude du système solaire a été renouvelée après l'envol du premier satellite artificiel Spoutnik qui marqua l'accès à l'ère spatiale à l'automne de 1957. Les missions, principalement américaines et soviétiques, rivalisent d'ingéniosité pour analyser et aller observer planètes, comètes, astéroïdes... L'histoire de l'exploration spatiale du système solaire est retracée dans de nombreux autres ouvrages. Il nous suffira de redire ici l'importance dans l'histoire de l'humanité de la série de missions Apollo qui ont permis aux astronautes américains de marcher sur la Lune et de réaliser le vieux rêve de l'homme si bien anticipé par Cyrano de Bergerac, Jules Verne ou Hergé. Il convient de saluer aussi la réussite exceptionnelle du programme Voyager ou comment une sonde initialement prévue pour aller visiter Jupiter et Saturne parvint à fonctionner suffisamment longtemps pour explorer une planète aussi éloignée qu'Uranus fin janvier 1986 et Neptune en août 1989. Si la vision depuis le sol de la comète de Halley ne fut pas spectaculaire à son dernier retour fin 1985-début 1986, la sonde européenne Giotto et les sondes soviétiques Vega 1 et 2 ont confirmé de façon éclatante le savoir-faire des astronomes spécialistes des comètes, qui avaient prédit patiemment les caractéristiques de ces cailloux « primitifs » venus des confins de notre système solaire.

Nous vivons donc actuellement une période particulièrement exaltante pour les astronomes qui choisissent ce type de recherche. La communauté astronomique française est particulièrement active et en pointe dans ce domaine, ce que le grand public semble ignorer bien souvent.

Le système solaire regroupe le Soleil, les planètes et tous les petits corps (comètes, astéroïdes, météorites) qui peuplent ce que certains appellent soit la cavité solaire, remplie par le gaz soufflé par le Soleil, soit le milieu interplanétaire. Ce regroupement est tout à fait naturel : nous montrerons au chapitre consacré à l'histoire du système solaire que cet ensemble possède une histoire commune. Néanmoins, nous vous renvoyons au chapitre précédent quant à la description du Soleil lui-même, que l'on considère comme le prototype stellaire, pour nous intéresser ici à tout le reste : planètes, comètes, météorites, astéroïdes, poussières et gaz interplanétaire. Tout cela ne représente que quelques millièmes de la masse du Soleil mais plus de 90 % de l'énergie de rotation de l'ensemble.

QUELQUES CARACTÉRISTIQUES GÉNÉRALES DE L'ENVIRONNEMENT DU SOLEIL

La carte d'identité du système solaire est dressée dans les tableaux « planétométriques » qui rappellent les données essentielles de cet ensemble malgré tout assez complexe. On comprend bien à la lecture de ces tableaux pourquoi l'on peut distinguer aussi nettement les familles « telluriques, géantes et petits corps ». Avant d'analyser plus avant les particularités de chacun de ces groupes, il convient de rappeler :

1. Que le mouvement de cet ensemble autour du Soleil suit des lois relativement simples, magnifiquement énoncées par Kepler. Ces lois stipulent que les planètes décrivent des ellipses stables, pratiquement dans un même plan que l'on appelle *écliptique ;* le Soleil occupe l'un des foyers de ces ellipses. Les comètes récurrentes obéissent également à cette loi, les autres décrivent les deux autres types de coniques à savoir la parabole et l'hyperbole. La période de rotation autour du Soleil est directement liée à la distance maximale qui peut séparer le Soleil de la planète en question. Dans la suite, nous appellerons « jour » d'une planète sa période de rotation sur elle-même et « année » sa période de rotation autour du Soleil.

Une relation empirique dite *loi de Titius-Bode* (inventée par Titius de Wittenberg en 1766 et popularisée en 1772 par Johann Bode, directeur de l'Observatoire de Berlin) permet de retrouver les distances des planètes au Soleil. Cette loi, qui consiste à prendre la série 0, 3, 6, 12, 24, à lui ajouter 4 et à diviser le nombre obtenu par 10, donne de façon assez précise la distance soleil-planète en unités astronomiques depuis Mercure jusqu'à Uranus. Une planète manque dans cette série. La position prévue par cette loi est occupée par la ceinture des astéroïdes, vestiges possibles d'une planète avortée. La signification d'une telle relation n'est pas établie. Elle pourrait simplement correspondre au fait que les planètes stables ne peuvent s'établir et grossir que sur des orbites assez précises.

2. Qu'à l'exception des petits corps, les planètes évoluent quasiment dans le plan de l'écliptique.

3. Qu'il existe dans cet ensemble à la fois une grande unité et une grande diversité :

– ***unité d'origine et de nature « chimique » :*** malgré la grande disparité de planètes comme Mars et Jupiter, la composition chimique des planètes, élément par élément, est pratiquement uniforme. Les différences s'expliquent par les processus de fractionnements thermiques ou chimiques qui se sont produits lors de la formation de ces différents corps.

Il subsiste néanmoins quelques différences qui nous renseignent sur l'histoire de la formation du système solaire[1]. On remarque aussi que l'analyse détaillée du système solaire confirme un des axiomes de base de la science à savoir que les mêmes causes produisent les mêmes effets : ressemblance des systèmes d'anneaux autour des planètes géantes, analogie entre les cratères soit d'origine volcanique, soit d'origine météoritique sur des planètes, satellites et astéroïdes très différents par ailleurs.

– ***très grande variété de formes et de propriétés :*** de ce point de vue, il est intéressant d'observer la très grande disparité des satellites galiléens de Jupiter entre eux : quoi de plus différent que Io, un volcan en surfusion, vis-à-vis d'Europe, une sorte d'œuf d'autruche glacé ! C'est un mystère encore inexpliqué de constater l'existence de corps très différents qui ont pris naissance dans des régions très voisines.

LES PLANÈTES TELLURIQUES

Les planètes telluriques sont au nombre de quatre : Mercure, Vénus, la Terre et Mars. On peut ajouter à cette liste la Lune qui est le seul satellite planétaire remarquable dans cette région proche du Soleil (Mars a bien aussi deux satellites de dimensions très modestes, Phobos et Deimos, qui s'apparentent davantage aux astéroïdes).

Les planètes telluriques ont en commun un certain nombre de caractéristiques qui font d'elles un groupe bien distinct : elles sont toutes de taille relativement modeste (de 2 400 km de rayon pour Mercure à 6 400 km pour la Terre[2]). Leur densité moyenne est 5,5 g/cm^3 pour Mercure, Vénus et la Terre, 3,9 g/cm^3 pour Mars et 3,3 g/cm^3 pour la Lune. Malgré ces densités notablement plus élevées que celles des autres astres du système solaire, leur masse reste modeste en raison de leur petite taille ; elles exercent

1. Voir chapitre intitulé « l'Histoire du système solaire », pages 151 et suiv.
2. Le rayon de la Lune est de 1 800 km environ.

donc des effets de gravité assez faibles : les éléments chimiques les plus légers comme l'hydrogène gazeux (non combiné dans les molécules d'eau ou d'autres substances), l'hélium, etc., s'« échappent » de ces planètes. Les deux objets les moins massifs, la Lune et Mercure, n'ont pas d'atmosphère. Les trois autres planètes ont une atmosphère constituée de gaz de masse atomique ou moléculaire assez grande comme l'azote, le monoxyde et le dioxyde de carbone, voire l'oxygène dans le cas de la Terre. Une planète tellurique est donc un astre de faible rayon, peu massif, de densité plutôt élevée avec une atmosphère assez complexe (quand il y en a une) entourant un objet aux contours *solides* qui tourne assez lentement sur lui-même et qui n'a pas ou peu de corps satellitaires.

Considérons tour à tour maintenant chacun des membres de cette famille.

MERCURE

Mercure est un astre de taille relativement modeste (2 400 km), ce qui lui confère une masse égale seulement à 5,6 % de celle de la Terre. Il tourne sur lui-même en 58,7 jours (la durée du jour mercurien) alors que son année est de 88 jours. Comme pour Vénus, sa forme très exactement sphérique est due à la lenteur de sa rotation sur lui-même. Cette orbite est relativement inclinée (7°) sur le plan de l'écliptique ; elle est d'autre part de forme beaucoup plus elliptique que toutes les autres orbites planétaires qui sont de forme presque circulaire.

Il a fallu attendre les techniques radar pour déterminer avec précision le jour mercurien et pour se rendre compte que celui-ci est égal aux 2/3 de son année. On explique cette très lente rotation de Mercure sur lui-même par l'intense effet gravitationnel exercé par le Soleil qui a ralenti considérablement son mouvement de toupie. C'est également par observations « radar » que l'on a noté que Mercure « arrivait » au point de l'orbite le plus proche du Soleil (le périhélie) en un temps sensiblement plus court que celui prédit par la mécanique classique newtonienne. Cette avance du périhélie de Mercure constitue l'une des meilleures preuves expérimentales en faveur de la théorie de la relativité d'Einstein.

Mercure est donc une modeste boule sphérique quasiment sans atmosphère (en raison de sa faible masse qui a empêché la rétention des gaz autour du corps solide). Il existe, néanmoins, une sorte d'atmosphère résiduelle très ténue (10^{-9} millibar) constituée principalement d'hélium et de traces d'oxygène, d'argon, d'azote et de xénon. Cette atmosphère semble provenir de la radioactivité naturelle des roches constituant le sol de Mercure. Ce sol est soumis à de très fortes variations de température allant de 430 °C pour les points les plus éclairés à −170 °C pour ceux qui se trouvent longtemps dans une nuit profonde.

Une seule mission spatiale, Mariner 10, qui effectua l'observation et l'étude de cette planète entre la fin de 1973 et le milieu de 1974, a été effectivement consacrée au survol et à l'observation de Mercure. D'un point de vue strictement extérieur et morphologique, Mercure ressemble comme un frère à la Lune : forte cratérisation et systèmes de régions sombres alternant avec des régions claires. Les cratères très nombreux ainsi observés ont une très grande unité de forme : les volcans sont très plats avec des bords étroits. Les cratères sont dus à l'action simultanée du bombardement météoritique et du volcanisme intrinsèque de la planète. Cette cratérisation permet d'établir une datation relative des différentes régions de Mercure, les régions les plus cratérisées sont les plus âgées et ont un âge compris entre 4,1 et 4,2 milliards d'années, les régions moins cratérisées auraient entre 3,8 et 3,9 milliards d'années.

Si Mercure ressemble beaucoup à la Lune, on sait que son intérieur doit être semblable à celui de la Terre : existence nécessaire d'un cœur métallique (de fer et de nickel principalement) pour expliquer sa forte densité. Mariner 10 a observé enfin que Mercure était doté d'un champ magnétique certes plus faible (1 %) que celui de la Terre mais suffisant pour qu'il soit entouré d'une ceinture d'ions magnétisés analogues aux ceintures de Van Allen observées autour de la Terre.

Malgré sa petite taille et son manque d'atmosphère, Mercure recèle suffisamment de caractéristiques intéressantes pour justifier dans l'avenir des études beaucoup plus approfondies.

VÉNUS

Vénus, connue aussi sous le nom d'Étoile du Berger, est l'astre le plus brillant du ciel après le Soleil et la Lune. Comme on va le voir, on peut considérer que Vénus est à la fois la sœur jumelle de la Terre mais une jumelle « hétérozygote », car elle s'en distingue par un certain nombre de propriétés qui la rendent vraiment différente. Vénus est donc une boule parfaitement sphérique tout à fait comparable à la Terre (son rayon et sa masse sont respectivement égaux à 0,95 et 0,82 fois ceux de notre planète). Son orbite, qu'elle décrit en 224,7 jours, est presque parfaitement circulaire. Il est à noter que le jour vénusien est plus long que l'année vénusienne (242 jours terrestres comparés à 225 jours terrestres). La rotation de Vénus sur elle-même s'effectue de façon rétrograde par rapport à celle des autres planètes. Contrairement à Mercure, qui n'a eu droit jusqu'à maintenant qu'à la visite d'une seule mission spatiale, Vénus a fait l'objet de très nombreuses explorations, surtout de la part des astrophysiciens soviétiques qui lui ont consacré le programme spatial Venera auquel plusieurs membres de la communauté française ont participé.

La structure de l'atmosphère de Vénus est tout à fait particulière et rend cette planète fort différente de la Terre malgré la similitude de son apparence. On note tout d'abord une différence de composition chimique : son atmosphère est constituée principalement de 95,5 % de dioxyde de carbone (CO_2) et de 4 % d'azote avec des traces de vapeur d'eau, d'argon, et surtout d'anhydride sulfurique qui fait que les nuages de l'atmosphère de Vénus ont une forte teneur en acide sulfurique. La composition chimique de ces nuages est telle qu'ils laissent pénétrer le rayonnement solaire mais qu'ils l'emprisonnent ensuite par un effet connu sous le nom d'« effet de serre », effet qui permet aux végétaux placés sous verrières de bénéficier des bienfaits du rayonnement solaire même en plein hiver. De ce fait, la température au sol de Vénus, 480 °C, est même supérieure à celle du sol de Mercure. L'atmosphère de Vénus est donc aux sens propre et figuré tout à fait irrespirable ! En raison de la circularité de l'orbite de Vénus et de son absence d'inclinaison par rapport à son orbite, il n'y a quasiment pas de saisons sur Vénus : il y fait uniformément chaud ! Cet effet de serre engendré par une atmosphère cent fois plus dense que l'atmosphère terrestre a conduit à un emballement thermique qui très tôt a évacué l'eau hors de cette planète.

La densité de l'atmosphère de Vénus ainsi que la forte chaleur qui règne à sa surface font que l'on ne connaît que très imparfaitement la nature de son sol. Des sondes soviétiques (Venera 13 et Venera 14) ont pu prendre des clichés du sol de

Vénus en 1982. La croûte basaltique de Vénus semble y être très épaisse et surmonter un épais manteau. Le manteau entoure lui-même un noyau métallique qui a dû se former très tôt et qui est solide, contrairement à celui de la Terre qui doit être en partie liquide. Contrairement à la tectonique des plaques de la Terre, la tectonique de Vénus semble davantage s'apparenter à celle plus calme de Mars et de la Lune. En revanche, il semble que le volcanisme soit actuellement encore extrêmement actif. La plupart des cratères présents à la surface de Vénus doivent être néanmoins d'origine météoritique.

Les observations par radar effectuées à partir de la Terre ont permis d'effectuer une topographie précise du sol de Vénus et de détecter la présence d'un relief assez plat à l'exception d'un grand plateau ayant une altitude de 3 000-4 000 m au-dessus du reste du sol vénusien et qui serait peut-être le résidu d'une coulée de lave. Vénus est donc une planète fortement basaltique et très chaude en raison de son atmosphère très dense.

LA TERRE ET LA LUNE

La planète sur laquelle nous vivons est bien sûr l'objet d'études bien plus détaillées que l'ensemble des huit autres réunies. La géologie et la géophysique interne s'intéressent à la structure de la Terre solide et liquide (l'océanographie est une spécialisation de la géophysique interne) ; la météorologie et la géophysique externe sont concernées par l'étude de la physique de l'atmosphère terrestre. Il y a bien sûr des relations étroites entre ces différents domaines : par exemple, les masses d'eau contenues dans les océans vont transiter dans les nuages de l'atmosphère et affecter, bien sûr, la météorologie. C'est également le cas des éruptions volcaniques liées elles-mêmes à l'activité tectonique et sismique de la Terre.

Nous nous intéressons ici à la Terre considérée d'un point de vue astrophysique, c'est-à-dire à l'énoncé des propriétés globales de son atmosphère, de son sol et de sa structure interne et ce, en comparaison avec les autres planètes telluriques. Le fait que la Terre abrite la vie est évidemment dû à ses caractéristiques particulières : présence d'eau, atmosphère, taille et éloignement par rapport au Soleil. En retour, la présence de la vie sur Terre a contribué à la modifier. Les nombreuses émissions en ondes radio peuvent être captées en principe jusqu'à des distances de l'ordre de quelques années-lumière, et la grande muraille de Chine est visible depuis la planète Mars ! Les trous dans la couverture de l'ozone et l'accroissement de la teneur en dioxyde de carbone atmosphérique pouvant induire un effet de serre aux conséquences désastreuses pour le climat de la Terre sont très préoccupants.

La Terre est donc la planète tellurique la plus grosse, sa masse est de 6×10^{27} g (les 2 millioniėmes de celle du Soleil). C'est également elle (nous y reviendrons !) qui, dans cette famille, a le satellite le plus important. Son rayon équatorial de 6 378 km est plus grand de 21 km que son rayon polaire, et cette différence est due à sa rotation. En ce qui concerne sa partie solide et liquide, on distingue trois grandes zones : le noyau interne, le manteau intermédiaire et la lithosphère superficielle se subdivisant elle-même en croûtes continentales et croûtes océaniques au-dessus desquelles on trouve les plaques continentales entourées des océans. Grâce aux nombreux travaux des géophysiciens, en particulier de l'école française, la formation des continents à partir de la matière du manteau et l'enfoncement de la lithosphère dans certaines régions dites de subduction qui le surmontent sont maintenant assez bien compris. Ces zones de subduction sont des lieux caractérisés par une intense activité sismique et volcanique dont les exemples les plus remarquables existent dans l'archipel japonais ou en Californie.

Le noyau occupe une sphère d'environ 3 500 km de rayon ; on distingue un noyau solide interne appelé la « graine », de 1 250 km de rayon, surmonté d'un noyau liquide externe épais d'environ 2 300 km. Le noyau est constitué à 80 % de fer et à 10 % de nickel, et d'un élément plus léger, le soufre. C'est évidemment le noyau qui confère à la Terre sa densité importante (5,52 g/cm^3). Le manteau a une épaisseur d'environ 2 900 km. Le manteau interne est surmonté du manteau externe épais d'environ 600 km. Le manteau est constitué principalement d'oxydes de silicium, de magnésium, d'aluminium, de calcium et de fer. La lithosphère est épaisse d'environ 30 km en ce qui concerne les continents. La discontinuité de Mohorovičić qui marque le bord du manteau est située à 10 km environ au-dessous des océans.

Les plaques lithosphériques, qui sont à l'origine de la formation des continents, sont animées de lents mouvements induits par la convection du manteau. C'est ainsi que le continent indien est venu du Sud s'accoler au reste du continent asiatique et que cette rencontre est à l'origine de la chaîne de l'Himalaya. Les océans occupent plus de la moitié de la surface terrestre et jouent un rôle fondamental dans l'évolution climatique et biologique de la Terre. Cette caractéristique singularise la Terre par rapport à Vénus, par exemple.

L'atmosphère terrestre est également à l'origine de la vie sur Terre et a été profondément modifiée par elle. Au départ elle était constituée de vapeur d'eau, d'ammoniac, de dioxyde de carbone et de méthane. Au cours des années soixante, la célèbre expérience de Miller et de Urey montra que, dans une telle atmosphère, des molécules complexes d'acides aminés pouvaient naître sous l'effet des orages et surtout du rayonnement ultraviolet solaire. À une époque que l'on a du mal à préciser mais qui a dû se situer à la fin des 500 premiers millions d'années d'existence de la Terre, elle dut connaître un fort refroidissement qui a conduit à la condensation de l'eau en océans ; le volcanisme donna naissance aux roches éruptives qui accompagnèrent la formation des premiers continents. Il faut attendre 700 autres millions d'années pour que le dioxyde de carbone combiné avec l'eau des océans et les oxydes de silicium et de calcium du manteau donne naissance aux premières roches sédimentaires. Au bout d'environ 2 milliards d'années, la vie anaérobie, qui apparut vraisemblablement dans les océans, donne naissance à l'oxygène libéré dans l'atmosphère par la photosynthèse, et donc à la vie aérobie. La composition actuelle de la couche la plus basse de l'atmosphère appelée la troposphère, qui s'étend sur les premiers 12 km d'altitude, est donc d'origine secondaire : l'azote vient de la décomposition de l'ammoniac, et l'oxygène de l'activité conjuguée de la photosynthèse et du volcanisme. On note une augmentation substantielle de la teneur de l'atmosphère en dioxyde de carbone depuis l'avènement de l'ère industrielle. L'équilibre physico-chimique de l'atmosphère est très préoccupant : la couche au-dessus de la troposphère s'appelle la stratosphère, elle s'étend de 12 à 50 km d'altitude. Au milieu de la stratosphère se trouve la couche d'ozone qui n'est rien d'autre que de l'oxygène sous forme de molécule triatomique qui se forme dans la mésosphère située entre 50 et 80 km d'altitude. Cette couche d'ozone absorbe la plus grande partie du rayonnement ultraviolet d'origine solaire et constitue donc à la fois un bouclier protecteur pour les molécules biologiques très sensibles aux effets de dissociations susceptibles d'être induites par ces rayonnements, mais aussi une gêne pour l'observation astronomique. Cette couche d'ozone est très fragile, et son avenir est actuellement menacé. Au-dessus de la mésosphère, à des altitudes comprises entre 80 et 800 km, s'étend la thermosphère où la température de l'atmosphère croît en raison de sa raréfaction. Dans cette zone, les molécules se fragmentent en atomes. C'est à une altitude d'environ 2 000 km que l'on trouve l'ionosphère constituée de gaz ionisé capable de conduire les champs électriques et magnétiques. Cette zone permet la transmission des émissions radio et fait l'objet de la part des géophysiciens externes de très nombreuses études, entreprises en particulier par satellites. On connaît maintenant avec un luxe de précision la structure du champ magnétique terrestre ainsi que de la configuration des plasmas (gaz ionisés) constituant cette ionosphère. Il existe en particulier des zones de la magnétosphère terrestre, dites *ceintures de Van Allen,* où sont piégées des particules énergétiques venant du vent ou des éruptions solaires. Ce sont ces particules ionisées énergétiques qui sont à l'origine des aurores visibles au voisinage des pôles. Le vent solaire affecte la structure du magnétisme autour de la Terre en créant une sorte de gaine magnétique autour de la Terre dans la direction du Soleil. Elle se trouve à une altitude d'environ 12 rayons terrestres. Le champ magnétique moyen engendré par la Terre est de l'ordre de 3 à 7×10^{-5} tesla. La structure de la magnétosphère terrestre est tout à fait analogue à celle de la plupart des autres planètes.

La Terre tourne sur elle-même en 24 heures (par définition !). Ce mouvement est perturbé par une longue série d'effets venant du fait que la Terre n'est pas de forme parfaitement sphérique, et que le Soleil et la Lune engendrent des irrégularités dans son mouvement de rotation. On estime que le jour augmente d'environ 1 seconde par siècle. De même, les positions des pôles célestes géographiques et magnétiques ne sont pas fixées une fois pour toutes mais subissent des variations dues à toutes les irrégularités dans le mouvement de la Terre et de sa configuration magnétique.

La Terre est donc une planète complexe. La présence de l'eau en grande quantité à sa surface et dans son atmosphère est peut-être l'élément dominant de son évolution physico-chimique. On imagine aussi qu'elle a dû connaître une très grande stabilité thermique pendant la plus grande partie de son histoire dominée par la présence de la vie.

La Lune, distante de la Terre d'environ 380 000 km, mérite quelques développements, non seulement en raison de sa proximité mais aussi par les effets qu'elle induit sur notre planète et par tout ce que les programmes Apollo et Luna nous ont appris sur elle. La Lune est à ce jour le seul astre sur lequel l'homme s'est déplacé : « On a effectivement marché sur la Lune ! » La Lune est un astre de 1 740 km de rayon et dont la masse est à peu près égale à 1,2 % de celle de la Terre. En raison de la petitesse de cette masse, la gravité y est considérablement plus faible (on se souvient des sauts spectaculaires des astronautes), et il n'y a pas d'atmosphère ! la Lune tourne sur elle-même avec la même période qu'autour de la Terre, en 27,3 jours : en raison des effets de marée créés par la Terre sur la Lune, le mouvement de rotation de la Lune sur elle-même s'est ralenti jusqu'à devenir comparable à son mouvement autour de la Terre. Cela explique pourquoi l'on voit toujours la même face du globe lunaire depuis la Terre. Les effets de marée exercés par la Lune sur la Terre sont bien connus et sont peut-être à l'origine du passage de la vie aquatique à la vie à l'air libre sous l'action de la formation de lagunes provenant de ces marées océaniques. La coïncidence des diamètres apparents de la Lune et du Soleil permet l'observation des couches externes (coronales) du Soleil à la faveur des éclipses solaires.

Grâce aux missions spatiales américaines et soviétiques, on connaît de façon maintenant très précise la composition des roches lunaires. Ces roches sont de trois sortes : on distingue des basaltes de couleur sombre, qui sont les éléments constitutifs les plus importants des « mers[1] » lunaires. Les deux autres roches sont de couleur claire et constituent les plateaux lunaires. Les unes sont des feldspaths, c'est-à-dire des silicates d'un type particulier que l'on appelle anorthite. On donne aux autres le nom de KREEP parce qu'elles sont formées de potassium (K), de phosphore (P) et de « terres rares » (*rare earths* = REE, en anglais). L'analyse des échantillons lunaires révèle qu'il y a une variété minéralogique infiniment moins riche sur la Lune que sur la Terre. On note aussi que les pierres lunaires contiennent moins d'éléments volatils (tels que le sodium et le potassium) et de fer que les pierres terrestres. Les méthodes de datation appliquées à ces roches montrent que celles qui constituent les plateaux ont un âge supérieur ou égal à 3,8 milliards d'années alors que celles des mers ont un âge compris entre 3,2 et 3,8 milliards d'années. Le dénombrement des cratères, qui ont pour la plupart comme origine le bombardement météoritique, permet de montrer que celui-ci a été particulièrement intense pendant la formation des plateaux lunaires et qu'il a fortement décru ensuite.

La Lune se distingue de la Terre non seulement par sa masse et par son absence d'atmosphère mais aussi par sa densité notablement plus petite (3,3 g/cm^3 au lieu de 5,5 g/cm^3) et par son activité tectonique plus faible ou nulle : l'activité sismologique actuelle de la Lune est 100 milliards de fois plus faible que celle de la Terre. Grâce aux données de la sismique sélénique, on a une connaissance assez grossière de la structure interne de la Lune. On pourrait, comme dans le cas de la Terre, distinguer trois couches : un noyau métallique de rayon inférieur à 300 km, un manteau qui constituerait la plus grande partie du volume de la Lune avec le manteau interne visqueux d'environ 500 km d'épaisseur, et un manteau externe rigide s'étendant jusqu'à 1 000 km de profondeur, la croûte lunaire constituée principalement de basaltes ayant une épaisseur moyenne de 70 km. Les études gravimétriques détaillées de la Lune ont montré l'existence de fortes anomalies de pesanteur : celle-ci est considérablement plus forte sous certains grands bassins et traduit là l'existence d'excès de masse auxquels on a donné le nom de mascons : ces excès seraient dus à la persistance de couches de basaltes plus denses au milieu de la croûte d'anorthite, qui n'ont pas été homogénéisées au cours de la formation de la Lune.

L'origine précise de la Lune reste encore très mystérieuse même après son exploration par les sondes spatiales. Aujourd'hui le meilleur scénario semble être la collision de la prototerre avec une immense protoplanète. Cette collision aurait arraché un énorme fragment du manteau de cette prototerre. Ce fragment, qui n'a pas de cœur de fer-nickel, serait devenu la Lune.

Lorsque l'on considère le système solaire dans son ensemble, on note dans plusieurs cas la présence d'astres aux propriétés très différentes, qui doivent avoir été formés

1. Cette désignation n'a évidemment pas le même sens que celui qu'on lui donne sur Terre puisqu'il n'y a jamais eu d'eau sur la surface de la Lune.

au voisinage les uns des autres. Nous retrouverons ce problème dans le cas des quatre satellites principaux de Jupiter.

Sans atmosphère, avec une masse et donc une gravité très faible, un champ magnétique négligeable, la Lune a joué néanmoins un rôle important dans l'évolution de la Terre en raison de sa proximité. Son exploration a été la première étape indispensable avant les grands départs de Viking et de Voyager. On peut imaginer que dans quelques décennies, elle servira de base à l'observation astronomique ainsi peut-être que de rampe de lancement de vaisseaux spatiaux aux missions encore plus ambitieuses.

MARS

Cette planète, dont la couleur rouge brique est due à la forte teneur d'oxyde de fer, a depuis longtemps intéressé et intrigué les hommes. En effet, malgré sa taille et sa masse plus modestes que celles de la Terre, elle partage avec celle-ci de nombreux points communs, une atmosphère complexe, des saisons, la présence d'eau à sa surface dans le passé. C'est pourquoi de nombreuses missions spatiales, les sondes américaines Mariner 4, 6, 7 et 9 de 1964 à 1971, les sondes soviétiques Mars 2 à 7 qui furent lancées entre 1971 et 1974, puis surtout les deux sondes américaines Viking en 1976, sont allées analyser ses propriétés.

Mars a la moitié de la taille de la Terre et une masse égale à 10 % de celle de la Terre. Sa densité est plus faible : 3,9 g/cm^3, à comparer aux 5,5 g/cm^3 terrestres. La raison en est que le noyau de fer doit être de dimensions plus réduites ; le fer se trouve en revanche en plus grande proportion dans les régions externes (manteau et croûte), ce qui confère sa couleur caractéristique au sol martien. Sa période de rotation est tout à fait semblable à celle de la Terre puisqu'elle tourne sur elle-même en 24 heures 37 minutes. Cette rotation engendre une différence de 18 km entre son rayon équatorial et son rayon polaire. Elle est à une distance du Soleil égale à 1,5 fois celle de la Terre, et son année dure 687 jours. Mars possède une atmosphère mais beaucoup plus ténue que celle de la Terre. Mars n'a quasiment pas de magnétosphère.

Même depuis la Terre, on note l'évolution des saisons avec le grandissement alternatif des calottes polaires nord et sud avec une périodicité égale à l'« année » martienne. On note cependant que l'été est plus chaud et plus court dans l'hémisphère nord que dans l'hémisphère sud et ce, en raison de l'inclinaison plus grande de l'orbite de Mars autour du Soleil. On remarque que lorsque le printemps survient, les sols réchauffés s'assombrissent. Ces modifications de teinte ont longtemps intrigué les observateurs et leur ont fait croire à la présence de « martiens », corroborée par ce que l'astronome italien Giovanni Schiaparelli a nommé « canaux » et sur lesquels nous revenons plus loin. Les sondes Viking n'ont trouvé aucune manifestation organique ou biologique à la surface de Mars. La Terre apparaît donc bien comme étant le seul lieu où la vie se soit développée dans le système solaire. En revanche les saisons sur Mars favorisent la genèse de vents de poussière importants qui contribuent aussi aux modifications temporaires de la couleur du sol martien. On note enfin que les terrains constituant l'hémisphère sud de la planète sont plus anciens (donc davantage cratérisés par les impacts météoritiques) et d'altitude moyenne plus élevée que ceux de l'hémisphère nord.

La surface de Mars, criblée de nombreux cratères d'origine météoritique, possède deux caractéristiques importantes. Tout d'abord la présence de grands systèmes volcaniques dont le plus haut, le mont Olympe, constitue aussi le relief le plus élevé de l'ensemble du système solaire. D'autre part, on observe un système de failles, de stries, de chenaux de type fluviatile. Si l'eau n'existe plus depuis longtemps sous forme liquide, elle a dû néanmoins être présente sous cette forme dans le passé. On imagine en effet que les volcans ont éjecté de l'hydrogène et de l'oxygène qui ont donné naissance au moins de façon temporaire à de l'eau dont les chenaux conservent les traces de son écoulement. Le fait que ces canaux se trouvent préférentiellement au voisinage des volcans appuie l'hypothèse d'une origine volcanique de cette eau liquide et de son passage transitoire : lors d'un refroidissement ultérieur de la planète, elle a dû disparaître rapidement sous forme de glace dans le sol. Les calottes glaciaires doivent d'ailleurs être constituées d'un mélange de neige carbonique et de glace. D'autres traces d'érosion sont causées par les vents violents qui agitent l'atmosphère de Mars. L'effet de cette érosion est d'engendrer de grands champs de dunes dont de nombreuses photos ont été prises par Viking.

Les sondes Viking ont permis une analyse très raffinée du sol et des conditions climatiques et météorologiques à la surface de Mars. On peut admirer les photos du sol de Mars, qui est connu avec le même détail que les déserts américains qui ressemblent au site d'atterrissage des sondes Viking. La mission Viking a confirmé la grande variabilité de la météorologie martienne (température, pression atmosphérique, vitesse et direction des vents). Cette mission a permis également la détermination précise de la composition de l'atmosphère martienne. Celle-ci ne représente au plus que 1 % de l'ensemble des composés gazeux libérés par la planète au cours de son évolution. Elle est constituée de 95 % de dioxyde d'azote, 3 % d'azote et 1,5 % d'argon ainsi que de traces d'oxygène, d'oxyde carbonique et de vapeur d'eau. Contrairement à l'atmosphère terrestre, l'ozone (la molécule triatomique d'oxygène) en est complètement absent. À la surface de Mars, les molécules complexes ne sont donc pas protégées des effets destructeurs du rayonnement ultraviolet. C'est peut-être pour cette raison que les sondes Viking n'ont pas trouvé de signes de présence de molécules organiques à la surface de Mars, ce qui rend la présence de molécules biologiques extrêmement improbable.

Avant de quitter Mars et le monde des planètes telluriques, signalons qu'elle est entourée de deux minuscules satellites, Phobos et Deimos, deux cailloux de 27 km et 15 km de diamètres respectifs. Phobos gravite à 9 400 km de Mars et a une période de révolution de 7 h 40 mn. L'effet de marée exercé par Mars est tel que l'altitude de Phobos par rapport à Mars diminue inexorablement : on prévoit la chute de Phobos sur Mars dans environ 30 millions d'années. Deimos gravite à 23 500 km d'altitude avec une période de 30 h 18 mn. Ces deux corps sont si petits qu'ils sont loin d'avoir la forme régulière d'une sphère que peuvent prendre les corps de plus grande masse. Ils présentent des analogies très grandes avec les astéroïdes qui orbitent pour la plupart entre Mars et Jupiter. De ce fait, on imagine que Phobos et Deimos, qui ont des compositions chimique et minéralogique très différentes de celles de Mars, sont deux astéroïdes qui ont été capturés par cette dernière.

Les planètes telluriques sont donc des corps de dimensions modestes par rapport à celles des planètes géantes dont nous allons maintenant aborder l'étude. Elles ont cependant un certain nombre de caractéristiques qui les rendent particulièrement intéressantes, surtout du point de vue de l'apparition de la vie. L'existence d'une croûte solide, d'eau, d'une atmosphère ayant la propriété d'absorber le rayonnement ultraviolet, la présence de la Lune autour de la Terre, sa situation vis-à-vis du Soleil sont autant de facteurs qui ont facilité l'émergence de la vie sur Terre et que l'on ne retrouvera pas dans le monde des planètes géantes.

Les planètes géantes

Avant de passer en revue chacune des planètes géantes, il convient de saluer la mission Voyager, qui a révolutionné au sens fort du terme nos connaissances concernant Jupiter, Saturne, Uranus et récemment Neptune. Cette mission comprenait deux sondes Voyager 1 et Voyager 2, qui furent lancées respectivement le 20 août 1977 et le 5 septembre 1977. Ces deux missions constituent le succès le plus éclatant de l'exploration spatiale du système solaire. Ces sondes furent conçues itinialement pour explorer Jupiter, Saturne, et leurs anneaux et leurs satellites. Les promoteurs du projet sont parvenus à placer la sonde Voyager 2 sur une orbite telle qu'elle rencontra Uranus le 24 janvier 1986 et Neptune le 24 août 1989. Nous avons donc la possibilité de porter notre regard à des distances supérieures à des milliards de km. Nous constaterons que notre connaissance des planètes géantes a été profondément élargie et modifiée grâce à cette mission. Il convient de souligner l'importante participation de notre communauté astronomique : les Français sont associés à plusieurs expériences, en particulier l'étude des anneaux et des satellites d'Uranus, la photométrie et la spectrométrie dans l'ultraviolet et dans l'infrarouge, et l'étude des magnétosphères situées autour des planètes géantes. Les spécialistes français des planètes constituent le groupe le plus important, après les Américains, bien sûr.

JUPITER ET SES SATELLITES

Jupiter est donc la planète la plus grande et la plus massive de l'ensemble du système solaire. Avec une masse de $1,9 \times 10^{27}$ kg, elle est 320 fois plus massive que la Terre, ce qui lui confère une masse égale au millième de la masse du soleil, et son « année » dure 11 ans. Elle a un rayon moyen de 72 000 km, onze fois plus grand que celui de la Terre. En raison de la rapidité de sa rotation sur elle-même (son jour ne dure que 9,9 h), la différence entre son rayon équatorial et son rayon polaire est très élevée (la différence est de l'ordre de 4 500 km). Jupiter a donc un bourrelet équatorial relativement important par rapport à sa taille. Sa densité moyenne est de 1,3 g/cm^3, quatre fois plus faible que celle de la Terre : en raison de sa forte masse, des éléments aussi légers que l'hydrogène et l'hélium n'ont pas quitté Jupiter, contrairement à ce qui s'est passé dans le cas des planètes telluriques.

La vision de Jupiter, même dans un tout petit télescope, constitue un spectacle magnifique : depuis le XVIIe siècle, on a noté la présence d'une région cyclonique particulière, appelée la grande tache rouge, dont les dimensions (30 000×14 000 km) sont bien supérieures à celles de la Terre. Des mouvements rapides mais réguliers (parallèles à l'équateur) affectent depuis longtemps l'atmosphère de Jupiter et donne cet aspect strié en zones et en ceintures très colorées caractéristique de la sphère jovienne. Ces couleurs magnifiques sont dues à la forte teneur de l'atmosphère en composés ammoniaqués et sulfurés. Certains suggèrent que la couleur rouge de la grande tache serait due à la présence de composés phosphorés.

Grâce à l'avènement des sondes spatiales (Voyager mais aussi Pionner qui a survolé Jupiter), on a maintenant une connaissance assez précise de la composition chimique et de l'état physique des couches externes de Jupiter. On place arbitrairement le niveau zéro de l'atmosphère jovienne à un endroit où la température est de 0 °C et la pression de 5 atmosphères. On distingue la troposphère, qui est la zone interne de l'atmosphère jovienne, de la stratosphère, qui est sa zone externe. La troposphère a une épaisseur d'environ 90 km tandis que la stratosphère s'étend sur environ 2 000 km.

La troposphère, dont la température va de 0 °C pour la basse troposphère à −153 °C pour la haute troposphère, est constituée d'un ensemble de nuages ; les plus bas sont de couleur brune et formés de composés ammoniaqués et sulfurés avec des traces d'oxyde de carbone, de vapeur d'eau et de germane ($Ge\ H_4$). À une altitude plus élevée (entre 20 km et 40 km), on trouve des nuages brun rougeâtre, constitués de composés chimiques à base d'ammoniac et de sulfure. À des altitudes plus élevées, on trouve des nuages blancs constitués de cristaux d'ammoniac.

La stratosphère révèle une grande richesse de molécules depuis l'hydrogène jusqu'à la phosphine (PH_3) et l'ammoniac ainsi qu'une grande variété de molécules organiques (depuis le méthane, l'éthylène et l'acétylène jusqu'à des molécules plus complexes comme des hydrocarbures et du benzène). À mesure que l'on monte dans la stratosphère, la température augmente jusqu'à 1 500 K alors que la pression diminue et que la teneur en hydrogène augmente.

Enfonçons-nous maintenant dans les couches profondes de Jupiter : la température et la pression augmentent, l'hydrogène et l'hélium restent les composants principaux mais on trouve à l'état de traces divers composés des différents éléments (carbone, soufre, silicium, magnésium...). La matière constituant Jupiter reste fluide jusqu'à des profondeurs de l'ordre de 57 000 km, le noyau solide est donc de taille relativement modeste par rapport à la dimension totale de Jupiter. Il doit être composé de fer, de silicates et de glace. À 10 000 km environ en dessous du point zéro de l'atmosphère, à une pression d'environ 2 millions d'atmosphères, l'hydrogène passe de la phase moléculaire (dans les zones supérieures) à la phase atomique. Ce changement de phase dégage de l'énergie : on observe que Jupiter rayonne plus d'énergie qu'il n'en reçoit du Soleil. D'un strict point de vue énergétique, on considère Jupiter comme une étoile avortée (avortée étant pris dans le sens que la température intérieure de Jupiter n'est pas suffisante pour déclencher les réactions de fusion thermonucléaire de l'hydrogène, qui constituent la source principale de l'énergie de la plupart des étoiles).

Mis à part la structure chimique et la vision rapprochée de la surface jovienne, Voyager a permis de révéler qu'autour de Jupiter il n'y avait pas seulement des satellites sur lesquels nous allons revenir, mais que Jupiter, comme Saturne, Uranus et Neptune, était entouré d'un anneau, qui fut donc découvert en mars 1979. Cet anneau orbite à 57 000 km d'altitude mais fut difficile à découvrir car il est un milliard de fois moins dense que les anneaux de Saturne. On ignore encore la taille et la nature des particules qui le constituent. On connaît actuellement seize satellites autour de Jupiter. Les quatre plus importants ont été découverts par Galilée. Les douze autres orbitent à des distances comprises entre 130 000 et 24 millions de km. Leurs dimensions sont comprises entre 10 et 180 km, et leur similitude avec les astéroïdes (en particulier leur aspect très sombre) fait penser que ce sont vraisemblablement des objets de cette sorte qui ont été capturés par Jupiter.

Avant de décrire rapidement les quatre satellites galiléens, nous évoquerons la magnétosphère importante de Jupiter dont l'interaction avec Io est tout à fait intéressante. Cette magnétosphère est analogue à la magnétosphère terrestre. Simplement le champ magnétique jovien est de l'ordre de 4 gauss, c'est-à-dire bien plus élevé que le champ magnétique terrestre. Comme le vent solaire est moins intense dans cet environnement lointain, la magnétosphère jovienne est cent fois plus étendue. L'énergie contenue dans ses zones internes est suffisante pour accélérer les électrons qui y sont piégés, ce qui constitue une différence de taille avec la magnétosphère terrestre. Comme Io circule à l'intérieur de cette magnétosphère, son mouvement engendre des ondes radio dont la station radioastronomique de Nançay s'est fait une spécialité de les étudier.

Évoquons donc maintenant les quatre satellites galiléens. Io a un rayon de 1 815 km, une masse de 9×10^{25} kg, une densité de 3,6, et il orbite en 1,8 jour à une distance de 422 000 km de Jupiter. Le rayon d'Europe est de 1 570 km, sa masse de $4{,}9 \times 10^{23}$ kg, sa densité de 3 g/cm^3, et son orbite de 671 000 km de rayon est parcourue en 3,6 jours. Ganymède est le plus gros satellite (rayon 2 630 km, masse $1{,}5 \times 10^{26}$ kg, densité 1,9 g/cm^3) : il parcourt en 15 jours son orbite située à 1 million de km de distance de Jupiter. Enfin Callisto est le plus éloigné : son rayon (2 400 km), sa masse (10^{26} kg) et sa densité sont très comparables à ceux de Ganymède, et son « année » est de 15 jours (son orbite a une extension de 1,9 million de km). Les orbites des 4 satellites galiléens sont circulaires, et leur mouvement synchrone fait qu'ils présentent toujours la même face à Jupiter.

Ce qui peut être le plus surprenant, c'est de constater combien ces quatre satellites, dont la taille est très comparable à celle de la Lune, ont un aspect très différent : la surface de Io est extrêmement colorée. Sa couleur jaune orangé est due à la présence de soufre et de composés sulfureux qui proviennent d'une intense activité volcanique. Io partage avec la Terre d'avoir actuellement des volcans en activité : les chercheurs de l'équipe de Voyager ont même eu la chance d'assister en temps réel à une éruption volcanique. Ce volcanisme intense qui remodèle constamment la surface de ce satellite est dû à une puissante source d'énergie interne. On pense qu'elle est due aux très fortes forces de marée induites par la grande proximité de Jupiter. Du point de vue de sa structure, Io est le satellite le plus dense et doit avoir un cœur solide d'environ 600 km de rayon.

Par contraste, Europe a une activité de surface négligeable. Elle apparaît comme un immense œuf d'autruche craquelé par un système complexe et désordonné de fractures recouvertes d'une pellicule de glace. Aucun relief apparent ne vient troubler la régularité de ce satellite à l'aspect assez extraordinaire. La densité d'Europe, de l'ordre de 3 g/cm^3, semble indiquer que la couche de glace superficielle doit être mince (50 à 100 km de rayon) au regard de l'important manteau silicaté.

Ganymède a également un aspect très intéressant ; la surface glacée de ce satellite présente des régions sombres formant des taches séparées par des régions claires striées constituant de grands systèmes cannelés. Les cratères d'origine météoritique ou volcanique, très nombreux dans les parties sombres, sont généralement remplis de glace.

Ganymède présente donc un aspect intermédiaire entre les glaces d'Europe et les cratères de Callisto. On explique la faible densité de Ganymède et Callisto en supposant que l'intérieur de ces deux satellites est constitué d'un noyau silicaté entouré d'une épaisse couche de glace.

Callisto est un objet d'aspect plus classique : sa forte cratérisation le fait ressembler à la Lune (à la couleur près). Elle est globalement plus sombre que la Lune. Nombreux sont les cratères d'origine météoritique qui sont remplis de glace.

Les structures de ces quatre objets, qui ont dû se former dans une région relativement restreinte du système solaire, sont extrêmement différentes l'une de l'autre, ce qui pose de sérieux problèmes aux spécialistes. Il semble donc qu'une faible variation des conditions de température, de pression ou de proximité par rapport à l'astre principal conduise à des différences morphologiques considérables.

Le système jovien apparaît à la fois riche et complexe avec son système annulaire et ses nombreux satellites si différents.

SATURNE, SES ANNEAUX ET SES SATELLITES

Saturne est l'un des astres les plus spectaculaires de notre ciel. Avec un petit télescope, on remarque sa couleur très brillante d'un blanc très laiteux et surtout ses anneaux qui ont contribué à la gloire du fondateur de l'Observatoire de Paris, Jean-Dominique Cassini.

Les propriétés morphologiques et physiques de Saturne sont voisines de celles de Jupiter. Son rayon est de 60 000 km au lieu de 70 000 km ; sa masse est égale à 95 fois celle de la Terre (au lieu de 318 dans le cas de Jupiter). Sa densité est donc significativement plus petite : c'est le corps le moins dense du système solaire avec une densité de 0,7 g/cm^3 (Saturne pourrait flotter dans l'eau !). Son jour étant d'un peu plus de 10 heures et sa faible densité font que son aplatissement équatorial est un peu plus élevé (10 % au lieu de 7 % joviens). Il tourne autour du Soleil à une distance moyenne de 1,5 milliard de km, avec une périodicité de 29 ans environ.

En ce qui concerne la composition de l'atmosphère et des régions internes de Saturne, on va retrouver une très grande analogie avec Jupiter. Les différences principales entre ces deux planètes concernent la source interne de chaleur de Saturne ainsi que son environnement atmosphérique lointain. Si l'on part du centre jusqu'aux régions extérieures, on rencontre d'abord un noyau solide de 15 000 km de rayon, qui doit contenir des silicates, de la glace et peut-être des métaux. Ce noyau est surmonté d'une couche de 10 000 km d'épaisseur constituée d'hydrogène atomique et d'hélium, elle-même recouverte d'une couche de 5 000 km d'épaisseur dans laquelle l'hélium est occlus en gouttelettes dans l'hydrogène métallique. La couche extérieure du globe saturnien, épaisse de 30 000 km, contient de l'hydrogène et de l'hélium gazeux ainsi que des impuretés que constituent des éléments plus lourds. Dans le cas de Saturne, la source d'énergie viendrait de la condensation interne de l'hélium en gouttelettes.

Saturne a une troposphère et une stratosphère analogues à celles de Jupiter. On trouve également au-dessus de cette atmosphère, entre 500 000 et 1 500 000 km, un « nuage » d'hydrogène qui l'entoure complètement et qui proviendrait du dégazage de Titan, le principal satellite de Saturne.

Comme dans le cas de Jupiter, on retrouve les systèmes de bandes parallèles à l'équateur, les taches et la couleur jaune-marron dus aux mêmes composés chimiques (composés d'ammoniac sulfureux, hydrures de phosphore, etc.). De ce point de vue, les deux planètes sont sœurs. Saturne est également dotée d'une magnétosphère intermédiaire entre celle de Jupiter et celle de la Terre (son extension est de l'ordre de 1 à 1,5 million de km dans la direction du Soleil). Elle piège comme dans le cas de Jupiter des particules accélérées. Ces particules (hydrogène ionisé et électrons) peuvent être absorbées par le système annulaire qui est indéniablement le plus important du système solaire.

Alors que les meilleurs observateurs de Saturne ne distinguaient du sol que trois systèmes annulaires séparés par les divisions célèbres de Cassini et de Encke, les sondes Voyager ont révélé un système de toute beauté rassemblant une myriade de cailloux en orbite dans le plan équatorial de Saturne.

Ces anneaux occupent donc un disque qui se situe entre 7 000 km et 40 000 km au-dessus des nuages de Saturne. Un dynamicien originaire de Montpellier, Édouard Roche, a démontré vers les années 1850 qu'aucun satellite ne peut subsister à l'intérieur d'un rayon limite (dit *rayon de Roche*). En deçà de ce rayon, l'effet de marée induit par la planète centrale pulvériserait un satellite massif à l'état de roches qui se mettent à former un disque sillonné d'anneaux. La morphologie de ces anneaux dépend de nombreux effets physiques : collisions entre particules, champs magnétiques, présence de satellites, vent solaire, etc.

Vu de Voyager, le système annulaire de Saturne est très spectaculaire. Des milliers d'anneaux, certains épais, d'autres très minces, la plupart complets, mais plusieurs incomplets, forment un système dont l'épaisseur est très réduite, de l'ordre du kilomètre ! On remarque aussi la présence de taches sombres qui viennent se superposer au système d'anneaux. On pense qu'elles sont dues à des orages magnétiques qui affectent les microparticules des anneaux de Saturne. Beaucoup de travail théorique reste à accomplir pour comprendre la structure de ces anneaux.

Les anneaux s'arrêtent brutalement à un certain diamètre en raison de la présence de satellites « bergers » qui dispersent les particules ou roches qui s'écartent de ce diamètre.

On dénombre au moins vingt et un satellites autour de Saturne. Le plus gros est Titan, qui a un rayon (2 600 km) une fois et demie égal à celui de la Lune. Titan tourne autour de Saturne en 16 jours, situé qu'il est à une distance de 1,2 million de km. Six autres satellites ont un rayon compris entre 200 et 750 km. Ces six satellites sont composés essentiellement d'eau glacée. Ils sont pour la plupart fortement cratérisés (sauf Encelade), en raison des impacts météoritiques. Ils s'appellent :

– Mimas (rayon 200 km, distant de 190 000 km de Saturne, et dont la période de révolution est de 0,9 jour).

– Encelade (rayon 250 km, distant de 240 000 km, avec une « année » de 1,4 jour).

– Téthys (rayon 530 km, distant de 295 000 km, « année » saturnienne de 1,9 jour).

– Dioné (rayon 560 km, distant de 377 000 km, période de 2,7 jours).

– Rhéa (rayon 765 km, distant de 527 000 km, période de 4,5 jours).

– Japet (rayon 730 km, distant de 3,6 millions de km, période de 79 jours).

Mimas et Encelade sont les plus petits de ce groupe de satellites. Encelade est intéressant car il manifeste une activité tectonique très intense. On interprète le faible nombre de cratères et la présence de stries par des coulées de lave dont on ne connaît pas encore l'origine : la source d'énergie interne d'Encelade n'est pas encore comprise.

Les quatre autres satellites sont fortement cratérisés, comme Mimas, qui présente un énorme cratère, et Dioné une grosse boursouflure qui engendre une dissymétrie de surface tout à fait exceptionnelle.

Il y a donc au moins quatorze autres petits satellites qui ont été observés pour la première fois en 1980 et de forme généralement non sphérique en raison de leur petite taille.

Titan, qui est également le plus gros satellite de toutes les planètes, mérite une mention particulière en raison des propriétés uniques de son atmosphère. Titan a une masse de $1,4 \times 10^{23}$ kg, soit 2 % de celle de la Terre, et une densité de 1,9 g/cm^3. Il tourne sur lui-même en 15 jours. Son atmosphère est relativement importante puisque la pression atmosphérique au sol est de 1,6 atmosphère. Elle recouvre Titan de nuages très opaques de couleurs orange et bleue. Elle est composée principalement d'azote, d'argon et de méthane. On y trouve aussi des traces d'hydrocarbures de formule plus compliquée, comme des chaînes de polyacétylène, par exemple. La température au sol n'y est que de −180 °C.

Les astrophysiciens s'intéressent particulièrement à Titan parce qu'ils imaginent que ce satellite pourrait devenir « vivable » lorsque le Soleil se dilatera dans 5 milliards d'années et deviendra géante rouge. Le réchauffement de l'atmosphère de ce satellite pourrait liquéfier les grandes quantités d'eau contenues dans cet astre de faible densité. Par des processus physico-chimiques analogues à ceux qui ont prévalu lors des phases primitives de la Terre, une chimie biotique pourrait alors se développer sur Titan.

Saturne n'est pas seulement un bel objet dans le ciel. Il constitue à lui seul un système extrêmement vaste dont l'étude peut nous apprendre beaucoup, non seulement sur la dynamique des anneaux, élément important pour comprendre la formation des systèmes planétaires, mais aussi sur les processus chimiques qui peuvent modifier les atmosphères des planètes.

URANUS

Nos connaissances sur Uranus sont extrêmement récentes : mis à part la découverte en 1977, à partir du sol par des astronomes français, de son système d'anneaux par la méthode des occultations d'étoiles (les anneaux d'Uranus cachent de façon momentanée des étoiles dont on avait préalablement repéré la position), pratiquement tout ce que l'on sait sur Uranus et son système annulaire et satellitaire date de fin janvier 1986. L'astronome W. Herschel eut beaucoup de mérite de découvrir cette septième planète en 1781 car elle est vraiment peu visible depuis la Terre.

En ce qui concerne Uranus elle-même c'est, en plus petit, une réplique de Jupiter et de Saturne. La seule grande différence étant que son axe de rotation se trouve pratiquement dans le plan de son orbite autour du Soleil (ses anneaux sont quasiment perpendiculaires à ce plan). Les saisons sur Uranus durent la moitié de son année, c'est-à-dire 42 ans. La zone « chaude » a une température moyenne de −213 °C alors que, pour la zone froide, elle est comprise entre −271° et −268 °C (2 à 5 K). Uranus est à 3 milliards de km du Soleil, et son année dure 84 ans. Sa masse est égale à quinze fois celle de la Terre. Son rayon est égal à quatre fois celui de la Terre, et sa densité est comprise entre celle de Saturne et celle de Jupiter (1,2 g/cm^3). Son aplatissement est bien moindre que celui des deux autres grosses planètes géantes : son « jour » est de 17 heures, c'est-à-dire presque deux fois plus long que pour Jupiter et Saturne.

Comme dans le cas de ces planètes, Uranus a retenu l'hydrogène et l'hélium qui sont les éléments chimiques les plus abondants de son atmosphère. La sonde Voyager a pu détecter également la présence de méthane dans l'atmosphère d'Uranus. La vision de la surface d'Uranus est moins colorée que celle de Jupiter et de Saturne : sa couleur bleu verdâtre est vraisemblablement due à la présence de méthane dans l'atmosphère, qui est également constituée de nombreux nuages et de brumes qui « lavent » les couleurs d'Uranus. On remarque quelques structures en taches et bandes mais beaucoup moins de contrastes que dans le cas des deux autres planètes. Il doit exister trois régions : à l'intérieur d'Uranus, un noyau chaud et solide de 7 500 km de rayon, constitué de fer et de silicates ; un manteau de 10 000 km d'épaisseur environ, constitué de glace, d'eau, de méthane et d'ammoniac, et enfin une enveloppe contenant l'hélium, l'hydrogène et le méthane. Contrairement à Jupiter et Saturne, Uranus ne semble pas avoir de source interne d'énergie.

La sonde Voyager et, singulièrement nos collègues de l'Observatoire de Meudon, ont pu effectuer la mesure détaillée du champ magnétique d'Uranus et de sa magnétosphère. Cette magnétosphère est plus importante que celle de la Terre car le champ magnétique d'Uranus est cinquante fois plus élevé, mais elle est moins étendue que celle de Jupiter et Saturne. Ce qui a frappé nos collègues, c'est l'orientation très particulière du champ magnétique d'Uranus par rapport à son axe de rotation. La conséquence de cette différence d'orientation est que les particules ionisées ne sont pas concentrées aux pôles comme c'est généralement le cas ; elles sont réparties sur de grandes régions au-dessus de l'atmosphère uranienne.

On a découvert, dès 1977, neuf anneaux autour d'Uranus. La sonde Voyager a bien sûr confirmé la présence de ces anneaux et mis en évidence deux systèmes supplémentaires. Ces onze anneaux ont des rayons compris entre 41 800 km (1,6 rayon uranien) et 51 200 km (2 rayons uraniens). Trois différences les distinguent du système des anneaux de Saturne : ce système est globalement moins étendu, la largeur des anneaux est beaucoup plus étroite (quelques km pour les plus étroits, une cinquantaine de km pour le plus large et aussi le plus éloigné), enfin leur couleur est beaucoup plus sombre que celle des anneaux de Saturne. Nos collègues proposent deux explications possibles à cet aspect sombre, qui serait dû selon eux soit à une forte teneur en méthane, soit au fait que les particules solides sont de même nature que celles qui forment les satellites (globalement plus denses que ceux de Saturne).

Les cinq satellites principaux d'Uranus, Miranda, Ariel, Umbriel, Titania et Obéron, sont connus depuis longtemps. Mais c'est évidemment Voyager 2 qui nous a révélé leur morphologie très inattendue. Cette sonde a découvert dix autres petits satellites situés entre Uranus et Miranda à des distances comprises entre 50 000 et 86 000 km, ce qui correspond à des périodes sidérales de 0,3 à 0,8 jour. Les rayons de ces objets sont compris entre 20 et 85 km. Le plus gros de ces satellites, le plus éloigné, est, comme les anneaux d'Uranus, de couleur sombre.

En s'éloignant d'Uranus, on rencontre donc successivement Miranda (rayon 240 km, distance 130 000 km, période de rotation autour d'Uranus 1,4 jour) ; Ariel (580 km, 190 000 km, 2,5 jours) ; Umbriel (600 km, 265 000 km, 4,2 jours) ; Titania (800 km, 440 000 km, 8,7 jours) et Obéron (780 km, 580 000 km, 13,5 jours). Ces satellites sont plus petits que les satellites galiléens. L'observation de Miranda a particulièrement enthousiasmé l'équipe de Voyager. Les photos prises de ce satellite montrent une morphologie riche et compliquée : le sol est marqué de nombreux reliefs, vallées, failles, canyons, falaises, qui le rendent tout à fait spectaculaire. Contrairement à ce que l'on observe dans le cas des six satellites principaux de Saturne qui, tout en étant fortement cratérisés, ont une géologie très simple ou très fruste, ces cinq satellites, en particulier Miranda et, dans une moindre mesure, Ariel et Titania, possèdent peu de cratères parce qu'ils ont été remodelés par des processus géologiques récents. La surface d'Obéron et d'Umbriel est marquée par la présence de cratères de 50 à 100 km de rayon, ce qui semble indiquer qu'ils ont été le siège d'une tectonique moins active que les trois premiers satellites. Ces gros cratères seraient dus à des collisions avec des morceaux de comète.

Ces satellites de couleur assez sombre ont une densité globalement plus élevée (1,6) que celle des satellites de Saturne (1,2) ; leur teneur en silicates doit être plus forte et celle en glace plus faible.

NEPTUNE

La sonde Voyager a donné une nouvelle fois une très grande joie aux spécialistes de la planétologie, et, on peut le dire, aux nombreux téléspectateurs du monde entier qui ont pu admirer pour la première fois la planète Neptune et son satellite Triton.

Nous ignorions pratiquement tout de Neptune avant le 25 août 1989, date mémorable à laquelle la sonde Voyager s'est approchée à 4 850 km de cette planète. Neptune évolue en effet à 4,5 milliards de km de nous, alors qu'elle tourne sur elle-même en 17 h (son année dure 165 ans, et elle reviendra au point de son orbite correspondant à sa découverte par U. Le Verrier en 2011 !).

C'est, comme ses trois sœurs, une planète géante de couleur bleue due à la présence de méthane dans son atmosphère constituée principalement d'hydrogène et d'hélium. Elle est assez semblable aux précédentes par sa masse (17 masses solaires) et son rayon (4 rayons terrestres), donc très comparable à Uranus. Sa densité de 1,7 g/cm^3 est un peu supérieure à celles de ses compagnes. D'autres caractéristiques découvertes par les observations de Voyager la rapprochent encore de Jupiter et Uranus. En particulier, on a admiré la présence de taches sombres très comparables à la grande tache rouge de Jupiter. Par ailleurs, la surface de Neptune est soumise à des vents très violents soufflant à des vitesses allant à plus de 1 000 km/h. Les observateurs du Jet Propulsion Laboratory ont été fascinés par un détail de l'atmosphère se déplaçant à très grande vitesse, qu'ils ont appelé le « Scooter ». Ces vents, ces structures à dynamique rapide et cette température de surface sensiblement plus élevée que celle qui serait due simplement à la présence du Soleil[1] indiquent que Neptune enferme une source importante d'énergie interne : par exemple, son cœur peut être animé d'un mouvement de contraction lent. Notons enfin que l'environnement de Neptune est le lieu de champs magnétiques intenses comparables à ceux qui existent autour de la Terre.

Comme toutes les planètes géantes, Neptune est entourée d'anneaux : ces systèmes annulaires avaient été découverts par les astronomes français de l'observatoire de Meudon bien avant le survol par Voyager. Les observations d'août 1989 ont confirmé l'existence d'au moins trois anneaux autour de cette planète.

1. En moyenne, Neptune reçoit du Soleil neuf cents fois moins d'énergie que la Terre.

La sonde Voyager ne s'est pas contentée de prendre des photographies spectaculaires de Neptune. On ne lui connaissait que deux satellites. Le premier et le plus grand, appelé Triton, a une masse et un rayon tout à fait semblables à la Lune ; il a une orbite quasiment circulaire, de faible rayon (360 000 km), qu'il décrit en 6 jours. Grâce à Voyager, on sait maintenant que sa surface est riche en méthane et en azote, que ce satellite a été l'objet d'un volcanisme intense et que, malgré sa faible masse, il possède une atmosphère d'une dizaine de kilomètres d'épaisseur. Cette atmosphère est vraisemblablement due à la sublimation d'une partie des substances constituant son sol.

Le second satellite, qui n'a été découvert qu'en 1949, est appelé Néréide. C'est un modeste caillou d'environ 300 km de rayon dont l'orbite est fortement elliptique, avec un demi-grand axe de 5,5 millions de kilomètres qu'il décrit en presque une année terrestre. Voyager n'était pas bien placé par rapport à Néréide pour nous en apprendre davantage sur ce modeste satellite.

En revanche, six autres satellites ont été découverts lors de cette approche. Ils ont des dimensions très modestes et un aspect tout à fait analogue aux petits satellites de Saturne et d'Uranus. Ils jouent le même rôle de « berger » vis-à-vis des anneaux de Neptune que leurs équivalents uraniens vis-à-vis des anneaux de cette autre planète.

Nous associons Pluton (la dernière planète connue à ce jour) à Neptune parce qu'il pourrait être un ancien satellite de Neptune. Pluton constitue encore une bizarrerie assez inclassable dans le catalogue du système solaire : son orbite très elliptique est beaucoup plus inclinée (17°) par rapport au plan de l'écliptique que celle de toutes les autres planètes. De plus son orbite croise celle de Neptune : en particulier son périhélie est plus proche du Soleil que celui de Neptune, 4,43 milliards de km au lieu de 4,46 milliards de km. L'orbite de Pluton se trouve partiellement à l'intérieur de celle de Neptune ! Actuellement Neptune est la planète la plus extérieure du système solaire. On a noté que les mouvements respectifs de Neptune et de Pluton sur leurs orbites revêtaient un certain synchronisme dû à un phénomène de résonance courant en dynamique et fondamental en dynamique planétaire, ce qui renforce encore l'hypothèse de la relation particulière entre Neptune et Pluton.

En raison de l'éloignement de Pluton et de sa taille beaucoup plus modeste que celle des planètes géantes, on ne connaît pas exactement son rayon, compris entre 2 000 et 2 700 km, et donc sa masse, comprise entre 7×10^{21} et 2×10^{22} g, de l'ordre de quelques pour cent de la masse de la Terre. Grâce à la spectroscopie infrarouge, on croit savoir que la surface de Pluton est constituée en grande partie de méthane gelé. La présence de ces glaces lui donnerait un pouvoir réflecteur assez élevé.

Ce n'est que récemment que la technique de l'interférométrie par tavelures a permis de constater que Pluton a un satellite. On lui a donné le nom de Charon. On ne connaît que l'ordre de grandeur de son rayon ($\sim$ 1 000 km) et de son orbite autour de Pluton (20 000 km).

À l'exception des comètes qui viendraient de régions encore plus lointaines que l'aphélie de Pluton, on n'a pas encore détecté de dixième planète bien que les recherches sur ce sujet ne restent jamais longtemps inactives. Tout ce que l'on peut dire aujourd'hui est que, si elle existe, sa mise en évidence sera très difficile. Néanmoins, difficile ne veut pas dire impossible !

Les petits corps du système solaire

Nous passerons successivement en revue les comètes et, en particulier, les découvertes récentes venant de l'exploration directe de la comète de Halley, qui eut lieu en mars 1986.

LES COMÈTES

L'apparition des comètes dans le ciel fascine depuis longtemps non seulement les hommes de science mais aussi le public en général : la longue traînée lumineuse qu'elles laissent souvent dans le ciel constitue un spectacle tout à fait inhabituel et extraordinaire.

Comme nous allons le voir, ces astres n'ont pas seulement un intérêt esthétique ; parce qu'ils viennent des parties les plus extérieures du système solaire et qu'ils n'ont pas beaucoup évolué depuis sa formation, ils constituent une source d'informations irremplaçables pour comprendre l'ensemble de notre système.

Une comète très célèbre s'impose lorsque l'on doit choisir un archétype : il s'agit de la comète de Halley, qui a été énormément étudiée lors de son avant-dernier passage au voisinage du Soleil en 1910 puis par l'ensemble de la communauté scientifique, à l'exception des Américains, à son retour en 1986, armée cette fois de sondes interplanétaires qui sont allées l'observer de très près. Cette comète a dû être observée dès l'antiquité ; on en retrouve déjà la trace en 240 avant J.-C. dans les écrits de la Chine ancienne et, depuis lors, on remarque qu'elle a été observée à chacun de ses passages, c'est-à-dire tous les 76 ans. Une de ses apparitions coïncide avec la bataille de Hastings en 1066, et l'on voit sur la tapisserie de Bayeux, qui constitue la première représentation de cette comète, le roi Harold regarder avec effroi cette comète qui devait préfigurer sa défaite prochaine. On retrouve la comète de Halley sur un tableau célèbre l'*Adoration des Mages* de Giotto[1], qui fut lui-même impressionné par le passage de la comète en 1301.

La comète de Halley a été baptisée du nom de l'astronome anglais Edmund Halley, qui fut le premier à donner une explication scientifique à l'apparition de la comète en 1682, en appliquant la théorie récente de Newton sur la gravité. Par le calcul, il fut donc capable de prédire le retour de cette comète début 1759, ce qui fut corroboré à Noël 1758 par la réapparition de la comète observée par un astronome amateur allemand J. Palitzsch.

Ce retour reconfirmait de façon spectaculaire la théorie de la gravitation de Newton et le fait que les comètes orbitent autour du Soleil comme les planètes. C'est au cours des passages de cette comète que celle-ci a commencé à être étudiée, en 1835 avec Bessel puis en 1910, d'un point de vue physique.

L'histoire de la comète de Halley ne s'arrête pas là puisqu'elle constitue l'un des deux événements astronomiques *majeurs* de 1986 : plusieurs missions spatiales, dans lesquelles les astrophysiciens français ont pris une part importante, ont été lancées pour aller à la rencontre de cette comète, l'observer et déterminer précisément ses propriétés physiques et chimiques. Il s'agit de la sonde Giotto de l'Agence Spatiale

1. La sonde de l'Agence Spatiale Européenne (ASE), qui a étudié le plus près la comète de Halley lors de son passage près du Soleil en mars 1986, porte le nom de Giotto pour cette raison.

Européenne (ASE), qui est passée à 600 km du noyau de la comète, des sondes soviétiques Vega 1 et Vega 2 qui, avec une forte participation française, ont observé d'un peu plus loin (5 000 et 10 000 km) ladite comète. Les Japonais ont lancé eux aussi une sonde Planet A Saisei, qui est passée à 100 000 km de la comète en mars 1986.

Si nous nous sommes un peu étendus sur l'historique de cette comète, c'est parce qu'il montre en raccourci : a) que l'astronomie est à la fois une science très ancienne et très jeune ; b) qu'elle est fortement liée aux découvertes scientifiques d'autres disciplines.

L'orbite de la comète de Halley est très précisément connue : c'est une ellipse allongée dans un plan incliné de 18° sur celui de l'écliptique. Lorsqu'elle est au plus près du Soleil (c'est-à-dire au périhélie), elle est à 0,59 unité astronomique (un point compris entre les orbites de Mercure et Vénus). Le point le plus éloigné du Soleil (l'aphélie) est à 35,33 unités astronomiques (une distance comparable à celle de Neptune). Les orbites des comètes connues sont soit des ellipses très allongées, soit des paraboles et beaucoup plus rarement des hyperboles. Il faut noter ici que la majorité des comètes tournent autour du Soleil sur des ellipses très allongées. Leur chemin les conduit périodiquement à se trouver très près et très loin du Soleil et donc à visiter des régions très différentes du système solaire. Lors de son cheminement sur son orbite, on voit la comète changer d'aspect de façon très significative. À mesure qu'elle s'approche du Soleil, elle développe une traînée dans le ciel de plus en plus importante et donc de plus en plus visible due à l'évaporation d'une fraction de sa matière induite par les rayonnements solaires. C'est ainsi que la comète de Halley n'a été redécouverte en octobre 1982 qu'au prix de prouesses astronomiques considérables : utilisation des plus grands télescopes (Palomar et télescope Canada-France-Hawaii) et des techniques élaborées de comptage de photons.

Dans ce cas particulier, ce sont des astronomes professionnels qui ont effectivement repéré le retour de la comète de Halley, mais le mérite de la découverte dans le ciel de nouvelles comètes revient généralement aux astronomes amateurs : pour observer des objets brillants rapidement variables, il vaut mieux disposer de télescopes de petit diamètre permettant d'observer dans de bonnes conditions de grandes régions du ciel. Même au risque de ternir un peu l'image de l'astronome professionnel, les meilleurs connaisseurs de la topographie du ciel nocturne, et qui savent reconnaître le plus grand nombre de constellations, sont le plus souvent les astronomes amateurs. L'utilisation des instruments très sophistiqués avec des champs de vision très étroits tue un peu de la poésie du ciel. C'est toujours l'ancien concierge de l'Observatoire de Marseille, J.-L. Pons, qui détient le record des découvertes de comètes (trente-sept entre 1801 et 1827). Les amateurs japonais semblent être les observateurs les plus motivés pour tenter de ravir ce record. La découverte d'une comète est un moyen de s'assurer une certaine célébrité puisqu'elle est désignée par le nom de son inventeur. Pour clore cette digression, rappelons que le premier et toujours très célèbre catalogue d'objets nébulaires[1] (c'est-à-dire se présentant dans le ciel sous forme de taches plus ou moins étendues) a été dressé au XVIIIe siècle par un astronome français, Ch. Messier, qui voulait faciliter ainsi la besogne aux traqueurs de comètes.

1. Ce catalogue comprend 120 objets, parmi lesquels les galaxies les plus proches, les grands nuages interstellaires, la nébuleuse du Crabe, des amas globulaires d'étoiles...

L'aspect des comètes se modifie considérablement sur leur orbite. Elles se réduisent à des points obscurs d'une dizaine de km de rayon lorsqu'elles sont éloignées du Soleil. Dès qu'elles s'en rapprochent, la vaporisation de la matière fait apparaître une immense traînée dont la dimension peut atteindre quelques dizaines de millions de km. Cette queue a deux composantes, une composante de plasma bleuâtre et rectiligne, focalisée par les champs électriques du vent solaire, et un arc jaunâtre de fines poussières, courbé par l'attraction gravitationnelle du Soleil.

Lorsque la comète est près du Soleil et donc dans son état le plus spectaculaire, on peut distinguer une condensation centrale brillante que l'on appelle la tête. La couleur bleue de la queue de plasma est due à l'ion CO^+, mais il existe bien d'autres ions comme ${CO_2}^+$ (gaz carbonique), H_2O^+ (eau), OH^+ (hydroxyle), CH^+ (carboxyle), NH^+ ${N_2}^+$ (azote), C^+ (carbone) et Ca^+ (calcium). On remarque également que mis à part de rares exceptions[1], ces queues sont tournées dans la direction opposée à celle du Soleil.

Leur formation et leur orientation sont donc dues à deux processus agissant en même temps : une partie de la matière constituant le noyau central se volatilise et/ou se sublime en donnant naissance soit à du gaz, soit à des poussières d'environ 1 micron. Ce processus est activé par le réchauffement induit par le rapprochement du Soleil. D'autre part, celui-ci émet continuellement du gaz ionisé, que l'on appelle vent solaire, qui est éjecté à grande vitesse (de l'ordre de 400 km/s). Il entre en collision avec le gaz émis par le noyau de la comète, et l'oblige à se concentrer derrière celui-ci dans la direction opposée au Soleil. En outre, il contribue à son ionisation. La courbure de la queue de poussière ou coma résulte d'un équilibre entre la pression exercée par le rayonnement solaire sur les microparticules de poussière et la gravité. Trois chercheurs français, J.-L. Bertaux, J.-E. Blamont et M. Festou, découvrirent que les comètes sont entourées d'un nuage d'hydrogène très étendu provenant vraisemblablement de la décomposition de l'eau contenue dans le noyau sous forme de glace.

On comprend donc que ce processus d'évaporation et d'ablation de matière ne peut durer éternellement : après quelques centaines de passages (en moyenne) près du Soleil, la comète est complètement volatilisée. On a déjà vu des comètes disparaître ainsi. On connaît aussi au moins une comète, la comète West, qui s'est fragmentée en plusieurs morceaux, autre signe de la fragilité de ces astres. La masse du noyau d'une comète est comprise entre 10^9 et 10^{12} tonnes correspondant à une densité de l'ordre de 1 g/cm^3. La masse visible sous forme de chevelure ou de queue est de l'ordre de 300 000 tonnes. Les sondes Giotto et Véga ont confirmé que la faible densité des noyaux cométaires est due à leur structure lacunaire : ils seraient donc constitués d'un solide (à base surtout de glace et de silicates) comprenant de très nombreuses vacuoles remplies de gaz[2], qui se libèrent en même temps que la glace se sublime.

Le survol de la comète de Halley par la sonde Giotto et les sondes Venera a permis de préciser la morphologie du noyau de cette comète. Il aurait une forme d'haltères asymétriques d'une vingtaine de km d'extension et de 3 à 7 km de largeur. En ce qui

1. On observe parfois une traînée de lumière de dimension beaucoup plus réduite, tournée vers le Soleil, qui serait constituée de grains de poussière de taille plus importante (de l'ordre du millimètre) et qui, par effet de perspective, donnerait l'impression de se diriger dans la direction du Soleil.

2. Tout à fait analogue à de la pierre ponce mais encore moins dense.

concerne leur composition chimique, les observations spatiales ont confirmé la valeur des analyses accomplies depuis le sol par les spécialistes des comètes.

Dans la partie de la coma qui entoure le noyau, on retrouve donc les éléments et molécules les plus courants, à savoir l'hydrogène, le carbone, l'oxygène, le sodium, le soufre, le potassium, le fer, etc., ainsi que les molécules d'eau, d'ammoniac, l'oxyde de carbone, le gaz carbonique et l'acide cyanhydrique (HCN), pour se limiter à quelques exemples. Le vent solaire non seulement ionise mais aussi brise les molécules du noyau et de la coma pour donner des radicaux, des atomes libres et, bien entendu, des ions. Comme les comètes viennent des régions les plus externes, donc les plus froides du système solaire, cette composition devrait être celle qui se rapproche le plus de la nébuleuse protosolaire au moment de sa formation. D'où l'intérêt d'aller à la rencontre de ces objets pour les étudier de façon aussi précise que possible !

Les comètes viennent donc des confins du système solaire. Il paraît maintenant bien établi que les comètes viendraient d'une région de très grandes dimensions, à laquelle on donne le nom de *Nuage de Oort* (du nom de l'astrophysicien néerlandais, Jan Oort, qui a proposé l'existence d'une telle « couveuse » à comètes). Cette région a d'abord constitué un anneau circulaire à 15 unités astronomiques du Soleil, située autour de Saturne et d'Uranus. Puis les perturbations engendrées par les planètes géantes ont fortement déformé ce nuage de Oort jusqu'à lui donner une forme elliptique extrêmement allongée dont le périhélie continuerait à se situer à 15 unités astronomiques mais dont l'aphélie serait maintenant à 50 000 unités astronomiques. Ainsi les « bébés » comètes restent la plupart du temps sagement à une distance de plusieurs milliers d'unités astronomiques du Soleil. Ce qui les fait sortir de ce nuage et donc se placer sur une orbite plongeante vers le Soleil, ce sont les perturbations gravitationnelles dues au mouvement des étoiles voisines du Soleil.

LES ASTÉROÏDES

Lorsque l'on utilise la relation numérologique établie par Bode et connue sous le nom de Titius-Bode (cf. le début de ce chapitre), on s'aperçoit qu'il manque une planète à la distance de 2,8 unités astronomiques (420 millions de km) du Soleil.

C'est dans la nuit du 1er janvier 1801 (la première nuit du XIXe siècle !) que l'astronome sicilien Giuseppe Piazzi découvrit à cette distance une petite planète de 1 000 km environ de diamètre (soit 6,5 fois moins que la Terre 300 fois moins massive). G. Piazzi demanda que l'on nomme cette nouvelle planète Cérès, du nom de la déesse de l'agriculture, également divinité protectrice de la Sicile.

La découverte de cette planète présentait donc l'avantage de combler la lacune laissée dans la suite de Titius-Bode. On remarqua néanmoins la masse très faible de Cérès vis-à-vis des autres planètes connues à l'époque. D'autre part, on s'aperçut très vite que d'autres corps orbitent autour du Soleil, dans la région située entre Mars et Jupiter, en découvrant au début du XIXe siècle trois autres astéroïdes (ou petites planètes) : Pallas en 1802, Junon en 1804 et Vesta en 1807. Depuis lors, on a découvert plusieurs milliers d'astéroïdes auxquels il n'est plus très facile d'attribuer de nom car on a rapidement épuisé la liste des figures de la mythologie grecque et latine. Le millième astéroïde porte le nom de Piazza et, maintenant, un groupe de travail de l'Union astronomique internationale, qui rassemble l'ensemble des astronomes professionnels du monde entier, a pour mission de mettre un peu d'ordre dans une nomenclature foisonnante par nécessité. Chaque année ajoute au répertoire sa moisson de quelques dizaines d'astéroïdes. Malgré ce très grand nombre d'objets qui constituent la ceinture des astéroïdes, leur masse totale ne représente pas plus du double de la masse de Cérès.

Les astéroïdes occupent pour la plupart des orbites comprises entre 2,2 et 3,2 unités astronomiques avec des exceptions des deux côtés : l'astéroïde Icare a la plus petite orbite (1,08 unité astronomique) ; un essaim d'astéroïdes, la famille des astéroïdes Apollo, gravite à proximité de la Terre ; Éros et Adonis sont également deux astéroïdes qui sont relativement proches du Soleil. De l'autre côté, deux familles, celle de Hilda (à 4 unités astronomiques) et la famille des astéroïdes troyens (à 5 unités astronomiques), regroupent l'ensemble des astéroïdes les plus éloignés du Soleil. On remarque également que certaines orbites semblent leur être interdites. Ces orbites, qui sont en rapport simple (3/1, 5/2, 7/3, 2/1, etc.) avec l'orbite de Jupiter, sont appelées *lacunes de Kirkwood.* Les perturbations gravifiques engendrées par Jupiter sont à l'origine de ces lacunes[1].

Ces planètes mineures ont des dimensions très variables allant du kilomètre jusqu'à 1 070 km pour Cérès et donc des luminosités très différentes (leur luminosité dépend non seulement de leur diamètre mais aussi de leur position relative par rapport au système Soleil-Terre). Le nombre d'astéroïdes ayant un certain diamètre est inversement proportionnel au carré de ce diamètre. On distingue enfin des astéroïdes clairs qui sont capables de réfléchir une partie de la lumière du Soleil qu'ils reçoivent, alors que d'autres sont les astres les plus sombres du système solaire. Cette différence d'aspect est due au fait qu'ils ne sont pas constitués des mêmes minéraux : les astéroïdes clairs sont formés de silicates analogues à ceux que l'on trouve dans les roches lunaires, alors que les astéroïdes très sombres recèlent des minéraux à forte teneur en eau et en carbone. Ces différences conduisent à ranger les astéroïdes dans différentes classes :

– La classe des astéroïdes C correspond à ces astéroïdes sombres et regroupe à elle seule 60 % des astéroïdes. Ils se retrouvent préférentiellement dans les parties externes de la ceinture des astéroïdes : étant plus éloignés du Soleil, ils sont soumis à des températures moins élevées et peuvent renfermer des teneurs importantes en composants chimiques volatils. Rappelons que les satellites des planètes les plus éloignées du Soleil sont aussi les plus sombres.

– Les astéroïdes S, qui représentent 30 % des astéroïdes observés, sont constitués principalement de silicates avec une composante fer-nickel analogue à celle que l'on trouve dans les météorites (voir plus loin). C'est à cette classe qu'appartiennent les astéroïdes Apollo ainsi que ceux qui orbitent autour du Soleil dans la partie interne de la ceinture des astéroïdes.

– Les 10 % qui restent constituent les astéroïdes M qui sont entièrement métalliques (fer-nickel principalement).

Les astronomes ont évidemment cherché à élucider le mystère de leur origine : pourquoi à la place d'une seule planète qui aurait dû exister entre Mars et Jupiter observons-nous ces quelque deux mille petits corps ? Une explication pourrait être

1. Ces perturbations ont peut-être chassé les astéroïdes Apollo de la ceinture des astéroïdes pour les faire se rapprocher de la Terre.

que cette planète a existé mais qu'elle s'est finalement brisée. Les spécialistes préfèrent imaginer que le protosystème solaire était constitué d'une myriade de petits corps. Dans le cas des planètes et de leurs grands satellites, ces petits corps se sont coagulés pour former les constituants majeurs du système solaire. Mais entre Mars et Jupiter, cette coalescence n'a pu avoir lieu en raison des forts effets gravitationnels exercés par Jupiter, qui subsistent encore et qui donnent lieu aux lacunes de Kirkwood.

Ainsi les astéroïdes sont des composants particulièrement intéressants pour ceux qui cherchent à comprendre l'histoire du système solaire : ils seraient les restes de l'ensemble des petits corps qui existaient dans la nébuleuse primitive constituant le protosystème solaire. C'est pourquoi, comme dans le cas de la comète de Halley, les astéroïdes vont faire l'objet dans un très proche futur d'études très approfondies : tout d'abord le Télescope Spatial, qui va bientôt être lancé dans l'espace par la Navette Spatiale, avec en particulier sa caméra à astres faibles (construite par un consortium européen pour le compte de l'ESA), qui est un instrument tout à fait adapté pour étudier à la fois la composition chimique des astéroïdes les plus petits et aussi pour analyser les perturbations gravitationnelles qu'ils peuvent subir sur leur orbite de la part des planètes environnantes. Les physiciens spatiaux ont des projets plus futuristes : l'un d'entre eux consiste à aller visiter Phobos, un des deux satellites de Mars, dont le diamètre (une vingtaine de km) le rend très proche d'un astéroïde « standard » ; d'autres astrophysiciens veulent envoyer une sonde spatiale qui irait capturer des astéroïdes que l'on pourrait ramener sur terre et que l'on pourrait analyser voire exploiter (ce qui rentabiliserait en partie le coût de ladite expédition spatiale). L'imagination des scientifiques n'est pas à court d'idées. En tout cas comme pour les comètes, les astéroïdes ne représentent peut-être pas une quantité de matière très importante en regard de celle des planètes et de leurs satellites ; c'est néanmoins en poursuivant leur analyse que l'on comprendra mieux l'origine et le début de l'histoire du système solaire.

LES MÉTÉORITES

Quel est le lecteur qui en été, au début du mois d'août, par une belle nuit sans lune, n'a pas vu dans le ciel ces traces brillantes fugitives auxquelles on donne le nom d'étoiles filantes ? C'est à ce phénomène spectaculaire que l'on associe aussi les pierres d'origine extraterrestre que sont les météorites et qui ont une très grande parenté peut-être avec les comètes et certainement avec les astéroïdes.

Avant d'aborder la description de ces pierres étranges venues du ciel, il faut établir la terminologie qui est souvent confuse à ce sujet. On appelle météoride la particule solide qui se trouve encore dans l'espace, météore le phénomène lumineux (le passage d'une étoile filante) produit par la vaporisation de particules solides extraterrestres dans l'atmosphère, et météorite le solide d'origine extraterrestre une fois tombé sur le sol. Si les comètes portent le nom des trois premières personnes qui apportent la preuve tangible de leur observation au bureau spécialisé de l'Union astronomique internationale, en revanche les météorites portent le nom du lieu où elles tombent ; c'est ainsi par exemple que la météorite Allende, dont il sera fait une mention spéciale plus loin, porte le nom du village mexicain près duquel elle est tombée en 1969[1]. On estime à environ 10 000 tonnes par an la quantité de matière qui entre dans l'atmosphère avec une vitesse de quelques dizaines de km/s.

Le destin d'une particule solide pénétrant dans l'atmosphère dépend de sa taille : les microparticules de taille inférieure au dixième de mm sont ralenties lors de leur transit dans la haute atmosphère ; en fin de course, elles descendent avec une vitesse de l'ordre du cm/s dans la stratosphère où les scientifiques peuvent aller les collecter en disposant des pièges à micrométéorites sous les ailes des avions évoluant à haute altitude. Ces micrométéorites, qui sont étudiées par exemple à Orsay, apparaissent comme des agrégats de petits grains dont la composition indiquerait une origine cométaire.

Les solides d'origine extraterrestre dont les dimensions sont comprises entre 0,1 mm et quelques cm se volatilisent complètement lors de leur traversée dans l'atmosphère. Ce sont elles qui donnent naissance aux étoiles filantes (ou météores).

On sait que l'on observe beaucoup d'étoiles filantes dans la nuit au début du mois d'août. En fait, il y a des périodes privilégiées dans l'année correspondant à la rencontre de la Terre avec des essaims de météorides auxquels on donne un nom rattaché à la constellation devant laquelle les étoiles filantes de l'essaim brillent de façon éphémère : c'est ainsi que l'on appelle Perséides (en relation avec la constellation de Persée) l'essaim de météorides qui est responsable de la pluie d'étoiles filantes visible du 25 juillet au 17 août de chaque année.

Comme les micrométéorites, les essaims de météorides sont associés aux comètes ; ils doivent être en effet constitués des débris de matière abandonnés par les comètes lors de leur approche du Soleil.

Les météorides dont la taille est supérieure à quelques cm sont fortement chauffés lors de leur traversée de l'atmosphère terrestre et subissent une très forte ablation ; il en reste cependant des morceaux de taille très diverse[1], qui peuvent se disperser sur des surfaces considérables. Dans les collections de météorites rassemblées dans les différents musées spécialisés, on dénombre environ trois mille météorites différentes. Il y en a certainement plus, enfouies dans le sol ou englouties dans les océans. Ce nombre ne concerne que celles qui sont bien conservées. Le nombre de météorites décroît très fortement en fonction de la masse : la majeure fraction des 10 000 tonnes de matériel extraterrestre qui se déverse chaque année sur l'atmosphère se vaporise sous forme de météores.

Il existe enfin des météorites très importantes, de diamètre supérieur à plusieurs dizaines de m, qui peuvent tomber sur terre sans être pratiquement ralenties : c'est à un événement de ce genre particulièrement rare (peut-être une possibilité tous les 100 millions d'années) que l'on attribue l'origine du très célèbre Meteor Crater en Arizona, formé il y a environ 400 000 ans. Ce cataclysme, qui a donné naissance à un cratère de 1,2 km de diamètre et de 150 m de profondeur, a dû être déclenché par la chute d'une météorite de 25 m de diamètre environ, pesant près de 70 000 tonnes, et dont on a trouvé des résidus (la météorite Canyon Diablo). Nous reviendrons plus loin sur l'origine, la fréquence et l'impact de ces événements catastrophiques.

---

1. De même que 1986 a été une très grande année pour l'astronomie (sondes spatiales qui sont allées à la rencontre de la comète de Halley, approche par la sonde Voyager d'Uranus), de même 1969 a été une très grande année pour l'exploration du système solaire, puisque, cette année-là, un astronaute américain posa le pied sur le sol lunaire, ce fut le début de la collecte de pierres lunaires, et, par ailleurs, on découvrit cette météorite de 2 tonnes qui constitue un matériel extraterrestre de toute première importance.

2. La météorite Allende déjà citée pèse environ 2 tonnes.

Les météorites, dont nous essaierons de préciser l'origine dans la suite, peuvent se diviser en trois classes : les météorites de fer-nickel, les lithosidérites (qui sont un mélange de fer-nickel et de silicates) et les météorites de pierre se divisant elles-mêmes en météorites achondrites et météorites chondrites. Les météorites chondrites représentent à la fois la classe la plus nombreuse et celle à partir de laquelle on tire le plus de renseignements sur la formation et l'histoire du système solaire. Si les micrométéorites et les solides qui se consument en étoiles filantes semblent provenir principalement des comètes, il semble que les météorites que nous allons maintenant évoquer viendraient plutôt des astéroïdes qui sont ce que l'on appelle souvent leurs corps parents.

LES MÉTÉORITES DE FER-NICKEL

Celles-ci représentent environ 10 % de l'ensemble des météorites. Elles sont donc constituées presque entièrement de fer et de nickel, qui forment des cristaux portant les noms charmants de kamacite pour ceux qui sont pauvres en nickel et taenite pour ceux qui en sont riches. Ce sont des objets très esthétiques montrant en particulier des structures géométriques en forme d'octaèdres, dues justement à ces alliages composites en fer et en nickel. Les chocs subis par la météorite, lors de sa séparation du planétésime ou corps parent dont elle est issue, se traduisent par des séries de traits fins parallèles qui strient le réseau cristallin. C'est à cette catégorie de météorites qu'appartient Canyon Diablo. Comme le cœur de la Terre est composé de fer et de nickel, celui des corps parents (astéroïdes) doit avoir la même composition. Ces météorites doivent avoir été arrachées par fracturation interne de leur corps parents.

LES MÉTÉORITES COMPOSITES OU LITHOSIDÉRITES

Ces sont des météorites de couleur sombre, composées à la fois d'une phase métallique et d'une phase pierreuse (ou lithique) ; on distingue deux classes : les mésosidérites pour lesquelles la matrice est silicatée et entoure des nodules métalliques, alors que pour les pallasites la matrice est métallique, parsemée de gros cristaux pierreux. Ces météorites viendraient de la partie des astéroïdes comprise entre la croûte et le cœur.

LES MÉTÉORITES PIERREUSES

Elles constituent 90 % des météorites répertoriées. On les divise en deux classes suivant qu'elles n'ont pas (les achondrites) ou qu'elles ont (les chondrites) des assemblages silicatés de forme circulaire souvent visibles (de quelques mm à quelques cm de diamètre), auxquels les spécialistes ont donné le nom de chondres.

Les achondrites sont nettement moins nombreuses que les chondrites. Elles ressemblent comme des sœurs aux pierres lunaires ou encore à des basaltes terrestres. On remarque qu'elles sont souvent formées d'agglomérats discontinus ayant la même composition minérale et auxquels on donne le nom de brèches. C'est pourquoi l'on pense qu'elles sont issues de la croûte de ces astéroïdes. Les astéroïdes candidats à la paternité de telles météorites seraient les astéroïdes Apollo qui ont des trajectoires très voisines de celle de la Terre.

Les chondrites représentent donc la classe de météorites la plus peuplée. On distingue deux sous-classes : les chondrites ordinaires et les chondrites carbonées, particulièrement importantes en astrophysique.

Les chondrites ordinaires sont donc celles qui n'ont pas de carbonates. La taxonomie de ces chondrites conduit à les classer selon leur teneur plus ou moins grande en fer : H (High) grande teneur, L (Low) faible teneur et LL (Low Low) très faible teneur. Cette différence doit tenir à la provenance précise de la météorite dans l'astéroïde : les météorites les plus riches en fer doivent venir des régions plus profondes ; les plus pauvres, des régions les plus superficielles. Les principaux composés minéraux de ces météorites sont les mêmes que ceux des roches éruptives terrestres : olivine, feldspaths et pyroxène.

Les chondrites carbonées contiennent à la fois des carbonates et des silicates hydratés (comme le mica) à côté d'autres composants minéraux (silicates et phases métalliques) que l'on trouve dans les chondrites ordinaires. On interprète cette différence de composition chimique par le fait que ces météorites se sont formées dans des environnements beaucoup moins chauds que les autres : les carbonates et les minéraux hydratés ne subsistent pas à des températures supérieures à 200-300 °C. De ce fait, ces météorites représentent un matériel qui a été beaucoup moins altéré que celui des autres météorites, des pierres lunaires et des roches terrestres. D'où leur importance dans la détermination de la composition chimique du système solaire au moment de sa formation.

Les météorites ne constituent pas uniquement des assemblages plus ou moins hétérogènes de minéraux ou d'alliages métalliques ; elles contiennent des gaz (en particulier des gaz rares comme l'hélium, le néon, l'argon ou le xénon) que l'on arrive à analyser en chauffant les échantillons météoritiques à plus de 1 000 °C. La composition de ce gaz en certaines espèces chimiques comme l'isotope rare de l'hélium (^{3}He) ou du néon (^{21}Ne), qui sont produites par l'interaction entre la météorite et le rayonnement cosmique, permet d'évaluer assez précisément le temps qui s'est écoulé depuis le moment où la météorite s'est détachée de son corps parent et celui où elle est tombée sur Terre. Ce temps est de quelques millions d'années (une période brève à l'échelle de l'histoire du système solaire) pour les météorites de pierre, peut s'élever à 200 millions d'années pour certaines météorites métalliques[1].

Ces quelques indications donnent un avant-goût de l'importance considérable que revêtent les météorites en astrophysique. En particulier l'étude de la composition chimique des chondrites carbonées, riches en éléments volatils et donc peu affectés par les bouleversements thermiques qu'a dû subir le système solaire au moment de sa formation, a permis d'établir la *table des abondances standard.* Cette table décrit la composition chimique du système solaire et également celle de la plupart des étoiles qui constituent le disque de notre Galaxie, ainsi que la composition globale de la plupart des galaxies. Elle représente bien la composition d'une fraction importante de l'Univers observable. Cette table a été dressée par des géochimistes comme H. Suess et H. Urey en 1956, et plus récemment[2] par l'astrophysicien A.G.W. Cameron (sa dernière table date de 1982). Il compare la composition de l'atmosphère du Soleil obtenue à partir de l'étude du spectre de la lumière qu'il émet avec celle des chon-

1. On verra que la situation n'est plus aussi simple depuis la découverte récente d'enrichissements en magnésium 26 (dû à la désintégration de l'aluminium 26) dans certains minéraux riches en aluminium et en calcium de la chondrite carbonée Allende.

2. La table la plus récente a été établie en 1988 par E. Anders, un géochimiste américain spécialiste des météorites, en collaboration avec N. Grevesse, un astronome belge spécialiste du Soleil.

drites carbonées les plus riches en éléments volatils. On s'aperçoit qu'à l'exception des éléments qui sont gazeux à la température ordinaire, il y a accord parfait entre les compositions de ces deux types d'objets, sauf pour quelques éléments dont le fer. Comme on ne peut déterminer la composition isotopique[1] de la matière du système solaire que par l'analyse directe des météorites et non par l'analyse spectroscopique de la lumière solaire, on comprend l'importance de ces quelques cailloux pour notre enquête. Les débats qui s'instaurèrent entre spectroscopistes et géochimistes qui analysent ces météorites se sont toujours terminés à l'avantage des derniers. Ce sont eux qui ont trouvé les premiers la teneur correcte en fer du système solaire alors que les spectroscopistes utilisaient des données atomiques erronées pour interpréter les raies de ces éléments. Ce sont encore eux qui ont déterminé précisément l'âge du système solaire ; E. Rutherford fut le premier à déduire cet âge de l'analyse de la composition isotopique du plomb affectée par la désintégration des isotopes de l'uranium de masses atomiques 235 et 238. Plus récemment, des géochimistes, comme C. Allègre et ses collaborateurs de l'Institut de Physique du Globe de Paris, utilisent la teneur des météorites en rubidium 87 et strontium 87 pour évaluer l'âge du système solaire à 4,555 milliards d'années. Ce chiffre est l'un de ceux qui sont connus avec le plus de précision en astrophysique. C'est ce dernier résultat qui oblige à imaginer que le Soleil dispose avec l'énergie nucléaire d'une source d'énergie lui ayant permis de conserver une luminosité à peu près constante pendant tout ce laps de temps (ce que le seul effet de la gravitation ne permet pas).

Une des méthodes utilisées pour déterminer l'âge de l'Univers est fondée sur l'étude de la composition chimique des météorites susceptibles d'être affectées par la désintégration d'éléments à *très* longue durée de vie comme l'uranium 238 (durée de vie $4{,}5 \times 10^9$ ans), le thorium 232 (8×10^9 ans) et le rhénium 187 ($2{,}4 \times 10^{11}$ ans). C'est ainsi que par cette technique, l'on arrive à attribuer à l'Univers un âge compris entre 10 et 20 milliards d'années, tout à fait comparable à celui déterminé par des techniques indépendantes, comme l'observation du mouvement de fuite des galaxies et l'âge des étoiles appartenant aux amas globulaires.

Certaines « anomalies » isotopiques de la composition chimique de certains minéraux provenant de la météorite Allende et de quelques autres fournissent de précieuses indications sur les phases originelles du système solaire. Par exemple, la différence de teneur en oxygène 17 et oxygène 18 de ces minéraux particuliers peut être interprétée par le fait que la contraction de la nébuleuse protosolaire (et donc la formation de notre système) aurait pu être déclenchée par l'explosion d'une ou plusieurs étoiles (supernovae). C'est ce genre d'indice qui permet de faire progresser « l'enquête » sur l'Univers.

Malgré leur petite taille comparée aux grandes planètes et *a fortiori* aux astres plus volumineux que sont les étoiles et les galaxies, on voit que les météorites, les astéroïdes et les comètes sont des objets qui constituent des mines considérables de renseignements pour notre enquête. On comprend donc l'acharnement des géochimistes qui ont profité des progrès technologiques, conséquence de l'analyse des pierres

1. On appelle isotopes d'un même élément chimique les noyaux d'atomes ayant même nombre de protons (même numéro atomique, donc correspondant à des atomes semblables) et différant par leurs nombres de neutrons. Les isotopes nucléairement dissemblables se ressemblent quant à leurs propriétés chimiques.

lunaires, pour étudier avec minutie chaque cristal météoritique ; on comprend aussi pourquoi des physiciens rêvent de capturer un astéroïde ou d'étudier en détail le satellite martien Phobos.

Si tous les débris cométaires ou météoritiques peuvent nous renseigner sur l'histoire de l'Univers, seuls (et heureusement !) les plus gros fragments provenant d'une comète ou d'un astéroïde peuvent affecter la nôtre. Nous avons évoqué le cataclysme responsable de la formation de Meteor Crater ; on pense que celui qui est survenu le 30 juin 1908 en Sibérie dans la vallée de la Tougounska a été dû à la chute d'un bloc de glace de 40 m de diamètre et d'un poids de 30 000 tonnes ayant explosé à quelques km d'altitude avec la puissance d'une bombe thermonucléaire de 12 mégatonnes. Ce bloc devait être un fragment venant de la comète Encke. Plus loin de nous, certains pensent que la disparition des dinosaures et d'un bon quart des espèces vivantes d'alors, survenu il y a 76 millions d'années, à la transition entre l'ère secondaire et l'ère tertiaire, fut la conséquence de la chute d'un ou plusieurs énormes bolides de quelques km de diamètre. Une partie de la matière pulvérisée dans l'atmosphère l'a obscurcie suffisamment longtemps pour engendrer une catastrophe climatique responsable de ces disparitions. Que l'on se rassure, ces événements ont une probabilité infime de se produire à notre échelle (un événement de ce type tous les 100 millions d'années). Un tel cataclysme est beaucoup moins probable que d'assister à quelque autre catastrophe d'origine humaine.

Du microcosme au macrocosme

Après avoir passé en revue les propriétés des principaux constituants de l'Univers, nous allons faire ressortir les relations très intimes qui lient le microcosme au macrocosme.

Remarques préliminaires

Le microcosme est le monde des atomes (dont le rayon moyen est de l'ordre de 10^{-8} cm), celui des noyaux d'atomes (rayon moyen de l'ordre de 10^{-13} cm) et celui des particules élémentaires (électrons, neutrinos, quarks...). Par macrocosme, nous entendons le monde accessible à nos sens depuis les grains de poussière, les organites vivants (virus, bactéries, cellules), les pierres et météorites... jusqu'aux galaxies et amas de galaxies. L'astrophysique est en fait dominée par l'interaction très profonde qui existe entre l'invisible et le visible. Nous verrons que la physique moderne (donc notre compréhension du monde visible) ne peut pas seulement s'accommoder de ce que lui suggère l'observation directe. L'invisible a obligé le physicien à inventer des théories qui, comme la mécanique quantique ou la théorie de la relativité, dépasse notre approche sensorielle du monde dans lequel nous vivons et évoluons. L'Univers est gouverné par quatre interactions fondamentales, deux qui peuvent s'appliquer au macrocosme (à savoir la gravité et l'électromagnétisme) et les deux autres (l'interaction forte ou nucléaire et l'interaction faible) qui ne peuvent s'appliquer qu'au microcosme.

Notre description de l'Univers et donc son intelligibilité, qui nous permet d'établir son histoire, vont être une sorte d'intrusion simultanée dans ces deux mondes parallèles (le visible et l'invisible). L'interpénétration de ces deux mondes peut être symbolisée par l'image d'un « serpent cosmique » dont la tête représente les plus grandes structures de l'Univers et mord sa queue, évoquant les particules élémentaires les plus minuscules que l'imagination très fertile des physiciens spécialistes de ces sujets est en train de concevoir. On ne peut, en effet, comprendre les grandes structures de l'Univers que par les propriétés de ces particules élémentaires. Inversement les physiciens des particules utilisent désormais l'Univers observable comme un vaste « laboratoire » qui leur permet de tester leurs hypothèses.

DISSECTION DE L'UNIVERS

Notre taille, notre masse et nos sens nous rendent relativement peu aptes à appréhender l'Univers dans son ensemble. En effet, ses constituants principaux sont les galaxies et les étoiles ; ces objets ont des dimensions sans aucune mesure avec les nôtres. Cela reste vrai (mais dans l'autre sens !) lorsque l'on s'intéresse à l'infiniment petit, c'est-à-dire au monde des atomes, de leurs noyaux et de toutes les particules élémentaires qui constituent le monde observable et invisible.

Nous disposons néanmoins de deux atouts importants, pour la description de l'Univers. Tout d'abord, nos sens pour imparfaits qu'ils soient sont maintenant très grandement aidés par l'avènement des techniques modernes d'observation et d'analyse des échantillons de matière. L'astronomie est la science, par excellence, qui permet de resituer l'homme dans son environnement et son histoire ; plus que beaucoup d'autres, elle a un grand impact philosophique, mais c'est avant tout une science d'observation. L'astronome est maintenant armé pour observer le ciel dans toutes les longueurs d'onde possibles depuis le rayonnement gamma le plus énergétique jusqu'aux ondes radio. Depuis l'avènement de l'ère spatiale qui ne date que de quelques années, il peut s'affranchir de l'absorption atmosphérique qui affecte la plupart des rayonnements émis dans le ciel, à l'exception du domaine visible et des ondes radio.

Comme on le verra aussi, les méthodes d'analyse chimique, qui permettent d'analyser la composition d'un échantillon terrestre, lunaire ou météoritique, ont également progressé de façon considérable. L'observation astronomique révèle la véritable nature du monde qui nous entoure dans sa simplicité et sa complexité. On fait également de l'astronomie en cassant des roches et en se mettant au fond des mines les plus profondes pour détecter les neutrinos solaires ou cosmiques.

Le deuxième atout est l'existence d'une liaison à la fois intime et intense entre le macrocosme inaccessible et le microcosme accessible au laboratoire. Les caractéristiques globales des étoiles ne s'expliquent que par les réactions nucléaires qui transforment la matière de leurs régions centrales. La création de l'Univers dans son ensemble et la formation de ses grandes structures comme les amas de galaxies ne s'expliquent que par les propriétés des particules élémentaires. La physique a accompli ces dernières années de tels progrès que l'astrophysicien peut espérer comprendre (à défaut d'expliquer) à la fois la nature intime des particules élémentaires les plus insaisissables comme les neutrinos et la dynamique des amas de galaxies, en découvrant que ces deux problèmes sont vraisemblablement liés.

Depuis la fin du XIXe siècle et le début du XXe siècle, la physique a été révolutionnée par l'avènement de la mécanique quantique qui a permis l'éclosion de la physique atomique, de la physique nucléaire et de celle des particules élémentaires. En même temps, la relativité restreinte et la relativité générale nées du génie de Einstein fixent la dynamique du monde matériel. Ces théories expliquent raisonnablement bien la nature générale et intime de l'Univers dans lequel nous sommes immergés.

Décrivons rapidement les différents acteurs qui évoluent sur la scène « Univers ». Ces acteurs qui vont des particules jusqu'aux amas de galaxies peuvent se retrouver sur une même « affiche » où ils sont représentés en fonction de leur masse et de leurs dimensions. L'Univers tout entier peut donc « tenir » dans un diagramme assez simple qui montre les domaines d'intervention des quatre interactions fondamentales : l'interaction nucléaire forte et l'interaction nucléaire faible dans le microcosme, l'interaction électromagnétique et l'interaction gravitationnelle dans le monde ordinaire et dans celui qui relève de l'astronomie traditionnelle (étoiles et galaxies).

Les acteurs de la troupe microcosmique

La troupe microcosmique comprend trois types d'acteurs : les particules élémentaires, les noyaux et les atomes.

Il faut un petit lexique pour évoquer, ne serait-ce que très succinctement, le monde grouillant et envahissant des particules élémentaires. Avant d'entrouvrir ce lexique, il convient de rappeler la division qui existe entre deux types de comportement. Les particules du microcosme se comportent statistiquement suivant des lois énoncées par Einstein, Bose, Fermi et Dirac. Les particules d'un type donné (électrons, neutrons, protons, etc.) qui obéissent à la *statistique de Fermi-Dirac* ne peuvent se trouver plus d'une à la fois dans le même état physique, c'est-à-dire au même instant, au même endroit avec la même vitesse, dirigée dans le même sens et la même direction. Ces particules sont collectivement appelées fermions.

Inversement, les particules qui obéissent à la *statistique de Bose-Einstein* – les bosons – ne sont pas sujettes à cette limitation.

L'importance de ces notions tient au comportement collectif des particules. La mécanique quantique nous apprend que n'importe quel système physique possède un nombre déterminé – qui peut être immense – d'états possibles. Chacun de ces états est caractérisé par une énergie précise. Chaque particule d'un système occupe l'un de ces états, et l'énergie totale du système n'est que la somme des énergies des états effectivement occupés.

Les photons, par exemple, sont des bosons. Une onde électromagnétique de longueur d'onde précise peut être décrite par « l'empilement » d'autant de photons que l'on veut, tous dans le même état. C'est grâce à ce phénomène que les lasers existent.

Inversement, les électrons sont un exemple de fermions. Les électrons ne peuvent circuler autour d'un noyau que sur un nombre limité d'orbites (équivalentes à autant d'états physiques). Le principe d'exclusion propre aux fermions est à l'origine de la rigidité de la matière solide.

Le caractère de fermion ou de boson d'une particule est lié à la valeur de son spin. Le spin est une grandeur quantique que l'on peut relier aux propriétés de rotation de chaque type de particule microscopique.

Les particules subissant une interaction sont généralement les fermions : c'est le cas des nucléons, des électrons, des neutrinos par exemple ; les particules vecteurs d'une force comme les gluons (dans le cas de l'interaction nucléaire) et les photons (dans le cas de l'interaction électromagétique) sont des bosons.

Dans la ménagerie des particules élémentaires qui jouent le plus grand rôle en astrophysique et en cosmologie, il convient de distinguer les quarks qui sont des particules de charge plus ou moins 1/3 ou plus ou moins 2/3 ; la combinaison de 3 quarks donne naissance à 1 nucléon alors que 1 méson π doit être formé de 2 quarks. La théorie selon laquelle il y aurait correspondance entre les quarks et les leptons (électrons et neutrinos) porte le nom de *théorie d'unification* et sera revue de façon un peu détaillée lors de la description de la naissance de l'Univers. Les neutrinos ont également une place très importante non seulement dans le monde de la microphysique mais aussi dans celui de la cosmologie, c'est-à-dire dans l'histoire de l'Univers dans son ensemble.

Les noyaux des atomes revêtent dans notre histoire une importance considérable puisque ce sont eux qui en interagissant dans les régions centrales des étoiles sont à l'origine de leur luminosité. D'autre part leur répartition détermine la composition de la matière observable : la nature d'une espèce chimique est en effet déterminée par le nombre de protons ou numéro atomique de celle-ci, qui vient se ranger comme ses semblables dans le fameux *tableau de Mendeleïev* depuis l'hydrogène jusqu'à l'uranium en passant par le carbone, l'azote et l'oxygène, éléments qui constituent la base du monde biologique. Leur densité est particulièrement élevée (de l'ordre de quelque 10^{14} g/cm^3) : 1 cm^3 a une masse de 100 000 tonnes) en raison de leur très faible rayon comparable à la portée des forces nucléaires.

L'évocation du microcosme se termine par celle des atomes et des molécules. Le rayon des atomes constitués des noyaux précités et des électrons qui évoluent autour d'eux (et qui assurent la neutralité électrique[1]) est de l'ordre de 10^{-8} cm, en raison du volume important occupé par les orbites électroniques.

Les molécules résultent de l'interaction électrostatique entre deux ou plusieurs atomes. Atomes et molécules se recontrent non seulement sur Terre et dans le système solaire mais également dans le milieu interstellaire.

LE MONDE BIOLOGIQUE ET NOTRE ENVIRONNEMENT

Sous cette rubrique, on peut inclure non seulement les molécules biologiques, les êtres monocellulaires et tous les êtres vivants du monde végétal et animal classés par les naturalistes, mais aussi ce qui constitue notre environnement immédiat (roches, cours d'eau, montagnes, océans). Le monde biologique et notre environnement s'étendent donc de quelques microns à quelques centaines de km. C'est dans la même catégorie que l'on peut ranger les poussières interstellaires ou interplanétaires qui

1. On appelle ion les atomes auxquels on ajoute ou l'on retranche un ou plusieurs électrons, ce qui leur confère une charge respectivement négative ou positive.

mesurent quelques microns, les météorites dont les dimensions vont de quelques cm jusqu'à quelques dizaines de km.

Les méthodes d'investigation et d'observation « classiques » : microscopie, photographie, analyses biologiques et chimiques, etc., permettent d'analyser ces différents « acteurs », animaux, végétaux et minéraux dont les dimensions sont comparables aux nôtres. On s'apercevra que l'étude de certains de ces « acteurs » relève strictement de l'astronomie ou de l'astrophysique, qu'il s'agisse des poussières extraterrestres, des météorites dont la composition nous renseigne sur celle de l'ensemble du système solaire, voire du comportement des espèces biologiques. L'évocation de la vie extraterrestre et de l'existence possible de civilisations intelligentes autres que la nôtre sort du cadre de l'ouvrage. On peut néanmoins faire remarquer que la découverte d'algues fossiles vieilles d'au moins 3 milliards d'années donne déjà l'ordre de grandeur de l'âge de la Terre, donc du système solaire. L'étude de certains végétaux aérobies comme les plantes ordinaires et anaérobies comme les levures permettent d'induire que la présence d'oxygène dans l'atmosphère est un phénomène secondaire et que l'atmosphère primitive de la Terre devait ressembler à celle de Mars par exemple. Un autre exemple très intéressant, reliant le monde biologique, la paléontologie et l'étude des météorites (ou des astéroïdes), est celui de l'hypothèse selon laquelle l'importante discontinuité biologique survenue il y a 76 millions d'années et qui marque la fin de l'ère secondaire et le début de l'ère tertiaire serait due à la rencontre de la Terre avec une météorite géante ou un astéroïde : la pulvérisation dans l'atmosphère d'une partie de la matière dont il (ou elle) était formé(e) l'aurait peut-être obscurcie pendant de longs mois (les phénomènes du même ordre observés après des éruptions volcaniques géantes conduisent au refroidissement plus ou moins long des régions du globe affectées par ces éruptions). Ce fort obscurcissement et donc refroidissement aurait peut-être causé la disparition soudaine d'un grand nombre d'espèces vivantes, en particulier celle des dinosaures. L'observation du monde biologique et de son environnement peut avoir de nombreuses implications sur notre connaissance de l'Univers dans son ensemble. Lorsque nous évoquerons l'histoire de l'Univers, donc les problèmes relevant de la cosmologie, nous verrons comment notre propre existence permet de nous guider dans le choix des lois régissant l'Univers ou ses propriétés. Ce type d'évocation porte le nom de principe anthropique.

Les acteurs astronomiques

Tout laisse à penser que beaucoup d'étoiles doivent avoir un système de planètes formé au moment où elles naquirent du milieu interstellaire. Les planètes de dimensions plus réduites que l'étoile autour de laquelle elles orbitent sont de même nature qu'elle (ou sortent de la même matrice !). C'est l'étoile centrale qui gouverne leur dynamique et qui constitue leur source principale d'énergie.

De l'autre côté, les galaxies (et, par extension, les amas de galaxies) peuvent être considérés en bonne approximation comme des grands rassemblements d'étoiles (200 milliards dans le cas de notre Voie lactée). Là encore, ce sont les étoiles qui déterminent leur couleur, leur luminosité et leur composition chimique.

On peut donc terminer cette présentation très rapide des acteurs du spectacle que nous allons contempler en remarquant que le rôle central joué par les étoiles est dû à leur véritable nature de piles nucléaires. Le monde « invisible » des noyaux d'atomes gouverne les processus qui se déroulent dans leurs régions centrales chaudes et denses, qui transforment leur composition chimique et constituent leur source principale d'énergie.

UNE ILLUSTRATION DES RELATIONS ENTRE MICROCOSME ET MACROCOSME : LE SERPENT COSMIQUE

Pour conclure ces remarques concernant les relations entre l'infiniment petit et l'infiniment grand, reprenons l'image du serpent dont la tête représente (ainsi qu'il est légitime !) l'Univers dans son entier (taille de l'ordre de 10^{28} cm) et qui se poursuit anneau après anneau dans la représentation de structures de plus en plus petites : amas de galaxies de diamètre 10^{25} cm, galaxies de diamètre 10^{23} cm, étoiles de diamètre 10^{9}-10^{13} cm (à l'exception des étoiles à neutrons dont le diamètre n'est que de quelques km), Terre, diamètre 10^{9} cm, les reliefs terrestres (10^{5} à 10^{6} cm), l'homme ($\simeq$ 180 cm), les cellules et virus (10^{-5} cm), les atomes (10^{-8} cm), les noyaux d'atomes (10^{-13} cm) jusqu'aux particules inventées par les physiciens qui cherchent à unifier les interactions qui pourraient avoir des rayons d'interaction aussi petits que 10^{-25} cm (rappelons-nous que le rayon d'interaction des bosons vecteurs de l'interaction faible est déjà de l'ordre de 10^{-16} cm). La signification de ce serpent qui se mord la queue est que l'on ne peut pas comprendre les détails les plus intimes de la matière sans considérer l'Univers dans son ensemble qui, de ce point de vue, constitue un laboratoire irremplaçable pour le physicien. En effet, la dynamique des grandes structures de l'Univers est liée à la nature même des particules élémentaires intervenant dans l'unification des interactions. *A contrario,* il est impossible de comprendre les toutes premières phases de l'histoire de l'Univers qui ont pu être la conséquence d'une expansion brutale, connue sous le nom de *Big Bang,* sans faire appel aux progrès les plus récents accomplis par la physique des particules. C'est singulièrement en astrophysique que la locution familière « tout se tient » prend peut-être son sens le plus aigu.

LES QUATRE INTERACTIONS DE LA PHYSIQUE

L'ensemble des processus physiques qui gouvernent l'Univers se résume finalement en quatre interactions bien définies et dont nous allons évoquer les caractéristiques principales : deux interactions sont dites à courte portée c'est-à-dire qu'elles n'opèrent qu'à l'échelle du microcosme : il s'agit de l'interaction nucléaire forte et de l'interaction nucléaire faible.

L'interaction nucléaire forte est celle qui explique la cohésion des noyaux des atomes et leurs interactions qui peuvent se produire dans les piles nucléaires et les bombes thermonucléaires ou à l'intérieur des étoiles. Cette interaction ne fait intervenir que les nucléons[1] (neutrons et protons) qui sont les éléments constitutifs des

1. Ainsi que les particules qui appartiennent à leur famille, appelée famille des hadrons et caractérisée par un assemblage de 2 quarks (les pions) ou de 3 quarks (les nucléons et les hypérons).

noyaux. Pour cette interaction comme pour les suivantes, on peut donc distinguer entre les particules ou éléments qui subissent l'interaction et celles qui la propagent (ses vecteurs). Dans le cas de l'interaction forte, ce sont les nucléons et noyaux d'atomes qui la subissent. Elle se transmet sur des distances de l'ordre de 1 fermi (10^{-13} cm) par des messagers que l'on a découverts après avoir compris la nature intime des nucléons et que les physiciens des particules appellent « gluons ». Depuis le début des années 1970, les physiciens savent que les nucléons (protons et neutrons) sont formés de 3 particules de charge plus ou moins 1/3 ou 2/3, auxquelles ils ont donné le nom de quarks. Ces particules possèdent la propriété surprenante d'être liées entre elles par une force d'autant plus intense qu'elles cherchent à s'éloigner l'une de l'autre. On interprète cet accroissement par l'émission et l'action des particules messagères de l'interaction qu'elles engendrent entre les quarks. Ces gluons appartiennent à la même famille de particules que les grains de lumière que sont les photons.

L'interaction nucléaire faible fait intervenir non seulement les hadrons (particules interagissant normalement par l'intermédiaire de la force nucléaire forte) mais aussi une nouvelle classe de particules appelées leptons. Parmi elles on trouve les électrons (et leurs antiparticules[1], les positrons), les mésons mu (ou muons) et une nouvelle particule très instable appelée le lepton tau. À chacune de ces particules est associée une particule aux propriétés très inhabituelles, désignée sous le nom de neutrino, mais que nous avons déjà rencontrée. Il existe donc des neutrinos (et antineutrinos) électroniques, muoniques et tauiques. Malgré leur charge électrique nulle et leur masse nulle ou très faible qui les ferait ressembler à première vue aux photons, les neutrinos sont des particules qui appartiennent à la même famille que celle des électrons. Les leptons interviennent obligatoirement dans l'interaction faible qui a une portée encore plus réduite que l'interaction forte (quelque 10^{-16} cm au lieu de 10^{-13} cm) et une intensité de 10^{10} à 10^{12} fois plus faible. Les particules qui jouent le rôle de messagers de l'interaction faible n'ont été découvertes que très récemment (au début de l'année 1983) dans une expérience multinationale dirigée, au CERN, par C. Rubbia (prix Nobel de physique, 1984, pour cette découverte). Ces particules appelées les bosons W^+, W^- et Z^0 ont une masse d'environ 90 fois supérieure à celle d'un nucléon et une durée de vie extrêmement brève (de l'ordre de 10^{-16} s).

Comme exemple d'événements où l'interaction faible joue un rôle prééminent, on peut citer la transmutation du neutron en proton qui est un processus qui se déroule sur une échelle de temps d'une dizaine de minutes environ où le neutron devient proton en émettant 1 électron et 1 anti-neutrino. C'est ce qui fait dire aux physiciens que la force faible est aussi la force du « changement » ! Le neutron est la forme stable du nucléon lorsque la densité de la matière est extrêmement élevée (supérieure ou égale à 10^{12} g/cm^3) : en absorbant les électrons, les protons se transforment alors en neutrons en émettant des neutrinos[2]. C'est pourquoi il existe des étoiles extrêmement denses constituées essentiellement de neutrons.

1. Une antiparticule est équivalent dans le monde de l'antimatière à une particule de matière. L'antiparticule correspondant à une particule déterminée (l'antiproton vis-à-vis du proton ou le positon vis-à-vis de l'électron) a la même masse mais est de charge opposée. Quelques particules comme le photon ou le méson pi neutre sont leurs propres antiparticules.

2. Rappelons que c'est ce type de neutrinos qui a été observé en février 1987, lors de la transformation du centre de la supernova magellanique en étoile à neutrons ou pulsar.

À côté de ces deux interactions à très courte portée qui dominent le monde de l'infiniment petit (mais qui jouent aussi un rôle essentiel en astrophysique, comme nous l'avons déjà dit), les deux autres interactions agissent à visage plus découvert puisqu'elles affectent de façon évidente notre environnement familier (et bien entendu nous-mêmes). Il s'agit de *l'interaction électromagnétique* et de *l'interaction gravitationnelle.* Ces deux forces agissent sur le macrocosme parce qu'elles sont toutes deux à longue portée : l'interaction électromagnétique est régie par la *loi de Coulomb* qui stipule que la force exercée sur deux charges électriques est inversement proportionnelle au carré de leur distance. L'électromagnétisme se caractérise par l'existence de charges électriques positives (exemple : le proton) et négatives (exemple : l'électron) en nombre globalement égal à l'échelle de l'Univers observable. *La loi de Newton* qui régit l'interaction gravitationnelle (au moins en première approximation dans le cadre de la physique classique) dépend de la même façon de la distance. L'interaction électromagnétique agit dès que 2 (ou plus) particules chargées sont en présence. La particule messagère de cette interaction est le photon (grain de lumière) de masse nulle, qui se déplace « par définition » à la vitesse de la lumière. La luminosité stellaire, l'existence des champs magnétiques sont des manifestations de cette force.

L'interaction gravitationnelle agit de façon universelle sur tout corps, que ce soit sur les corps matériels ou sur les particules immatérielles comme les photons ou les neutrinos dont elle incurve la trajectoire. Il n'existe pas de charge gravitationnelle comme il existe deux charges électriques opposées. Malgré sa très faible intensité par rapport à l'électromagnétisme, les effets de la gravitation sont toujours cumulatifs, alors que les forces électromagnétiques s'annulent globalement à distance d'un corps électriquement neutre.

Bien que la gravité ait été la première force pour laquelle des lois physiques (comme les *lois de Kepler*) aient été établies, c'est aussi celle dont l'intensité relative est, et de très loin, la plus faible. D'autre part, on n'a pas encore détecté de façon directe les ondes qui doivent accompagner toute interaction gravitationnelle[1] bien que certaines caractéristiques observées du mouvement relatif de deux étoiles à neutrons ou pulsars constitués en un système double ne s'expliquent bien que par l'émission d'ondes gravitationnelles. La particule messagère de la gravitation, le graviton, est encore hypothétique à ce jour.

Pour clore cette présentation très rapide des quatre ressorts qui vont animer ou agiter les acteurs évoluant sur la scène de l'Univers, une des grandes questions sur lesquelles les physiciens spéculent est de savoir si oui ou non ces quatre interactions sont la manifestation d'une seule et même force qui aurait pu être la force unique lorsque l'Univers était très dense et très chaud lors de ses premiers balbutiements. Les théories d'unification des quatre forces sont l'objet de beaucoup de travaux à la fois théoriques et expérimentaux et sont fortement liées à la façon dont l'Univers a émergé à notre compréhension physique. L'espoir de parvenir à une éventuelle unification de ces quatre forces vient de ce que les physiciens ont prédit théoriquement (*théorie de Glashow, Weinberg et Salam,* prix Nobel de physique, 1979) et prouvé expérimen-

1. L'interaction forte et l'interaction faible s'accompagnent généralement d'émissions de photons très énergétiques, appelés photons gamma, auxquels doit correspondre un rayonnement à très courte longueur d'onde, donc à fréquence très élevée. Le rayonnement électromagnétique couvre, lui, tout le spectre depuis ces photons très durs jusqu'aux photons radio très peu énergétiques.

talement (C. Rubbia, prix Nobel de physique, 1984, et associés) l'unification de l'interaction électromagnétique et de l'interaction faible, deux forces qui semblent à première vue ne pas avoir beaucoup en commun.

Les échelles

L'astrophysique est naturellement une science d'observation. Puisqu'il est impossible *d'expérimenter* dans ce domaine, c'est-à-dire de provoquer des situations nouvelles et d'en examiner les conséquences, le rôle de l'astrophysicien est de déterminer, souvent cas par cas, la nature physique des objets étudiés et de découvrir les mécanismes qui sont à l'origine des phénomènes observés. À quels jeux s'emploient la matière et ses lois quand elles nous offrent le spectacle d'une planète, d'une étoile ou d'une galaxie ?

L'astrophysique est la physique des « grands systèmes ». Si particules élémentaires, atomes et molécules constituent les manifestations microscopiques de la matière, planètes, étoiles, galaxies et amas de galaxies sont les structures stables (mais en perpétuelle évolution) des grands systèmes matériels.

Les choses auraient pu être tout autres. On pourrait imaginer plusieurs types d'Univers différents. Pour se limiter à deux exemples, ce pourrait être un Univers constitué d'une collection infinie d'un petit nombre de classes d'objets. Il ne serait peuplé que d'atomes, par exemple, dispersés à l'infini. Ce pourrait être aussi un Univers peuplé d'un chaos d'étoiles et planètes. La description de l'Univers se réduirait tout bonnement à celle d'un atome quelconque. Le passage d'une dimension à une plus grande reviendrait à considérer un ensemble de plus en plus peuplé d'atomes, sans que ce changement d'échelle révèle l'existence de nouveaux types de structures matérielles. Cela nous amène à reconsidérer le problème de la description de l'Univers, précisément en fonction de l'échelle que l'on étudie.

L'observation de la nature révèle qu'à chaque échelle correspond un certain nombre de structures dont la richesse, ou la complexité, paraît culminer (tout au moins pour nous les hommes) avec les organismes vivants.

Notons au passage que le physicien a longtemps pensé que le stade ultime de l'évolution de l'Univers devait être précisément caractérisé par une homogénéité complète. Une application trop rapide de la thermodynamique à l'Univers dans son ensemble conduit en effet à envisager un monde vierge de toute structure, un bain uniforme d'atomes et de photons où rien ne se fait ni ne se défait... Nous verrons par la suite comment le seul fait que l'Univers soit en expansion nous met à l'abri d'une situation aussi misérable.

Échelle après échelle, la nature est peuplée de systèmes caractéristiques, parfaitement identifiables, dont on peut à l'heure actuelle correctement décrire les prototypes. Cette relation étroite qui existe entre la morphologie des systèmes et leur taille est tout à fait remarquable. À dire vrai, un monde où existeraient des atomes de toutes dimensions, de l'angström (10^{-10} m) à celle du système solaire ou d'un système encore plus grand, serait peut-être concevable, tout au moins sur le papier. Mais précisément, un atome, objet essentiellement quantique, ne se réduit en aucune façon à un système solaire en miniature, malgré l'analogie de situation qu'inspirent le mouvement du cortège planétaire autour du Soleil et celui des électrons autour du noyau atomique, analogie souvent mise en avant à des fins didactiques.

Le changement d'échelle entraîne-t-il un changement de physique ? La microphysique laisse son empreinte dans le macrocosme. Le changement d'échelle entraîne un changement de la perception.

Un changement d'échelle de plusieurs ordres de grandeur impose au physicien au moins deux modifications radicales de son approche.

La première est de nature contingente et purement opérationnelle. Toute description utile d'un objet macroscopique contient une part d'arbitraire et d'indétermination liée à l'incapacité dans laquelle nous sommes de tenir compte de façon détaillée de tous ses constituants élémentaires d'échelles de plus en plus réduites. Cela peut être illustré par l'exemple suivant : quelle démarche raisonnable peut-on adopter face à la question, d'apparence anodine, que pose la détermination de la longueur des côtes de France ?

Les difficultés surgissent dès l'énoncé de la définition que l'on se propose de donner du terme "côte". Le géographe désignera sous ce nom la « zone soumise à l'action des vagues et éventuellement des marées » *(Petit Robert)*. Mais on définit par là une limite bien imprécise, parce que fluctuante, et impropre à toute mesure. Cependant, on peut toujours convenir d'une ligne de partage entre le littoral et les eaux. Il ne restera plus qu'à mesurer sa longueur. En pratique, le géomètre déterminera une série de points de relevé dont la succession suivra au mieux les contours du rivage. Il procédera ensuite à la mesure des distances séparant chacun de ces points. Mais ce procédé conduit à enjamber toutes les irrégularités de la rive dont les dimensions sont inférieures à l'espacement de deux points de relevés successifs. Un très grand nombre d'avancées de terrain de toute nature seront arbitrairement coupées par cette ligne de partage. Qu'adviendrait-il alors si un géographe quelque peu tatillon entreprenait de suivre le contour de chaque dune, de chaque roche bordant les rivages ? La longueur déterminée précédemment se trouverait augmentée de celle du contour de chaque irrégularité. D'ailleurs, s'il a du temps devant lui, il n'existe pas d'impossibilité théorique pour que notre géographe plein de zèle persévère dans cette voie : il inclura dans son décompte méthodique la moindre anfractuosité accessible à son investigation.

Déjà, le résultat d'une telle mesure aurait de quoi surprendre : la longueur des côtes ainsi définie s'est accrue d'un facteur considérable par rapport à ce qui est communément admis : 4 500 km. Bien pis, elle s'accroîtrait de façon exorbitante s'il était concevable de mesurer la longueur d'une ligne épousant non pas seulement le contour de chaque roc, mais celui de chaque atome de la surface de chaque grain de sable.

En astrophysique, on doit donc se contenter d'une description globale d'un objet donné, guidé par les lois de la physique macroscopique (la physique des grands systèmes). Ces lois nous permettent de prédire le comportement ou l'évolution d'un astre dans un environnement donné. Il serait par exemple inutile et vain de tenter de décrire une étoile par le menu, en précisant les positions et les vitesses instantanées de toutes les particules qui la composent ! Comme nous le verrons, la détermination de sa masse totale et de sa composition chimique permet à elle seule d'en définir la structure interne et de préciser de surcroît les étapes de son évolution future. On voit, sur cet exemple, qu'il n'y a pas lieu de regretter la perte d'information que constitue l'abandon d'une description strictement microscopique d'un objet macroscopique.

Mais il est un second changement d'attitude beaucoup plus fondamental face à la description du réel qu'impose l'examen des objets qui nous sont incommensurables, à la fois dans les domaines microscopique et astronomique. Cette modification radicale des règles du raisonnement s'est imposée au cours du premier quart de ce siècle, qui a vu la naissance de la *mécanique quantique* et de la *théorie de la relativité.* Si la physique a dû cesser de se réclamer du bon sens quotidien, elle a en revanche contribué à enrichir et étendre considérablement l'ensemble des faits qu'il faut considérer comme vrais. Une théorie physique n'a de réelle valeur, et ne peut être considérée comme telle, que si son champ d'application est suffisamment vaste. Les fondements de la mécanique classique, portée à son sommet par les travaux de I. Newton, J. Maxwell et L. Boltzmann, sont accessibles à chacun. Seule leur mise en œuvre mathématique peut en rebuter beaucoup. Rien dans les principes premiers de l'« Ancienne Physique » ne peut heurter le bon sens le plus solide. Et c'est précisément là que le bât blesse : le bon sens, hérité de notre expérience habituelle, n'est soumis qu'au contrôle du quotidien. Il ne peut se prévaloir d'une quelconque autorité dans les domaines – plus précisément les échelles – où il ne lui est guère courant ou possible de s'exercer. En d'autres termes, il existe des affirmations à première vue cohérentes rendant fidèlement compte des phénomènes que l'on peut observer quotidiennement, qui, en réalité, s'effondrent dès qu'il s'agit de les extrapoler dans le domaine des très petites ou très grandes échelles. Donnons quelques exemples.

LA COURSE FACÉTIEUSE DE LA LUMIÈRE

La « faillite du bon sens » est parfaitement illustrée par le comportement surprenant de la lumière. On sait que la vitesse de la lumière est une constante physique universelle. Cette proposition anodine est en général admise sans sourciller, sans soupçonner qu'elle anéantit la notion intuitive que l'on peut avoir de l'espace et du temps. On se représente la lumière comme un flot de photons astreints à maintenir scrupuleusement leur vitesse, de 299 792,5 km/s, tout au moins dans le vide. Mais transportons-nous maintenant dans l'espace et le temps à bord d'un vaisseau spatial en approche de sa base. Supposons que, pendant cette phase du vol, la vitesse du vaisseau soit maintenue à 150 000 km/s. Le commandant de bord signale à la base son intention d'atterrir en envoyant dans sa direction une série de signaux lumineux. S'il mesure la vitesse à laquelle ces signaux s'éloignent de son vaisseau, il trouverait naturellement la valeur de 300 000 km/s. Supposons, chose improbable, que notre pilote des temps futurs ignore les fondements de la relativité. Pour lui la réalité des choses est simple : puisqu'il a lancé depuis son vaisseau lui-même animé de la vitesse de 150 000 km/s un message qu'il *voit* (mesure) s'éloigner de lui à la vitesse de 300 000 km/s, il conclura que ce message s'élance vers la base à la vitesse de 450 000 km/s. En d'autres termes, c'est pour lui simple bon sens d'affirmer que si des physiciens de la base spatiale mesuraient la vitesse d'approche des signaux, ils trouveraient la valeur de 450 000 km/s.

La réalité des faits est tout autre : la vitesse d'approche du signal, mesurée dans les conditions que l'on vient de préciser, sera strictement de 300 000 km/s. C'est cette constatation forte, absolument *imprévisible,* et révélée seulement par l'expérience, que l'on exprime en disant que la vitesse de la lumière dans le vide est une constante physique, c'est-à-dire absolument indépendante de la situation dans laquelle on se trouve. Que l'on s'éloigne ou que l'on se rapproche à toute allure d'une source lumineuse, les photons nous croisent ou nous rattrapent invariablement à la vitesse de 300 000 km/s.

On voit que cela n'a rien de commun avec l'intuition que l'on peut avoir de la vitesse relative de deux voitures. Deux véhicules roulant chacun à 130 km/h en se dirigeant l'un vers l'autre sont censés se rapprocher à la vitesse de 260 km/h. En réalité une mesure extrêmement précise montrerait que la vitesse de rapprochement (appelée vitesse relative) est très légèrement inférieure à la valeur attendue de 260 km/h. Mais la différence porte sur le quatorzième chiffre après la virgule. Elle est passée totalement inaperçue jusqu'à la fin du XIXe siècle. Depuis, on sait accélérer un grand nombre de particules élémentaires (protons, électrons...) jusqu'à des vitesses extrêmement proches de celle de la lumière, et les précipiter les unes sur les autres. La loi relativiste de composition des vitesses est une réalité concrète et quotidienne pour les « physiciens des particules ».

Mais les très grands investissements que représentent les accélérateurs de particules ne se justifient pas par la vérification des lois énoncées par Einstein : ils sont conçus précisément en fonction de ces lois, et ne *fonctionneraient absolument pas* si l'on n'en avait pas scrupuleusement tenu compte.

Donnons un deuxième exemple du caractère non intuitif de la physique moderne : la théorie de la relativité d'Einstein a considérablement élargi la notion que l'on peut avoir de la matière, en énonçant le principe de l'équivalence *masse=énergie.* Voici en gros le processus élémentaire qui se déroule dans un grand accélérateur de particules. Deux projectiles (deux protons par exemple) sont projetés l'un sur l'autre avec la plus grande énergie cinétique possible. Des forces sont naturellement mises en jeu lors de la collision, dont le travail (produit de la force par le déplacement) est de l'ordre de grandeur de *l'énergie cinétique* des particules, qui peut même briser ces particules. Mais de plus, si l'énergie mise en jeu est suffisante, de nouvelles particules apparaissent qui n'étaient pas présentes, et, à proprement parler, pas même « contenues » dans l'un ou l'autre des projectiles !

Cette « apparition » ne se produit pas du tout au hasard, mais suivant des règles dont la découverte fait l'objet de ce type de recherche. Il ne faut pas se laisser abuser par les termes « hautes énergies » dont on qualifie les grands accélérateurs. Il y a dans le moindre coup de marteau énormément plus d'énergie que ce que l'on sait communiquer, *individuellement,* à des protons ou à des électrons. Mais quand le marteau s'abat sur la tête du clou, il communique son énergie à un nombre formidable d'atomes qui se la partagent équitablement : la part d'énergie communiquée à chacun d'eux est très faible, et ne peut aucunement altérer profondément leur structure. Il n'en va pas de même dans les grands accélérateurs, où tout est mis en œuvre pour communiquer à chaque particule une énergie qui, bien qu'absolument dérisoire à *notre échelle,* est néanmoins susceptible de la modifier ou de la briser.

La théorie de la relativité a ceci de remarquable qu'elle règne autant sur les grandes échelles que sur celles des particules élémentaires. Mais dans ce domaine, elle doit partager sa souveraineté avec la mécanique quantique, parvenue plus tardivement qu'elle à maturité, à la fin des années 1930.

Mosaïque photographique de la surface de Mercure, obtenue en 1975 au cours de la mission Mariner 10.
La surface de Mercure est fortement criblée d'impacts météoritiques.
Les plus gros cratères atteignent 200 kilomètres de diamètre.

La Terre émergeant de l'horizon lunaire. Ces photographies, prises au cours des missions Apollo 17 (ci-dessus) et Apollo 11 (à droite), ne doivent pas faire oublier qu'il n'existe pas, sur la Lune, de lever ou de coucher de Terre. La rotation de la Lune sur elle-même et sa révolution autour de la Terre sont synchrones : la Terre demeure fixe dans le ciel lunaire. C'est seulement à bord d'un véhicule en orbite autour de la Lune que l'on peut voir la Terre apparaître puis disparaître sous l'horizon. La phase de la Terre (ici en croissant et gibbeuse) dépend des positions respectives de la Lune, de la Terre et du Soleil, et non de la position du vaisseau.

Région centrale de Valles Marineris, grand canyon équatorial de Mars. S'étendant sur 5 000 kilomètres, sa profondeur moyenne est de 6 kilomètres. Il résulte de l'effondrement du plateau martien le long de grandes failles provoquées par le soulèvement de la région volcanique de Tharsis. Les vallées ont été modelées et élargies par une série d'effondrements et de glissements de terrain, ou sous l'action d'un ruissellement ancien.

Olympus Mons, maintenant inactif, est le plus grand volcan du système solaire.
Son diamètre est de 700 kilomètres, et il atteint l'altitude de 25 kilomètres. Volcan bouclier, il fait partie d'une vaste région volcanique, Tharsis, qui s'étend sur 6 000 kilomètres, à l'altitude moyenne de 10 kilomètres.
Elle s'est édifiée à la suite de plusieurs écoulements de laves fluides. Les caldéras, larges de plusieurs dizaines de kilomètres, résultent d'effondrements successifs.

Le satellite Io, photographié par la sonde Voyager 1, se détache sur une partie de l'atmosphère mouvementée de Jupiter. Cristaux d'ammoniac et sulfure d'ammonium, incolores, sont les particules solides sans doute les plus abondantes de son atmosphère. Les couleurs vives, allant du rouge au gris bleuté, sont dues à des constituants mineurs, parmi lesquels le soufre polymérisé joue certainement un grand rôle.

La Grande Tache Rouge est située dans la zone tropicale de l'hémisphère sud de Jupiter. Découverte il y a près de trois cents ans, sa taille, actuellement 26 200 kilomètres, et sa couleur n'ont que peu varié. Il existe de nombreuses autres taches, mais de dimensions plus modestes, présentant le même caractère cyclonique. La couleur rouge de la grande tache, localisée dans l'atmosphère supérieure, demeure une énigme.

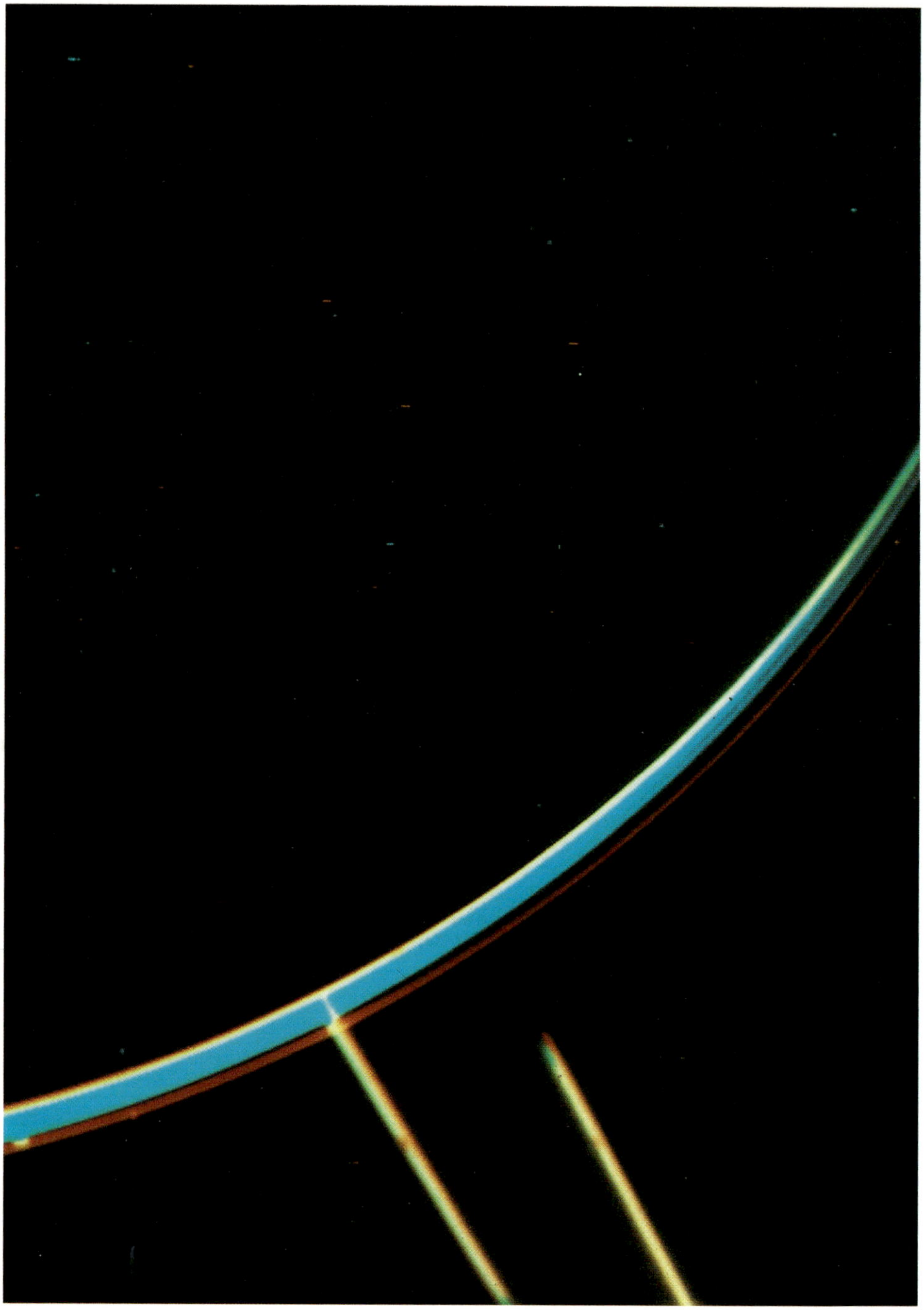

Les anneaux de Jupiter ont été découverts le 4 mars 1979 au cours de la mission Voyager 1. Très proches de Jupiter, leur densité est un milliard de fois plus faible que celle des anneaux de Saturne. Vers l'intérieur, un disque très dilué vient au contact des nuages supérieurs de Jupiter. Depuis la découverte des anneaux de Neptune, on sait que leur présence est un trait commun à toutes les planètes géantes du système solaire.

Là encore, s'il ne doit naturellement pas se départir de son sens logique, le physicien doit se garder de la tendance qu'il aurait de projeter sur le monde quantique la représentation des choses que son expérience courante lui a permis d'élaborer.

PASSE-MURAILLES

D'un problème très complexe nous ne donnerons qu'un exemple : l'expérience quotidienne (et l'expérience *seule* et en aucune manière le raisonnement) accorde peu de chance de succès à celui qui chercherait à passer de sa chambre au salon en se ruant contre le mur qui les sépare. Qu'est-ce qu'un mur idéal pour un physicien (de la race des théoriciens) ? C'est une région de l'espace, que les physiciens appellent barrière de potentiel, qui ne peut être franchie que par des particules dont l'énergie est supérieure à une certaine valeur qui, de façon imagée, caractérise la « hauteur » de la barrière. Les particules de moindre énergie rebondissent sur ce mur ; celles qui ont une énergie suffisante pour la franchir voient leur énergie cinétique diminuer d'une valeur égale à celle requise pour passer tout juste au-dessus de la barrière.

Ainsi les lois de la mécanique rationnelle ont été formulées de manière à rendre compte de ce fait d'expérience qu'un objet lancé contre un mur suffisamment résistant ne le franchit jamais. Mais leur faiblesse réside en ce que, durant des siècles, l'expérience n'a porté que sur des objets de notre environnement, à notre échelle.

Transportons-nous à l'échelle atomique et subatomique, où la structure et le comportement des corpuscules sont décrits par la mécanique quantique. Rien de semblable dans le monde quantique, où, face à l'équivalent d'un mur, la même impossibilité stricte de le franchir *n'existe pas* pour les particules. Le langage de la mécanique quantique est celui des probabilités. On parlera de la probabilité qu'a une particule de franchir ou non le « mur » vers lequel elle se précipite. Cette probabilité, éventuellement infime mais jamais nulle, est parfaitement calculable et *mesurable.* C'est précisément grâce à cet *effet tunnel* que fonctionnent la majorité des appareillages électroniques. Plus les particules sont massives, plus faible est la probabilité qu'elles se retrouvent derrière le mur. Si l'on fait par extension ce même calcul pour un homme de 70 kg, la probabilité à laquelle on aboutit est représentée par un nombre si petit qu'on ne peut, en fait, le comparer à rien : il est incommensurablement plus petit que le nombre qui résulte de la division suivante : 1/nombre d'atomes dans l'Univers. C'est naturellement la traduction du simple fait que nous ne sommes pas des passe-murailles. En revanche, cette probabilité est incomparablement plus élevée pour un proton, un neutron ou le noyau d'un atome. Les particules du monde quantique *sont* des passe-murailles. Cette propriété constitue le fondement des réactions thermonucléaires à l'intérieur des étoiles et permet de comprendre leur vraie nature et leur rôle : les étoiles ordinaires doivent à la fois leur évolution et leur longévité aux réactions thermonucléaires qui se déroulent dans leurs profondeurs. Ces réactions qui libèrent de l'énergie sont par exemple la fusion d'un proton ou d'un noyau d'hélium avec un autre noyau, généralement plus lourd, celui de l'atome de carbone ou d'azote. Proton et noyau d'hélium sont chargés respectivement une fois et deux fois positivement, et le carbone l'est six fois. Une répulsion électrostatique très intense s'exerce à l'approche de ces particules. Cette répulsion est tout à fait analogue à un mur infranchissable. Si cette violente répulsion n'existait pas, la fusion des particules serait immédiate, et la vie de l'étoile extrêmement brève. D'un autre côté, il est heureux que la barrière répulsive ne soit pas strictement infranchissable pour que l'étoile évolue et « vive » : c'est cet équilibre que réalise l'effet tunnel. Cet effet « passe-muraille » paraît évidemment paradoxal. Mais au fond, sur quoi repose l'idée qu'un mur puisse être infranchissable, si ce n'est sur l'observation quotidienne qui ne porte que sur un minuscule domaine du monde physique ? Là encore, le bon sens, fruit de l'expérience de tous les jours, est mis en défaut.

En réalité, l'étude du comportement du monde physique à une échelle beaucoup plus petite que la nôtre – celle des atomes et des particules élémentaires – exige du physicien qu'il adopte le bon langage, c'est-à-dire un formalisme mathématique judicieux, établi avec une parfaite rigueur logique sur la base d'un certain nombre de postulats dictés par l'interprétation rationnelle des résultats expérimentaux. Ces postulats sont l'expression « humaine » des rouages de la nature tels que nous pouvons les appréhender.

La spécificité de l'astrophysique est bien de tenter de suivre et comprendre l'engrènement de ces rouages en mettant en lumière des liens très forts, *a priori* inattendus, qui unissent macrocosme et microcosme, dont nous donnons quelques exemples dans cet ouvrage. Parmi eux il en est un qui relie directement l'émergence dans notre Univers des structures organisées (y compris la vie) et son expansion générale : on ne porte pas le même regard sur le phénomène de la fuite des galaxies selon que l'on sait ou que l'on ignore que la dilatation du monde a seule permis notre existence. Dans le second cas, l'expansion de l'Univers n'est rien qu'un fait sans plus d'importance que d'autres. Dans le premier cas, ce fait touche à l'homme, et ajoute à sa réflexion. C'est l'ébauche de la réponse – s'il en est – à l'une des questions qui motivent et justifient pour une bonne part la pratique de la recherche. C'est un des avatars du penchant de l'homme à entretenir le mouvement de sa pensée en cherchant la réponse à quelques problèmes qu'il ne cesse de reformuler. Les réponses successives et partielles se sont toujours évadées du contexte des questions qui les ont suscitées. La pratique de la recherche en physique contribue à ce que les énoncés successifs demeurent cohérents vis-à-vis d'un monde que les découvertes ne cessent d'enrichir, mais qui échappe de plus en plus à notre perception spontanée.

Les effets de la gravité

Force souveraine de la nature, la gravité tient les rênes de l'Univers, trace sa route en modelant la géométrie, façonne ses structures et tourne les pages de l'histoire des étoiles en libérant les forces que recèlent matière et rayonnement. Géographe et historienne de l'Univers, la gravité organise et anime aussi bien le tout que la partie, vigilante à ne jamais laisser la matière en repos, la délogeant sans répit des équilibres précaires où elle cherche frileusement refuge.

Cette force infatigable possède plusieurs atouts qui lui permettent d'agir sur pratiquement toutes les échelles astronomiques. Son intensité est pourtant extrêmement modeste, c'est de loin la plus faible des quatre interactions fondamentales, mais elle est douée d'une portée infinie et elle est cumulative. Toute particule attire à elle une quantité illimitée de matière. À l'inverse, l'interaction forte nucléaire, 10^{40} fois plus intense, est limitée dans son action par une portée qui ne dépasse guère la taille d'un noyau atomique. De plus, un nucléon ne peut interagir qu'avec un nombre très restreint de ses semblables (en moyenne trois ou quatre).

Si la loi de Newton s'exprime mathématiquement comme celle de Coulomb qui décrit la force s'exerçant sur deux charges électriques distantes, elle en diffère en ce que deux masses s'attirent toujours, alors que deux charges électriques peuvent s'attirer ou au contraire se repousser, selon que leurs charges sont identiques ou opposées. En d'autres mots, il n'existe qu'une seule « charge » gravitationnelle pour deux charges électriques opposées dont les effets peuvent, eux, s'annuler. Dans la nature, les excès de charge électrique sont toujours très localisés, de sorte qu'il existe toujours une distance au-delà de laquelle l'action des charges d'une nature est exactement neutralisée par un léger regroupement de charges voisines et de signe opposé. Cette propriété est appelée *effet d'écran.* Si la Terre et la Lune contenaient chacune un excès d'environ une charge (ou bien positive ou bien négative) par mètre cube, la répulsion électrostatique qui s'exercerait entre les deux astres, en l'absence d'effet d'écran, surpasserait l'attraction gravitationnelle et les repousserait indéfiniment l'un de l'autre. Une telle violation de la neutralité électrique ne représenterait qu'un excès ou un défaut d'une charge électrique pour 10^{30} !

L'attraction gravitationnelle exercée par la matière ne dépend pas de son degré de concentration. Un nuage interstellaire d'une masse égale à celle du Soleil, mais d'une taille de près d'une année-lumière, exerce la même attraction sur son environnement que le Soleil lui-même (700 000 km de rayon) ou qu'une étoile à neutrons (environ 10 km de rayon) ou même qu'un trou noir de même masse.

Les forces de gravité s'exercent avec la même intensité dans toutes les directions. C'est la raison pour laquelle planètes, étoiles, amas d'étoiles ou amas de galaxies présentent une forme pratiquement sphérique.

Le principe de Mach

Une conséquence impressionnante de l'ensemble de ces propriétés est que nous devons ressentir directement la totalité de toutes les forces d'attraction exercées sur nous par l'Univers entier. Cette remarque a inspiré le *principe de Mach* selon lequel les lois de la dynamique résulteraient de l'action gravitationnelle combinée de toute la matière de l'Univers. En particulier, l'inertie d'un objet massif exprimerait directement l'action gravitationnelle qu'exercent sur lui tous les corps célestes. La valeur même de la constante de la gravité, G, pourrait être liée à la masse totale de l'Univers. Malheureusement, le principe de Mach n'est pas, contrairement aux espoirs que fondait A. Einstein, une conséquence directe de la théorie de la relativité générale – théorie contemporaine de la gravitation. En effet, dans cette théorie, l'inertie et la masse sont deux propriétés intrinsèques des corps.

Les réflexions qui ont poussé Ernst Mach (1838-1916) à formuler ce principe sont liées à la faculté d'apprécier le mouvement d'un corps d'une manière absolue, et plus particulièrement un mouvement accéléré.

L'inertie d'un corps se manifeste par la difficulté plus ou moins grande à modifier son mouvement ou à l'écarter d'une trajectoire rectiligne. L'inertie d'un objet ou des particules qui le composent tend à conserver les caractéristiques instantanées du mouvement. Toute modification exige l'intervention d'une force.

Si l'inertie d'un objet se révèle lors d'une altération de son mouvement, elle doit être liée, d'une manière ou d'une autre, à l'appréciation du mouvement lui-même. Mieux, il faut pouvoir définir un mouvement accéléré d'une manière absolue, puisque l'inertie est une grandeur mesurable. Or cela n'est pas évident. Considérons un objet qui serait seul dans l'Univers. Ce dernier se réduit à l'objet et l'espace. Alors, de deux choses l'une : ou bien, comme le pensait I. Newton, l'espace existe en lui-même, indépendamment de son contenu, et l'on peut repérer une altération du mouvement, ou bien comme le soutenait déjà son contradicteur G. Leibniz, l'espace ne porte en lui-même aucune possibilité de repère. Dans ce dernier cas on ne peut même pas concevoir qu'un objet esseulé dans un Univers vide soit animé d'un mouvement quelconque, parce que la notion même de mouvement exige une comparaison avec la position d'autres corps distants.

Ainsi la question clé est de savoir si l'espace possède une existence propre ou n'est concevable qu'en présence de matière. La théorie de la relativité générale se place explicitement dans le cadre de la deuxième hypothèse.

Prenons un exemple. Le mouvement de rotation de la Terre autour de son axe prend un caractère « de plus en plus absolu » si on le rapporte à des objets de plus en plus lointains comme les galaxies ou les amas de galaxies du ciel profond. Si le ciel avait été vide d'étoiles, à l'exception du Soleil, la conclusion immédiate eût été que la Terre effectue un tour complet sur elle-même en 24 heures. 24 heures représentent le temps qui sépare deux passages successifs du Soleil au méridien.

Cependant, ce sont seulement 23 heures et 46 minutes, soit un jour sidéral, qui s'écoulent si, au lieu du Soleil, on observe des astres très lointains, comme les étoiles. Autrement dit, la Terre paraît tourner sur elle-même plus lentement par rapport au Soleil que par rapport aux astres très lointains. Quelle est alors la « vraie » vitesse de rotation de la Terre ? Quelle est la bonne référence du mouvement ? En existe-t-il une de plus recommandable qu'une autre ? Laquelle est la plus chargée de sens ?

La célèbre expérience du pendule de Foucault, menée sous la coupole du Panthéon, répondait à la question en prouvant que l'inertie du pendule maintient son plan d'oscillation fixe par rapport aux astres très lointains, à l'ensemble de l'Univers et non par rapport au Soleil. En d'autres termes, la référence aux profondeurs de l'Univers possède un caractère absolu que n'a pas celle qui se limite à notre voisinage. La démarche de E. Mach consiste à énoncer que si les mouvements de rotation, ou plus généralement accélérés, ne prennent un caractère absolu que parce qu'il existe de la matière distribuée à de très grandes distances dans l'Univers, alors l'inertie d'un objet doit être provoquée par cette même accumulation de matière lointaine, par l'intermédiaire de la gravité.

Ainsi, selon ce principe, l'inertie rendrait sensible à chacun de nous la masse de l'Univers entier. Le principe de Mach jette un pont entre les notions de masse, de gravité et d'espace. Albert Einstein a été profondément influencé par les idées de Mach et les a toujours eues présentes à l'esprit au cours de l'élaboration de la relativité générale.

Matière et géométrie

Selon la théorie de la relativité, et comme dans la vie de tous les jours, les trois dimensions de l'espace et le temps constituent quatre grandeurs indépendantes propres à repérer un événement physique élémentaire. L'espace et le temps y demeurent de nature différente, contrairement à ce que peuvent suggérer certaines expressions qui abondent dans les ouvrages de science-fiction.

On peut placer un objet n'importe où dans l'espace et à tout moment, c'est-à-dire choisir ses coordonnées spatiales indépendamment les unes des autres, puis le considérer à un moment quelconque, qui n'a strictement rien à voir avec sa position. Ce qu'apporte la relativité, c'est l'obligation de repérer un événement simultanément dans l'espace et dans le temps, et là, des limitations interviennent dues à la vitesse finie et toujours identique de la lumière.

La distance entre deux points est la longueur du plus court chemin qui les rejoigne. Ce chemin particulier est aussi la trajectoire qu'empruntent les rayons lumineux. La lumière suit donc le plus court chemin (dans le vide) qu'autorise la géométrie.

La théorie de la relativité générale conduit à la conclusion que ce plus court chemin, au voisinage d'un corps massif, n'est plus un segment rectiligne, mais une trajectoire incurvée. C'est cette trajectoire courbée dans l'espace que suivra la lumière. Ce phénomène de distorsion du plus court chemin au voisinage d'un corps massif a été brillamment confirmé peu de temps après l'énoncé de la théorie de la relativité lors d'une éclipse de Soleil. On peut observer à cette occasion des étoiles au voisinage immédiat du disque solaire, à travers la couronne. Des mesures précises ont permis de mettre en évidence la très faible déviation de leur position apparente sur la voûte céleste, témoignant de la courbure des rayons lumineux issus des étoiles lorsqu'ils passent au voisinage du Soleil. L'effet est d'une amplitude très faible, de 1,47 seconde d'arc, mais en bon accord avec ce qui est observé.

D'autres effets, comme l'avance du passage de Mercure au plus près du Soleil (le périhélie), confirment pleinement la théorie de la relativité générale.

MIRAGES DANS L'ESPACE

Un effet spectaculaire de la courbure significative de l'espace par une concentration de matière est illustré par les mirages gravitationnels, découverts récemment. La matière gravifique, en incurvant la trajectoire des rayons lumineux, agit en quelque sorte comme une lentille. Dans certaines conditions, un objet peut présenter plusieurs images virtuelles. Elles sont perçues dans la direction d'où proviennent les rayons lumineux, bien après que leur chemin a été altéré par l'interposition d'un ou plusieurs astres massifs.

Des objets lointains, comme les quasars, peuvent apparaître dédoublés, mais aussi amplifiés par l'effet de lentille gravitationnelle. Il faut tenir compte, statistiquement, de cet effet dans l'analyse des observations portant sur les quasars, qui revêtent une grande importance en cosmologie.

Dans la plupart des cas, la matière déflectrice n'est pas visible, même sur les photographies à très longue pause de la région où l'on observe le mirage. Si elle existe vraiment, elle doit être très sous-lumineuse par rapport à la matière ordinaire, rassemblée en étoiles. C'est une indication de plus de la présence à grande échelle de « matière sombre » dans l'Univers.

Un autre exemple frappant a été découvert récemment par une équipe travaillant à l'Observatoire de Toulouse. Une image à longue pause du cœur de l'amas de galaxies Abell 376 présente un détail singulier. Un arc lumineux étroit, parfaitement centré sur le centre de gravité de l'amas, se déploie sur plus d'une centaine de kiloparsecs. Cela en fait une des structures filamentaires les plus étendues de l'Univers. Par la suite, d'autres équipes firent des trouvailles analogues dans d'autres amas. L'interprétation de ces observations soulève d'épineux problèmes. Cependant, un groupe de chercheurs de l'Observatoire de Meudon apporte des éléments convaincants en faveur de la thèse du mirage gravitationnel. L'arche lumineuse d'Abell 376 est très certainement l'image déformée d'une galaxie normale située loin derrière les galaxies (et de la matière sombre ?) concentrées dans le cœur de l'amas.

Il est possible que cet effet de lentille permette à terme de déterminer la quantité de matière gravitante, visible ou invisible, située entre un objet lointain et nous. La relativité générale permettra alors de « peser l'Univers » d'une façon nouvelle.

LE TEMPS ET L'ESPACE ENCHAÎNÉS

Un objet massif affecte non seulement les lois de la géométrie dans son voisinage, mais également l'écoulement du temps. Au voisinage d'un tel objet, le temps s'écoule plus lentement. Les effets gravitationnels exercés par la matière sur le temps et l'espace environnant peuvent être importants. Cet effet se manifeste par un décalage de la lumière vers le rouge, dit *décalage gravitationnel* pour ne pas le confondre avec le décalage Doppler : en s'éloignant de la surface d'un astre massif, la lumière perd une fraction, en général très petite, de l'énergie qu'elle avait au moment d'être émise. Cet effet a d'abord été mis en évidence sur la lumière du Soleil, puis sur celle émise par des étoiles beaucoup plus compactes, les naines blanches. Quand la lumière du Soleil parvient sur Terre, elle n'a perdu que les deux millionièmes de son énergie dans sa lutte contre la gravité solaire. Mais cette perte est beaucoup plus sensible quand les photons émanent d'un objet aussi dense qu'une étoile à neutrons, où elle peut atteindre près de 20 %. La détermination de cette perte d'énergie permet d'évaluer avec une bonne précision la densité des étoiles à neutrons, dont le champ gravitationnel est particulièrement intense. Incidemment, cette mesure apporte de précieux renseignements sur les propriétés de la matière nucléaire et plus précisément sur l'intensité des forces de répulsion qui s'exercent entre les neutrons, sans lesquelles ces étoiles extrêmement denses s'effondreraient sur elles-mêmes.

Ainsi, plus un objet est concentré, plus la lumière qui s'en échappe – toujours à la même vitesse c – voit son énergie diminuer, à cause du champ gravitationnel. Pour un objet de masse donnée, il existe donc un rayon, appelé rayon de Schwarzschild, pour lequel la lumière qui s'en échappe parvient à un observateur lointain avec une énergie tout juste nulle. L'objet cesse alors d'être visible. On a affaire à un *trou noir.*

Si le Soleil se contractait jusqu'à un rayon d'environ 3 km, devenu un trou noir, il disparaîtrait du monde visible, mais non pas sensible. L'attraction gravitationnelle qu'il exercerait sur son environnement serait toujours la même qu'aujourd'hui. Pour faire de la Terre un trou noir, il faudrait réduire son volume à un peu moins de 3 cm^3.

L'horizon d'un trou noir, objet de nature essentiellement gravitationnelle, est la surface en dessous de laquelle aucun message, de nature matérielle ou électromagnétique, ne peut être émis vers l'extérieur. Seul passe le message gravitationnel, qui déforme l'espace et le temps au voisinage d'un trou noir. Quand il est en rotation, il entraîne littéralement l'espace temps à l'image d'un grand maelström. À grande distance, un trou noir se comporte, du point de vue gravitationnel, de la même façon qu'un objet ordinaire de même masse. L'attraction gravitationnelle qu'il exerce au loin ne présente aucun caractère particulier ou irréversible. L'approche des régions critiques est d'abord marquée par une première frontière, appelée « limite statique » : un navigateur spatial, quelle que soit la puissance déployée pour s'y opposer, serait inexorablement entraîné dans un mouvement de rotation de même sens que celle du trou noir. Le navigateur ne peut plus rester immobile par rapport au gouffre, mais peut encore échapper à l'engloutissement en remontant vers l'extérieur. Mais si des manœuvres malheureuses l'amènent à franchir la seconde limite intérieure, appelée horizon du trou noir, tout espoir est définitivement perdu : il sera happé par l'objet sans aucune possibilité de lui échapper, quand bien même se déplacerait-il à la vitesse de la lumière.

Une caractéristique remarquable des trous noirs est que l'énergie cinétique acquise par un corps tombant dans l'un quelconque d'entre eux est toujours la même, quelle que soit la masse du trou noir, qu'il soit microscopique ou géant. Cette énergie gravitationnelle est précisément égale à la moitié de l'énergie de masse du corps happé, égale à mc^2, c'est-à-dire la moitié de la totalité de l'énergie qu'il renferme au repos. C'est mille fois plus que ce que les réactions nucléaires permettent de libérer. La gravitation, pourtant reléguée au dernier rang de l'échelle d'intensité des interactions fondamentales, se révèle, dans ces conditions extrêmes, la source d'énergie la plus puissante de la nature. L'énergie est produite sous forme de rayonnement électromagnétique intense accompagnant l'échauffement de la matière avant sa chute définitive à l'intérieur du trou noir. Ce mécanisme, mû par un trou noir d'environ 1 milliard de masses solaires, pourrait être à l'origine du rayonnement extraordinairement intense des quasars.

ÉCHAPPER À L'EFFONDREMENT GRAVITATIONNEL

Livrée à elle-même, la gravité tend à rassembler la matière en structures de plus en plus compactes. Si rien ne pouvait s'opposer à elle, l'Univers ne serait peut-être qu'un gigantesque trou noir.

L'effet majeur de la gravité est de rassembler et condenser de vastes quantités de matière. L'interaction étant exclusivement attractive, il semblerait que la matière ne puisse échapper à *l'effondrement gravitationnel.* En fait, la matière n'y succombe pas sans réagir. Pour fuir la tyrannie gravitationnelle, la matière a trois échappatoires :

1. S'annihiler, c'est-à-dire se convertir en lumière ou photons. Si elle n'a pas affaire à un trou noir, la lumière parviendra toujours à s'échapper d'un champ gravitationnel, même très intense. C'est ainsi que 4 millions de tonnes de matière, transformées chaque seconde en lumière par le jeu des réactions thermonucléaires au cœur du Soleil, parviennent à s'en échapper. Depuis sa naissance, ce sont $4{,}8 \times 10^{23}$ tonnes, soit près de cent fois la masse de la Terre, qui ont pu s'affranchir de la gravité solaire. Mais cela ne représente guère que 1/300 000 de la masse totale du Soleil !

2. L'effet de forces de répulsion, le plus généralement électrostatiques, que les atomes exercent les uns sur les autres, et l'effet du principe d'exclusion de Pauli auquel obéissent les fermions, particules que nous avons déjà rencontrées. C'est ainsi que les corps solides comme les planètes telluriques peuvent résister aux forces d'autogravitation qu'ils développent. Mais cela ne concerne que des petits corps, et ce n'est pas ainsi que la majorité de la matière cosmique se garde de l'implosion gravitationnelle.

3. Son agitation désordonnée, qui est, en fin de compte, sa meilleure arme. Prenons comme exemple les amas globulaires, qui rassemblent de quelques dizaines de milliers à quelques centaines de milliers d'étoiles. Leur âge est de l'ordre de 15 à 18 milliards

d'années. Les étoiles ne s'en échappent pas facilement, parce qu'elles s'attirent toutes mutuellement, de sorte que ces systèmes stellaires sont liés par la gravité. En première analyse, ils sont permanents et ne se dissolvent pas rapidement dans l'espace. Et cela malgré le mouvement incessant des étoiles qui le constituent. Inversement, ils ne se contractent pas non plus de façon catastrophique, sous l'effet de l'attraction mutuelle de toutes les étoiles. À tout moment et à une distance donnée du centre de l'amas, il y a autant d'étoiles qui tombent vers le centre de l'amas que d'étoiles qui en remontent. Et cela parce que toute étoile qui tombe vers le centre ne peut pas (à cause de son inertie) y rester. Après l'avoir traversé pratiquement en ligne droite, et animée de sa vitesse maximum, l'étoile remonte « de l'autre côté » de l'amas jusqu'à son apogée, d'où elle replonge à nouveau vers le centre de l'amas. Paradoxalement, l'agitation des étoiles dans un amas globulaire lui confère son équilibre vis-à-vis de la gravité.

La gravité est donc son propre antidote puisqu'elle donne à une collection d'objets la possibilité d'échapper à la contraction gravitationnelle catastrophique en leur imprimant une vitesse d'autant plus élevée qu'ils se rapprochent des régions centrales.

Ce que nous venons de dire est vrai pour les amas globulaires ou les amas de galaxies. Ce sont des systèmes assez dilués de sorte que les collisions entre les membres de l'amas sont rares.

Mais que se passe-t-il quand les collisions sont, au contraire, très fréquentes comme dans un gaz ? À l'instant d'une collision, deux particules échangent de l'énergie cinétique. Mais au cours de cet échange, une partie de l'énergie de la collision peut être détournée de l'énergie cinétique (associée au mouvement de translation) : une fraction peut être rayonnée, ou utilisée pour mettre les particules en rotation ou en vibration, etc. Dans ce cas, la vitesse des particules diminue globalement : ce système s'abandonne de plus en plus aux forces d'autogravitation, il se contracte. Le taux de contraction gravitationnelle est alors régi par le taux de perte d'énergie cinétique occasionné par les collisions. Mais, comportement paradoxal, plus la matière perd de l'énergie cinétique, plus la gravité est prête à lui en fournir : le prix à payer est juste la contraction gravitationnelle. En effet, la vitesse des particules, et donc leur énergie cinétique, augmentent au fur et à mesure que les particules se rapprochent du centre de la structure. De la même façon, un satellite artificiel qui perd de l'énergie par friction dans la haute atmosphère s'accélère au fur et à mesure qu'il se rapproche de la Terre. Ainsi, la gravité ne peut pas provoquer spontanément l'effondrement gravitationnel d'un système sans dissipation, ou sans friction. Ce système acquiert une énergie cinétique interne, de plus en plus élevée. Ce phénomène est un des moteurs de l'évolution stellaire.

L'instabilité gravitationnelle

Une structure gravitationnelle qui doit sa cohésion à la gravité est toujours le siège d'une fuite d'énergie de l'intérieur vers l'extérieur. Cette déperdition engendre la contraction graduelle de l'ensemble de la structure – ou au moins de ses parties centrales – au cours de laquelle son énergie cinétique s'accroît constamment. Cela se traduit, par exemple, par l'élévation de la température interne des étoiles ou des nuages protostellaires au cours de leurs phases de contraction. Ce type de contraction gravitationnelle est rarement rapide, et l'on peut souvent considérer que la structure qu'elle affecte est à chaque instant pratiquement à l'équilibre. Par exemple, la contraction gravitationnelle du cœur d'une étoile assure sans heurt le lien entre les étapes successives de combustions thermonucléaires qui se déclenchent à des seuils de température et de densité chaque fois plus élevés.

L'instabilité gravitationnelle est d'une tout autre nature et conduit généralement à une altération profonde des systèmes où elle se développe. Cette instabilité apparaît chaque fois que la matière n'est pas – ou n'est plus – en mesure d'opposer une force suffisante à la gravité.

La résistance qu'oppose la matière à une compression dépend de sa composition, de sa température et de sa densité. L'incompressibilité de la matière est la mesure de l'accroissement relatif de pression qui accompagne une diminution de son volume. Exprimée différemment, c'est également une mesure de l'énergie qu'il faut fournir à la matière pour la comprimer. Cette énergie est récupérée par le gaz dont *l'énergie interne* augmente d'autant.

Examinons dans quelles conditions un système autogravitant peut se contracter spontanément et s'effondrer sur lui-même. Au cours d'une contraction, la matière se déplace globalement. Les forces gravitationnelles exercent un travail qui ne dépend que de l'amplitude du déplacement. Mais, selon la valeur de l'incompressibilité de la matière, l'énergie nécessaire pour réaliser une telle compression peut être supérieure ou inférieure à celle que la gravité est susceptible de fournir. Si elle est supérieure, la contraction envisagée ne peut pas se produire spontanément. Le système est gravitationnellement stable et ne peut pas s'effondrer sur lui-même. C'est le cas, par exemple, de la plupart des astres que l'on observe.

Que se passe-t-il en revanche quand l'énergie fournie par la gravité pour comprimer la matière est *supérieure* à ce qui est juste nécessaire ?

On conçoit intuitivement que la compression de la matière se produit spontanément. Le surplus d'énergie fourni par la gravité sert à alimenter l'énergie cinétique croissante de la matière en effondrement.

Tant que la matière est suffisamment compressible, l'effondrement gravitationnel se poursuit inexorablement. Si, de plus, aucun coup d'arrêt n'est donné avant que le rayon du système ait atteint le rayon critique de Schwarzschild, la gravité l'emporte définitivement et sans appel : un trou noir est né !

Mais c'est là un phénomène exceptionnel. Dans la plupart des cas, après une phase de contraction souvent considérable, l'incompressibilité effective de la matière devient suffisante pour mettre un terme à l'effondrement gravitationnel. Une valeur faible de l'incompressibilité de la matière provient généralement du fait qu'elle laisse aisément s'échapper, en la rayonnant dans l'espace, une partie appréciable de l'énergie que lui apporte la compression. Ce n'est possible que si la matière est extrêmement diluée, comme l'est par exemple le gaz interstellaire. Inversement, l'incompressibilité de la matière diminue également quand elle est portée à très haute densité – supérieure à 10^6 g/cm^3. Dans le cœur des étoiles massives au terme de leur évolution, la densité de matière dépasse 10^9 g/cm^3. Comme nous l'avons indiqué précédemment, ce sont alors les électrons qui contribuent le plus à la pression totale du gaz stellaire. L'incompressibilité du gaz est pratiquement égale à celle du gaz d'électrons.

Quand on comprime fortement un gaz d'électrons, la vitesse de ceux-ci se rapproche de plus en plus de celle de la lumière. Quand la densité du gaz atteint 10^6 g/cm^3 (1 tonne par centimètre cube), les électrons les plus rapides atteignent pratiquement la vitesse de la lumière. On dit que les électrons sont relativistes. Quand le gaz est encore mille fois plus comprimé (10^9 g/cm^3), leur vitesse s'est rapprochée encore un peu plus de celle de la lumière, mais leur énergie est dix mille fois plus grande. Si les électrons n'avaient pas été relativistes, il aurait fallu leur communiquer encore *dix fois* plus d'énergie pour réaliser le même taux de compression. Cela illustre l'affaiblissement de l'incompressibilité de la matière à très haute densité, dû au caractère relativiste des électrons.

En résumé, l'effondrement gravitationnel est susceptible de se développer soit dans des régions très diluées de l'Univers, mais sur des échelles gigantesques, soit au contraire au sein d'objets très compacts comme les régions internes des étoiles massives au terme de leur évolution.

L'instabilité gravitationnelle a probablement donné naissance aux grandes structures observées dans l'Univers sous la forme de gigantesques chaînes et agrégats de galaxies et d'amas de galaxies. C'est également elle qui a donné naissance aux amas stellaires, et qui continue à engendrer les nouvelles générations d'étoiles au sein des nuages interstellaires.

À l'autre extrême des conditions physiques rencontrées dans la nature, c'est encore l'instabilité gravitationnelle qui, pour de nombreuses supernovae, déclenche le cataclysme qui engendre l'un ou l'autre des deux objets les plus denses de la nature : une étoile à neutrons ou un trou noir.

Jusqu'à présent, nous avons surtout mis l'accent sur la façon dont un système réagit aux forces d'autogravitation qu'il engendre. Mais l'importance du rôle de la gravité sur la structure et l'évolution d'un système ne se limite pas à cela, parce que aucun n'est strictement isolé. Les interactions gravitationnelles qui s'exercent mutuellement sur des objets ou des systèmes voisins affectent parfois profondément leur morphologie et modifie leur évolution de façon passagère ou durable.

Marées terrestres et cosmiques

La proximité de deux astres provoque sur chacun d'eux des effets analogues aux marées bien connues sur Terre. Aussi appelle-t-on « effet de marée » tout phénomène gravitationnel affectant la structure de deux ou plusieurs astres voisins.

Évoquons les marées océaniques. Chaque point du globe, en surface et dans sa masse, est soumis à l'attraction exercée par la Lune. La somme de toutes ces forces contraint la Terre à tourner en près de 29 jours autour du centre de gravité Terre-Lune. Elles convergent toutes vers le centre de la Lune et diffèrent donc par leur direction et par leur intensité. L'écart entre les forces exercées par la Lune entre deux points opposés du globe sur l'axe Terre-Lune atteint 3 %. Si l'on retranche à chacune de ces forces leur valeur moyenne, il reste un champ de forces résiduelles dont l'effet tend à allonger la Terre dans la direction de la Lune (et dans les deux sens) et à la contracter dans les directions perpendiculaires. Ce champ de forces se superpose à la gravité terrestre et tend à déformer les divers matériaux du globe. L'amplitude de leurs déformations dépend de leur rigidité. L'eau des océans tend à être étirée dans les deux sens le long de l'axe Terre-Lune : le champ de déformation reste fixe par rapport à cet axe astronomique, et comme la Terre tourne par rapport à lui en 24 heures et 51 minutes, il y a donc deux marées océaniques par jour. Voir monter et descendre la marée, c'est un peu voir la Terre tourner sur elle-même.

Tout objet sur Terre est soumis à un étirement de marée. Un homme qui a la Lune à son zénith est soumis à une force d'élongation de 3 millionièmes de newton (soit une force de 0,3 milligramme force).

Les effets de marée sont d'autant plus intenses que les protagonistes sont plus proches l'un de l'autre. Il peut s'agir d'une planète accompagnée de ses satellites, d'un système d'étoiles doubles ou multiples, ou bien encore de deux galaxies. Ces forces de marées peuvent être à ce point intenses qu'elles brisent un des compagnons. Le dynamicien français Édouard Roche a montré dès 1850 qu'aucun gros satellite ne pouvait résister aux forces de marées engendrées par sa planète mère si son orbite l'amenait à une distance inférieure à une valeur critique appelée, depuis lors, *limite de Roche.* Dans le cas de la Terre, la limite de Roche est située à 8 300 km de sa surface. Elle est portée à 290 000 km dans le système de Jupiter.

La découverte par les missions Voyager d'un volcanisme actif sur Io, satellite galiléen situé à 422 000 km de Jupiter, illustre l'intensité que peuvent atteindre les forces de marée. Elles varient régulièrement selon la position relative des satellites majeurs de Jupiter, dont les mouvements engendrent de légères fluctuations de la distance de Io à Jupiter. Les frictions de marée qui en résultent ont une intensité suffisante pour provoquer la fusion de l'intérieur du satellite et un volcanisme de surface. Les conséquences pour ce satellite sont importantes : il a perdu les éléments volatils de son atmosphère, et sa surface est constamment renouvelée par l'apport de soufre volcanique.

L'évolution des étoiles doubles peut être également profondément affectée par les effets de marée. De nombreux systèmes doubles sont constitués d'une étoile géante rouge, caractérisée par une enveloppe d'hydrogène étendue et froide, et d'une naine blanche, beaucoup plus compacte, qui a épuisé ses propres ressources thermonucléaires. Il arrive que l'enveloppe de l'étoile géante soit à ce point dilatée qu'elle atteigne la limite de Roche située à proximité de la surface de la naine blanche. Dès lors, elle s'écoule inexorablement en tournoyant vers le compagnon où elle peut y raviver un nouvel épisode de fusion thermonucléaire de l'hydrogène, mais cette fois-ci en surface. Ce mécanisme gravitationnel particulier rend compte de l'explosion récurrente des novae, qui appartiennent toutes à des systèmes d'étoiles doubles serrés.

Les marées peuvent également affecter la structure et l'évolution des systèmes stellaires complexes comme les amas globulaires ou les galaxies.

L'ensemble des amas globulaires de notre Galaxie forme un halo étendu autour du centre galactique. Chaque amas globulaire, contenant environ 100 000 étoiles, est en orbite très allongée autour de la Galaxie. Les effets de marée qu'elle engendre limitent considérablement la *taille* de chaque amas globulaire. Elle est d'autant plus petite que l'amas contient moins d'étoiles et que son orbite le fait passer plus près du centre galactique. Les étoiles qui, à la suite de leur mouvement propre au sein de l'amas, franchissent le « rayon de marée » qui le caractérise à un moment donné s'en évadent définitivement et vont peupler le halo galactique. Cette évaporation forcée des amas globulaires constitue naturellement un facteur essentiel de leur évolution.

Les galaxies elles-mêmes sont sujettes à l'action des marées. Les galaxies ne sont pas isolées les unes des autres. Les exemples de galaxies en interaction sont nombreux. Un des plus célèbres est la galaxie M52 dans la constellation des Chiens de Chasse. Notre galaxie elle-même possède deux compagnons qui lui sont liés comme des satellites, les Nuages de Magellan. Deux galaxies peuvent également interagir temporairement, le temps de leur passage fortuit à proximité l'une de l'autre. Quand le passage est suffisamment rapproché, les forces de marée provoquent une profonde altération de la morphologie des galaxies. De nombreuses études et simulations numériques ont mis en évidence la formation d'une grande structure spirale dont la forme et l'amplitude dépendent du rapport des masses des galaxies, de leur sens de rotation, de la valeur et de l'orientation relative de leurs vitesses. En général, une grande arche en forme de spirale très ouverte se développe entre les deux compagnons. Dans la région opposée du point d'approche maximum n'apparaît qu'un embryon de spirale, de forme beaucoup plus ramassée. En fait, les déformations provoquées par l'interaction gravitationnelle passagère de deux (ou plusieurs) galaxies sont très diverses. La finesse et l'élongation du bras spiral principal constituent deux caractéristiques fréquentes et remarquables de ces structures.

Environ la moitié des galaxies présente une structure spiralée ou en S. Parmi elles, les deux tiers possèdent un compagnon. Les effets de marée permettent donc de comprendre l'origine de la structure spirale d'un nombre appréciable de galaxies. Cependant, les spirales produites ainsi ne sauraient avoir que des bras inégaux et, de surcroît, elles sont éphémères : elles s'évanouissent rapidement après que les deux galaxies se sont séparées.

La formation d'une spirale dans une galaxie riche en gaz interstellaire y stimule la formation de nouvelles générations d'étoiles. Indirectement, l'interaction gravitationnelle de marée peut être un facteur stimulant de l'évolution de leur population stellaire.

Le fil conducteur de l'histoire de l'Univers est bien, en premier lieu, la gravité. C'est elle qui non seulement crée les personnages – des superamas de galaxies aux plus ordinaires des étoiles – mais encore veille sur leur destinée. Elle est tout à la fois création et évolution. Les autres forces de la nature qui ont régné en maître sur les premiers instants de l'Univers n'ont plus désormais qu'un rôle subalterne sur les structures engendrées par la gravité.

L'HISTOIRE DU SYSTÈME SOLAIRE

On désigne sous le terme de cosmogonie l'ensemble des études tendant à établir l'histoire de l'origine du système solaire. C'est au XVIIe siècle que l'on commença à s'intéresser à ce type de problèmes. Le XVIIe siècle marque à la fois l'avènement de l'astronomie grâce à l'invention du télescope, l'établissement des lois de Kepler qui régissent le mouvement des planètes autour du Soleil, la découverte des satellites de Jupiter par Galilée et des anneaux de Saturne par J.-D. Cassini ; il marque aussi l'avènement de la physique moderne grâce à l'établissement de la théorie de la gravité de Newton. Ce n'est donc pas un hasard si R. Descartes est le premier qui considéra la possibilité que le système solaire ait pu évoluer. Auparavant ce système, qui représentait quasiment l'ensemble de l'Univers observable, était supposé immuable. Mais c'est en fait au XVIIIe siècle que les deux familles de scénarios, l'hypothèse catastrophique et l'hypothèse de la nébuleuse primitive, virent le jour. Selon G. Buffon (1749), le système solaire serait né du choc d'une « comète » avec le Soleil ; au cours de ce choc, le Soleil aurait perdu un lambeau de matière qui aurait donné naissance au système planétaire. Pour E. Kant (1755) et surtout P.-S. Laplace (1796), le Soleil et les planètes tireraient leur origine d'une nébuleuse commune. C'est de fait cette dernière théorie qui a aujourd'hui la faveur de la majorité des spécialistes de ce domaine, pour les raisons que nous allons analyser plus loin.

Avant de donner les raisons de cette préférence, qui s'appuient sur le même type d'indices que ceux dont dispose un enquêteur pour retrouver la trace du « coupable », un détective cosmogonique doit dresser d'abord une liste des « suspects » et de leurs « mobiles » possibles : le Soleil et les planètes peuvent ainsi avoir une origine commune ou au contraire une origine différente, les planètes peuvent provenir de la même matière que le Soleil, ou au contraire être issues des débris d'une autre étoile. Le premier type de scénario n'est rien d'autre que la théorie de la nébuleuse primitive de Kant et Laplace. De nombreux astrophysiciens, E. Schatzman et A.G.W. Cameron par exemple, lui ont donné la forme qu'elle prend de nos jours. Un deuxième scénario possible est celui proposé par exemple par F. Hoyle et R. Lyttleton au cours des années 1950-1960. Il suppose que le Soleil préalablement formé a capturé l'un des nombreux nuages interstellaires qui « flottent » dans le disque de notre Galaxie. La partie de ce nuage entraînée par le Soleil aurait alors donné naissance au système planétaire. Dans ce type de scénario, le Soleil et les planètes n'ont pas exactement la même origine mais proviennent tous de la matière interstellaire. Une troisième hypothèse, considérée par les mêmes astrophysiciens (Hoyle et Lyttleton) mais dans un passé un peu plus lointain (autour des années 1940), est de supposer que le Soleil faisait partie d'un système d'étoiles doubles ; on peut alors imaginer que l'étoile compagnon s'est brisée pour une raison ou pour une autre, et que le Soleil a retenu une partie de ces débris qui devinrent ensuite le système planétaire. Dans ce scénario, le Soleil et les planètes ont de fait une origine commune mais ici les planètes seraient faites de matière « stellaire » et non de matière interstellaire. La quatrième hypothèse reprend l'idée de G. Buffon ; cette hypothèse invoque une collision d'étoiles. Sous l'effet de cette collision, de la matière stellaire est à la fois arrachée et capturée par le Soleil. Cette hypothèse a été considérée en particulier par James Jeans en 1916.

Voilà donc les quatre types de scénarios possibles que le détective cosmogonique doit considérer. Pour guider sa recherche, il dispose maintenant de plusieurs indices surtout depuis l'intense exploration du système solaire par les nombreuses missions spatiales (Mariner, Venera, Apollo, Viking, Pionner, Voyager).

« Indices » cosmogoniques

Il est difficile ici d'en dresser une liste exhaustive. Nous essaierons de repérer les plus importants d'entre eux : ils concernent la géométrie et les propriétés d'ensemble du système solaire ainsi que ses propriétés minéralogiques, chimiques et isotopiques.

Uniformité et diversité

Tout modèle cosmogonique doit rendre compte à la fois de la grande uniformité et de la grande diversité de l'ensemble du système solaire. Les planètes ne se divisent qu'en deux classes, les planètes telluriques et les planètes géantes liées à la proximité plus ou moins grande de ces planètes du Soleil. Toutes les planètes géantes (Jupiter, Saturne, Uranus et Neptune), ont de nombreux traits communs : rotation rapide sur elles-mêmes qui entraîne un aplatissement de la planète dans la direction de son axe de rotation, présence d'anneaux et de nombreux satellites, présence de cyclones géants à la surface de chacune d'elles, dont l'exemple le plus marqué est la grande tache rouge de Jupiter, sources internes d'énergie dues à des phénomènes physiques analogues à la transformation de la glace solide en eau liquide, etc. Plusieurs de leurs satellites ressemblent à la Lune avec leurs surfaces fortement cratérisées, des zones sombres alternant avec des zones plus claires... Les quatre planètes telluriques (Mercure, Vénus, la Terre et Mars) sont également assez semblables : elles ont des densités donc des compositions internes assez voisines. Les atmosphères primitives de Vénus et de la Terre ont dû être assez proches de celle de Mars. On note enfin la grande parenté qui existe entre les noyaux cométaires, les météorites et les petits astéroïdes.

La diversité que l'on rencontre en explorant précisément le système solaire n'est pas moins manifeste. Quelques exemples illustrent bien cette très grande variété. On se souvient par exemple des différences marquées qui existent entre deux planètes comme Vénus et la Terre, que beaucoup de traits semblent rapprocher *a priori*. Malgré leurs masses, leurs densités et leurs propriétés de rotation très voisines, ces deux planètes constituent indéniablement deux mondes très distincts : leur différence est particulièrement accusée quand on compare leurs atmosphères, leurs propriétés thermiques, la composition chimique de leur environnement immédiat. Les sondes Voyager nous ont également révélé les très grandes différences qui existent entre les quatre satellites galiléens de Jupiter : Io, boule volcanique, contraste avec l'aspect glacé d'Europe ou de Ganymède, alors que ces quatre corps célestes ont des rayons et des masses à peu près identiques et sont proches les uns des autres.

Toute théorie cosmogonique doit donc rendre compte de cette grande uniformité et aussi de cette non moins grande diversité. Elle doit bien sûr expliquer que toutes les planètes se meuvent quasiment dans un plan appelé l'écliptique. Elle doit tenir compte du fait que toute l'énergie de rotation du système solaire est quasiment concentrée dans les planètes alors que la masse totale de celles-ci est négligeable par rapport à celle du Soleil. La dynamique spécifique de la ceinture des astéroïdes profondément perturbée par la présence de Jupiter, celle des comètes, la quasi-régularité de l'agencement des orbites planétaires (reflétée par la loi empirique de Titius-Bode) sont bien sûr des éléments essentiels de la cosmogonie. Enfin la découverte d'un nombre grandissant d'étoiles proches entourées de systèmes « protoplanétaires » (par exemple *Bêta Pictoris*) suggère que la formation du système solaire n'est peut-être pas un phénomène rare. Le scénario cosmogonique se doit donc d'être suffisamment simple et naturel pour pouvoir se reproduire à l'occasion de la formation d'autres étoiles.

LES PROPRIÉTÉS CHIMIQUES ET ISOTOPIQUES DU SYSTÈME SOLAIRE

Jusqu'à l'avènement de l'ère spatiale, les planétologistes ne disposaient que de l'analyse minéralogique, chimique et isotopique[1] des météorites et des pierres terrestres ainsi que de la spectroscopie du Soleil. Depuis une vingtaine d'années, les missions spatiales ont permis de déterminer la composition de la matière lunaire, planétaire et cométaire.

On remarque tout d'abord une très grande uniformité de la composition chimique du système solaire lorsque l'on tient compte bien sûr des altérations de la composition qui interviennent en particulier lors de la solidification des corps planétaires. Ces effets dits de fractionnement chimique ont tendance à séparer les corps plutôt réfractaires (aluminium, calcium...), qui ont dû se solidifier à forte température, des corps plus volatils (carbonates, eau...) qui ne peuvent subsister que dans des régions froides. L'appauvrissement des planètes telluriques en éléments légers (hydrogène et hélium) qui ont pu s'échapper de l'atmosphère de ces corps de masse relativement modeste est facilement explicable. Cette uniformité de composition se retrouve dans celle des

1. Rappelons ici qu'on appelle famille isotopique celle qui rassemble des éléments ayant un noyau constitué du même nombre de protons (donc ayant le même nombre d'électrons et, partant, les mêmes propriétés chimiques) mais qui se distinguent par leur nombre de neutrons et donc par leurs propriétés nucléaires. Certains isotopes comme le carbone 14 sont instables et peuvent donc servir à dater différents événements.

proportions des isotopes que l'on a pu déterminer dans des environnements physico-chimiques très variés ; la seule exception notable concerne les variations du rapport isotopique de l'hydrogène (deutérium/hydrogène). Ce cas est très particulier : le deutérium est deux fois plus massif que l'hydrogène. Cette différence isotopique est la plus élevée de la nature, elle donne lieu à des effets qui peuvent être très importants. Les variations de ce rapport peuvent être utilisées de fait comme une sorte de thermomètre de la façon dont le « gâteau » protoplanétaire a été « cuit » et a pris sa consistance actuelle.

L'existence de météorites de fer-nickel ou de chondrules météoritiques riches en calcium-aluminium révèle que leurs corps parents ont dû connaître des températures très élevées (supérieures à plusieurs milliers de degrés) alors que les météorites chondrites carbonées (par exemple) ont dû se solidifier dans des environnements où la température est restée basse (de l'ordre de quelques centaines de degrés).

Toute théorie cosmogonique doit donc rendre compte de cette uniformité particulièrement remarquable de la composition chimique de l'ensemble de la matière constituant le système solaire.

C'est peut-être l'analyse fine de ce que les astrophysiciens désignent maintenant sous le nom d'« anomalies isotopiques » qui nous renseigne le mieux sur la cosmogonie du système solaire.

CHRONOMÈTRES DE LA COSMOGONIE

Le rubidium 87 est un élément radioactif qui se transforme en strontium 87. Sa durée de vie est de 50 milliards d'années. Grâce à la teneur relative du rubidium 87 vis-à-vis du strontium 87, les géochimistes C.-J. Allègre et G.-J. Wasserburg parviennent à dater la formation du système solaire à 4,555 milliards d'années avec une précision qui fait pâlir de jalousie le reste de la communauté scientifique qui s'intéresse à tout ce qui est extra-terrestre. D'autres teneurs isotopiques, comme celles du xénon 129 et plus récemment celles liées à l'aluminium 26 qui se désintègre en magnésium 26 avec une durée de vie inférieure au million d'années, nous renseignent sur ce qu'il est convenu d'appeler le temps d'isolement de la matière protosolaire. Ce temps d'isolement est celui qui s'écoule entre le moment où cette matière cesse d'être affectée par l'intrusion de matière ayant subi une nucléosynthèse récente et le moment où le protosystème solaire commence à se refroidir et donc à se condenser. Ce temps est de l'ordre de quelques millions d'années.

Nous connaissons donc avec précision la date de naissance du système solaire qui, incidemment, est beaucoup plus reculée que celle que voudraient lui donner les « créationnistes » américains.

ANOMALIES ISOTOPIQUES ET FORMATION DU SYSTÈME SOLAIRE

Au cours des années 1970 plusieurs géochimistes, à la suite de R.N. Clayton de l'Université de Chicago, ont mis en évidence ce que l'on convient d'appeler des « anomalies isotopiques » dans certaines météorites carbonées : en particulier la météorite qui s'écrasa en 1969 à côté du village mexicain d'Allende a été comparée à la pierre de Rosette.

Lorsque cette météorite devint disponible, les chercheurs disposaient enfin des appareillages suffisamment précis pour en déterminer la composition isotopique très fine. C'est peut-être là la retombée la plus bénéfique pour la cosmogonie du programme Apollo. En effet, pour analyser les pierres lunaires, les géochimistes ont dû mettre au point les techniques et les méthodes d'analyse les plus sophistiquées. Pour résumer une histoire assez longue qui fut écrite par de nombreux chercheurs inventifs, patients et méticuleux, rappelons simplement la découverte de très nombreuses anomalies isotopiques principalement dans les chondrules de cette météorite constituée des éléments les plus réfractaires (calcium et aluminium). Des éléments chimiques aussi divers que l'oxygène, le titane, le samarium, le néodyme... y ont des compositions isotopiques manifestement différentes.

L'explication qui prévaut est que l'explosion d'une ou plusieurs supernova(e) proches de la protonébuleuse solaire a joué le rôle de la baguette magique ou de l'allumette qui déclenche la contraction de cette nébuleuse : l'explosion d'une supernova induit plusieurs effets qui concourent à ce rôle. La supernova constitue par excellence un événement où se déroule une nucléosynthèse particulièrement active dont les produits sont dispersés dans l'environnement interstellaire par l'explosion proprement dite. La zone de contact entre le gaz stellaire chaud et dense et le milieu interstellaire froid et dilué marque une très forte discontinuité de température, de densité et de pression qui favorise la solidification de petits grains particulièrement riches en éléments réfractaires. Ce sont ces petits grains que l'on retrouverait dans les chondrules d'une météorite comme Allende.

Plusieurs spécialistes en planétologie aiment donc à penser que la formation du système solaire a été à tout le moins favorisée par l'explosion de supernovae qui se serait produite quelques millions à 100 millions d'années auparavant. Cette ou ces supernovae ont en effet créé les conditions physiques qui ont pu déclencher la contraction de la protonébuleuse solaire.

La « meilleure » histoire du système solaire

Notre détective cosmogonique dispose donc d'un certain nombre de « présomptions graves et concordantes » qui vont lui permettre de proposer aux juges d'instruction, c'est-à-dire à vous lecteurs, la version la plus plausible des faits responsables de la formation du système solaire.

La contraction de la protonébuleuse solaire aurait été déclenchée par l'explosion de supernovae ayant précédé de quelques millions à 100 millions d'années ce début de contraction donc de formation. Cette circonstance est assez banale. La protonébuleuse solaire pouvait très bien faire partie d'un amas d'étoiles. Les étoiles massives (10 masses solaires et plus) évoluent très vite en un temps de l'ordre du million d'années et explosent en supernovae qui peuvent par la suite favoriser la formation d'étoiles moins massives et peut-être aussi dans certains cas fragmenter l'amas d'étoiles originel. La formation du système solaire proprement dit date donc de 4,555 milliards d'années (entre le tiers et le quart de l'âge de l'Univers dans son ensemble).

L'uniformité[1] de la composition chimique du système solaire nous conduit à éliminer les deux scénarios selon lesquels les planètes proviendraient de matière « stellaire » ayant connu une histoire à la fois nucléaire voire thermique très différente de celle du Soleil. Nous devons donc préférer pour cette raison les idées de E. Kant et P.-S. Laplace à celles de G. Buffon. Il nous semble également plus naturel, voire plus élégant, d'imaginer que la contraction de la partie la plus centrale de cette protonébuleuse solaire a donné naissance au Soleil lui-même alors que les planètes et tous les petits corps proviendraient des parties les plus externes de cette même protonébuleuse. Dans l'hypothèse de cette contraction, le nuage de Oort, qui entoure le reste du système solaire et qui sert de « grenier à comètes », serait le « fossile » de cette protocontraction. De ce point de vue les comètes représenteraient la forme de matière la plus primitive. L'élégance de ce scénario vient de ce que l'on n'a pas besoin d'invoquer un mécanisme plus ou moins *ad hoc* de capture d'un nuage interstellaire proche.

Poursuivons donc la description des événements qui se sont déroulés pendant la jeune histoire de cette protonébuleuse. Cette protonébuleuse en contraction et également en rotation (que l'on retrouve en particulier dans le mouvement des planètes géantes) s'est donc aplatie sous l'effet de sa propre masse pour donner naissance à un disque protoplanétaire dont on retrouve la trace dans l'écliptique. Le Soleil va donc entraîner en son sein la plus grande partie de la masse et évoluer vers le stade d'étoile de la Séquence Principale en passant par le stade T Tauri qui a dû caractériser les dix premiers millions d'années de son évolution. Près de lui, à quelques milliers de degrés, les composés minéraux les plus réfractaires ont dû se former alors que les composés les plus volatils ont dû prendre naissance loin de lui.

Il a fallu encore environ quelques centaines de millions d'années pour qu'après la formation du disque protoplanétaire, la solidification de petits grains solides se produise. À mesure que la matière constituant ce disque se refroidit, des grains se forment qui, en s'agglutinant, finissent par former des corps de plus en plus gros que l'on désigne sous le nom de planétoïdes ou planétésimes, qui se soudent eux-mêmes pour donner naissance aux planètes.

C'est le planétologiste soviétique Safranov qui dans les années 1970 propose le scénario le plus convaincant, issu des idées de E. Kant et de P.-S. Laplace : en effet, il suggère que la formation des planètes s'est déroulée en trois étapes : une première étape très rapide qui dure environ 1 000 ans, pendant laquelle de petits planétoïdes solides de quelques kilomètres de rayon se forment par « collage » des grains protoplanétaires ; la deuxième étape est lente comme la suivante et peut durer jusqu'à 100 millions d'années et consiste en la formation de protoplanètes par l'action de deux effets antagonistes : la destruction de planétésimes sous l'effet des collisions à grande vitesse et l'accrétion (ou collage) de planétésimes se rencontrant à des vitesses plus faibles ; dans la phase finale, les protoplanètes se placent sur des orbites stables fixées par le champ gravitationnel engendré par le Soleil et son cortège planétaire.

C'est peut-être pourquoi les orbites des planètes occupent des positions précisées par la loi de Titius-Bode ; ces orbites semblent en effet correspondre à ce que les mécaniciens désignent sous le nom de résonances, dues au potentiel gravitationnel

1. À l'exception des anomalies isotopiques dans certains cristaux météoritiques que nous venons de discuter.

conjugué du Soleil et des planètes. Nous ne reviendrons pas sur les raisons qui font que la ceinture des astéroïdes correspond à l'emplacement d'une planète que le fort potentiel gravitationnel de Jupiter a fait avorter.

Les spécialistes en planétologie semblent donc préférer la formation du système solaire par une sorte d'anti-distillation fractionnée tendant à la formation par solidification et collages successifs de résidus (qui nous intéressent !) de plus en plus gros.

En résumé

Dans ces quelques pages nous avons résumé de façon très sommaire des travaux qui constituent à eux seuls des bibliothèques entières. Quoi de plus fascinant en effet que d'essayer de retracer avec nos modestes moyens d'investigation l'histoire de notre propre environnement. Nous constatons d'abord que le scénario proposé aujourd'hui par la science « moderne » ne diffère quasiment pas des idées proposées il y a maintenant près de deux cents ans par E. Kant et P.-S. Laplace. Le système solaire est donc le résultat de la contraction et de la solidification partielle d'une nébuleuse interstellaire, qui se sont produites il y a 4,5 milliards d'années, vraisemblablement sous l'effet d'explosions d'étoiles voisines qui ont dû précéder de quelques (jusqu'à 100) millions d'années cette contraction. L'action simultanée de la contraction centrale du Soleil qui a réchauffé l'ensemble de la nébuleuse, de la solidification des grains à des températures différentes, de mécanismes de collisions et de collages de ces grains confèrent au système solaire la morphologie à la fois uniforme et diverse que nous lui connaissons aujourd'hui.

Ce scénario laisse encore beaucoup de points dans l'ombre, qui doivent continuer à piquer la curiosité de nombreux détectives : on peut extraire quelques exemples d'une très longue liste de problèmes fascinants : l'explication de la structure et de la morphologie des systèmes annulaires autour des planètes géantes, l'évolution des atmosphères des planètes telluriques, la sismo-tectonique des planètes et des satellites, etc. Heureusement de nombreuses missions spatiales, quelques-unes très ambitieuses, vont apporter des aliments solides à cette curiosité. Voyager 2 est arrivé au voisinage de Neptune en août 1989. Plusieurs missions se proposent d'explorer Vénus et Mars. L'expérience Cassini a pour but de faire pénétrer une sonde à l'intérieur de l'atmosphère de Jupiter. D'autres missions sont également prévues pour aller à la rencontre, voire capturer et rapporter des astéroïdes sur terre.

De nouveaux indices seront donc disponibles aux futures générations de détectives. Les grands traits de l'histoire du système solaire ne devraient pas en être affectés. Mais les juges d'instruction de cette affaire y verront sûrement de plus en plus clair.

L'HISTOIRE DES ÉTOILES

Les étoiles, et les figures qu'elles forment sur la voûte céleste, furent bien longtemps l'image même de l'éternité et de l'immuable. La position des étoiles paraît fixe (à l'inverse des planètes), mais, trois siècles après les travaux entrepris par Tycho Brahe, on parvint à déceler non seulement le mouvement apparent des étoiles proches – variation de perspective provoquée par le mouvement de la Terre sur son orbite – mais aussi leur déplacement propre dans l'espace. L'immuabilité attribuée aux étoiles ne se limitait pas à des considérations de fixité. Leur éclat et leur couleur passaient aussi pour des données d'éternité.

Cependant, plusieurs observateurs attentifs du ciel avaient vu ces certitudes passablement bousculées. En 125 avant J.-C. on vit apparaître une « étoile nouvelle » qui brilla pendant plusieurs mois. Ce bouleversement des croyances incita Hipparque à dresser un catalogue précis et complet des étoiles visibles dans le ciel de Rhodes afin que les générations futures soient en mesure d'y reconnaître tout changement.

Bien d'autres observations vinrent battre en brèche la thèse de l'immuabilité des étoiles. La variabilité de l'éclat de certaines d'entre elles est reconnue depuis longtemps. J. Hevelius observa à partir de 1648 la plus remarquable d'entre elles, *Mira Ceti* ou la Merveilleuse de la Baleine. En 334 jours cette étoile passe de la magnitude 2,5 à 10. On a pu déterminer récemment le diamètre de cette étoile par interférométrie des tavelures. Il est égal à 210 diamètres solaires (un peu plus que le rayon de l'orbite de Mars) et varie d'environ 20 % sur un cycle.

Les astronomes de l'Antiquité – et à leur suite W. Herschel – ne manquèrent pas de s'étonner de la « disparition » de quelques étoiles. On rapporte que l'une des étoiles des Pléiades disparut pendant le siège de Troie... Bien plus tard, on vit s'« éteindre » deux étoiles du Taureau. W. Herschel, observant régulièrement une étoile d'Hercule, la nota rouge en 1781, blanche en 1782 et la porta disparue en 1791. À cette évocation de quelques bouleversements célestes, il convient d'ajouter le grand nombre d'étoiles subitement apparues (novae et supernovae), rapportées dans les chroniques chinoises dès l'an 613 avant notre ère, jusqu'en 1222. La plus célèbre de ces apparitions est certainement la supernova du Crabe, observée en 1054, mais qui passa inaperçue en ces années troublées que traversait l'Occident.

L'ensemble de ces faits, connus depuis l'Antiquité, a condamné une vision intemporelle des étoiles. Au milieu du siècle dernier, l'astronome français H. Faye énonçait : « Les étoiles sont des soleils qui peuvent différer les uns des autres par leur constitution chimique, mais qui présentent tous le même mode d'existence. Ils naissent, se développent, puis s'éteignent et meurent. »

L'idée que les étoiles puissent évoluer n'est donc pas récente. Mais avant de pouvoir poser rationnellement les étapes de cette évolution, il fallait parvenir à une compréhension satisfaisante de la nature et de la structure intérieure des étoiles. Ne disposant, jusqu'à la seconde moitié du XIXe siècle, que de l'éclat apparent et de la couleur des étoiles, on comprend que la détermination de leur structure interne ait pu longtemps passer pour une gageure – voire même, aux yeux de philosophes comme Auguste Comte, pour une impossibilité de principe. L'aboutissement des réflexions qui ont conduit à la théorie de la structure stellaire constitue un des premiers fleurons de l'astrophysique.

UN ÉQUILIBRE SAPÉ PAR LE RAYONNEMENT

Les énormes disparités de température engendrées par la gravité au sein d'une étoile, et les flux d'énergie et de matière qui en résultent, sont les principaux moteurs des transformations que subissent les étoiles au cours de leur existence.

Une étoile est une gigantesque condensation de gaz, très concentrée en profondeur et ouverte sur le « vide » interstellaire. Sa cohésion résulte de l'attraction gravitationnelle. La gravité tend à rapprocher le plus possible toutes les particules les unes des autres : la forme optimale d'une structure gravitationnelle est sphérique. Cependant, un léger renflement équatorial est engendré par la force centrifuge quand l'astre tourne sur lui-même.

Toutes les particules d'une étoile s'attirant mutuellement, qu'est-ce qui les empêche de s'effondrer les unes sur les autres ? À l'échelle atomique, les particules sont en perpétuel mouvement dans le champ de gravité de l'étoile. Leur progression est sans cesse contrariée par les collisions qui rendent leurs trajectoires extrêmement chaotiques. Au cœur du Soleil, la vitesse de chaque particule change de direction tous les millardièmes de seconde. Les particules du gaz ne peuvent, collectivement, résister à l'« écrasement gravitationnel » qu'en s'agitant frénétiquement en tous sens. L'énergie cinétique de ce mouvement des particules est appelée chaleur ou énergie thermique. Elle est mesurée par sa température, d'autant plus élevée que la vitesse d'agitation des particules est elle-même plus élevée. Tout gaz exerce sur son environnement matériel une force de pression. À l'intérieur d'une étoile, chaque parcelle de gaz exerce dans toutes les directions une force pressante (de répulsion) sur celles qui sont en contact – et vice versa. L'origine de cette force réside dans les collisions et les rebonds incessants des particules les unes sur les autres.

Quelle que soit la position d'une parcelle de gaz à l'intérieur d'une étoile, elle subit en plus l'ensemble des forces d'attraction gravitationnelles exercées par *toutes* les autres particules de l'étoile. La force globale qui en résulte, toujours dirigée vers le centre de l'étoile, est proportionnelle à la pesanteur locale. La pression exercée par les couches internes empêche les couches supérieures de s'effondrer. Si les forces pressantes venaient à disparaître soudainement dans le Soleil, celui-ci s'effondrerait complètement sur lui-même en moins de trois minutes !

Pour que l'étoile soit en équilibre, il faut que la pression du gaz augmente régulièrement au fur et à mesure que l'on s'enfonce. La situation est analogue à l'équilibre de l'atmosphère terrestre : la pesanteur terrestre est seule responsable de la décroissance de la pression atmosphérique avec l'altitude, de sorte que chaque couche d'air, pesante, trouve son équilibre entre une couche inférieure plus comprimée et une couche supérieure qui l'est moins.

Il existe une relation reliant la pression régnant au sein d'un gaz à sa densité et à sa température. Selon cette relation, la pression est d'autant plus élevée que la densité et la température sont elles-mêmes élevées.

Les premiers travaux qui ont permis de « mettre les étoiles en équations » remontent à la fin du XIXe siècle. À la suite des travaux de l'Allemand G. Emden, Sir Arthur Eddington parvenait aux premières conclusions, jugées alors extraordinaires, sur la structure interne du Soleil.

Non seulement la pression croît en s'enfonçant dans le Soleil, mais avec elle la densité et la température atteignent graduellement des valeurs très élevées. La compression du gaz est celle qui amènerait 120 litres d'air terrestre à un volume de 1 cm^3. En d'autres termes, chaque centimètre cube de gaz au centre du Soleil a une masse d'environ 150 grammes. La température atteint quant à elle une quinzaine de millions de degrés. Ramenées à nos standards terrestres, ces valeurs seront sans doute jugées considérables. Elles sont cependant très ordinaires dans le monde stellaire.

L'existence d'un très grand contraste de température entre le cœur des étoiles et leur surface joue un rôle essentiel dans leur évolution.

Selon leur type (plus précisément leur masse et leur âge), la température dans le cœur des étoiles varie d'une dizaine de millions à quelques milliards de degrés, alors que leur surface n'est portée qu'à des températures comprises entre quelques milliers et quelques dizaines de milliers de degrés. Ce déséquilibre de température n'est dû, nous l'avons vu, qu'à l'action de la gravité.

Dans une étoile, comme ailleurs, l'existence de différences de température entre deux régions donne naissance à un écoulement d'énergie par lequel la région la plus chaude cède graduellement à la plus froide une partie de son excès d'énergie thermique. Cette évolution tend naturellement à uniformiser la température au sein de n'importe quel système. Mais dans une étoile, cette opération de nivellement de la température est tenue en échec par le jeu de la gravité. Celle-ci accentue les différences de température d'autant mieux que le transport d'énergie du centre vers la surface de l'étoile est plus fort.

Examinons tout d'abord comment s'opère ce transport d'énergie à l'intérieur d'une étoile. Trois mécanismes distincts agissent en même temps mais à différentes profondeurs. L'énergie peut être véhiculée par le mouvement rapide des électrons libres du plasma stellaire, c'est-à-dire par *conduction thermique électronique*. Dans un gaz où la température n'est pas uniforme, les électrons doués de leur mouvement d'agitation thermique diffusent d'une région à l'autre. Ceux qui proviennent des régions les plus chaudes transportent une énergie cinétique en moyenne supérieure à celle des électrons qui migrent des régions plus froides. Au total, la diffusion électronique se traduit par un transport d'énergie en faveur des régions froides, au détriment des régions chaudes. Ce n'est rien d'autre que le phénomène courant de la conduction de chaleur dans une barre métallique.

Ce n'est en fait que dans des étoiles très denses, comme les naines blanches, que l'énergie contenue au sein des étoiles est transportée de la sorte vers leurs surfaces.

Dans la plus grande partie de l'étoile, ce sont les photons du rayonnement intense qui y règne qui assurent l'écoulement de l'énergie en diffusant lentement des régions centrales vers la surface. Au cours de cette longue migration, les photons sont tour à tour absorbés puis réémis par la matière et cela d'innombrables fois : le transfert d'énergie est dit *radiatif*. L'énergie libérée dans le cœur du Soleil, par exemple, met quelques centaines de milliers d'années pour parvenir à la surface. Le rayonnement à l'intérieur d'une étoile est d'autant plus intense que la température est élevée. Un plasma rayonne de lui-même de l'énergie électromagnétique. Les noyaux atomiques chargés et les électrons libres subissent des collisions d'autant plus violentes que la température est élevée. Les interactions entre particules chargées provoquent l'émission de photons d'autant plus énergétiques que ces collisions sont fortes.

L'énergie du rayonnement croît comme la quatrième puissance de la température. Elle peut être telle que les photons, continuellement émis et absorbés par la matière, exercent sur elle une pression qui vient s'ajouter – et parfois dominer – la pression thermique du plasma stellaire.

Le flux d'énergie transporté par le rayonnement de l'intérieur vers la surface d'une étoile est d'autant plus élevé que la température décroît plus rapidement en progressant vers la surface. En revanche, il est limité par la valeur de l'opacité du gaz stellaire qui dépend de sa composition chimique, mais aussi de sa température.

Dans les régions d'une étoile où la température décroît fortement en s'éloignant du centre, un troisième mode d'évacuation de l'énergie, encore plus puissant que les précédents, entre en jeu. Il s'agit de la *convection* qui, cette fois-ci, met en mouvement le gaz stellaire, généralement sur de grandes étendues. À l'image de la circulation de l'air d'une pièce chauffée par un convecteur (le terme de « radiateur » est ici malheureux !), le gaz stellaire chauffé en profondeur s'élève dans l'étoile pour restituer une partie de son énergie, par échange thermique, aux régions supérieures, plus froides. Après s'être refroidi, le gaz s'enfonce à nouveau, en quête d'une nouvelle provision énergétique. Dans le Soleil, on prévoit que les mouvements de convection du gaz, ordonnés en de vastes boucles ou « champignons », affectent une région s'étendant sur environ 200 000 kilomètres sous sa surface. On estime que l'ascension de la matière s'effectue en 2 mois environ. En dessous de la zone de convection, vraisemblablement très turbulente, l'énergie est transportée depuis le cœur solaire par le rayonnement.

À ces divers modes de transport de l'énergie, il convient d'ajouter la possibilité qu'ont les étoiles les plus évoluées et les plus chaudes d'évacuer directement de l'énergie dans l'espace interstellaire par l'intermédiaire de particules élémentaires appelées neutrinos (ν). Ces particules de masse nulle – ou à tout le moins très faible – sont produites au cours des réactions nucléaires chaque fois que, dans un noyau atomique, un neutron a été transformé en proton (et vice versa) par le jeu de l'interaction faible. Comme nous l'avons déjà vu, les neutrinos possèdent la propriété de ne pratiquement pas interagir avec la matière, sauf dans des cas extrêmes rencontrés lors de la formation des étoiles à neutrons, ou des trous noirs, dans la phase d'implosion qui précède de quelques centaines de millisecondes l'explosion de certaines supernovae.

Les neutrinos peuvent également être produits copieusement dans un gaz très chaud, porté à plusieurs milliards de degrés. Ce sont alors les photons eux-mêmes qui donnent naissance à une paire de neutrinos, en fait un neutrino et un anti-neutrino. Quelle que soit la façon dont elles sont produites, ces particules s'échappent directement de l'étoile, à la vitesse de la lumière, en emportant une partie (qui peut être importante dans le cas des supernovae !) de l'énergie disponible.

Dans tous les cas le grand écart de température entre le centre et les régions périphériques d'une étoile engendré par la gravité entraîne une hémorragie énergétique qui, parvenue à la surface de l'étoile, lui confère sa luminosité.

D'ÉNORMES CENTRALES NUCLÉAIRES NATURELLES

Comment l'étoile s'accommode-t-elle de cette déperdition constante d'énergie ?

Pendant la plus grande partie de sa vie, une étoile puise dans ses ressources d'énergie nucléaire, et c'est en fait la structure de l'étoile qui s'adapte de manière à évacuer très précisément l'énergie libérée dans les régions les plus profondes.

Pour environ 75 % des étoiles, l'énergie thermonucléaire provient de la fusion de l'hydrogène qui produit de l'hélium. Cette fusion fait intervenir divers processus selon que l'hydrogène et l'hélium interviennent seuls ou que les éléments carbone, azote et oxygène en sont les catalyseurs. C'est la découverte en 1938 de ce dernier mécanisme qui valut au physicien Hans A. Bethe le prix Nobel de physique en 1967. Le Soleil convertit chaque seconde 600 millions de tonnes d'hydrogène en 595 millions de tonnes d'hélium. Au cours de cette opération une masse de 5 millions de tonnes a été convertie en énergie – conformément au principe d'équivalence entre la masse et l'énergie énoncé par Einstein en 1905.

Qu'est-ce que l'énergie nucléaire, et sous quelle forme est-elle libérée ?

Il existe plus d'un millier de noyaux atomiques différents pour seulement une centaine d'éléments chimiques différents. Ils possèdent tous plusieurs isotopes stables ou radioactifs.

Le noyau d'un atome est constitué par l'étroite association de plusieurs protons et neutrons, appelés collectivement nucléons. Les protons sont pratiquement identiques aux neutrons, à ceci près qu'ils possèdent une charge électrique positive (+1) alors que les neutrons n'en possèdent pas. En général, dans un noyau, les neutrons sont en nombre légèrement supérieur à celui des protons. Cette tendance s'accentue au fur et à mesure que l'on considère des noyaux rassemblant un nombre total de nucléons plus élevé. Un atome dans son état ordinaire possède un nuage électronique comprenant autant d'électrons (de charge −1) que son noyau possède de protons. Quand ce n'est pas le cas, l'atome possède un excès de charge positive ou négative, et l'on dit qu'il est ionisé. Il est facile d'arracher un ou plusieurs électrons d'un atome. Cela exige l'apport d'une quantité d'énergie qui témoigne du fait que les électrons sont liés à l'atome.

Dans le cœur d'une étoile, l'énergie thermique est amplement suffisante pour détacher tous les électrons des atomes. La matière s'y présente comme un fluide composé d'un mélange chaotique d'électrons et de noyaux, appelé plasma. Complètement ionisé dans le cœur extrêmement chaud des étoiles, le plasma stellaire ne l'est plus que partiellement dans les couches superficielles dont la température s'exprime en milliers de degrés.

L'ÉNERGIE NUCLÉAIRE

La physique nucléaire nous a appris que c'est dans le noyau du fer que les nucléons sont les plus liés. Aucun noyau n'est indestructible : un apport suffisant d'énergie parvient à le disloquer et rendre à la liberté les nucléons qui le constituent. Libérer les 26 protons et les 30 neutrons d'un noyau de fer réclame au minimum 448 mégaélectrons-volts (MeV), soit environ 8 MeV par nucléon. L'énergie à dépenser pour extraire 1 nucléon de tout autre noyau que le fer est inférieure à cette valeur. Par exemple briser (fissionner) 1 noyau d'hélium réclame 27,2 MeV, soit seulement 6,8 MeV par nucléon.

Inversement, si l'on parvient à « reconstruire » un noyau de fer en rétablissant les liaisons qui maintiennent ensemble ses 56 nucléons, le principe de la conservation de l'énergie nous assure que l'on récupérera l'intégralité des 448 MeV nécessaires pour le détruire. Cette énergie que l'on recueille en liant et qu'il faut fournir pour délier s'appelle naturellement « énergie de liaison ». On connaît l'énergie de liaison de tous les noyaux : c'est l'énergie nucléaire.

Comme nous l'avons déjà mentionné, cette énergie est en soi extrêmement faible. La synthèse d'un noyau de fer par seconde libère une puissance d'environ 700 milliardièmes de watt ! Mais dans une étoile, c'est un nombre immense de nucléons qui sont concernés. Dans le cœur d'une étoile massive, on estime qu'environ 1 masse solaire de gaz a été convertie en fer, juste avant que l'étoile n'explose. Au terme de cette « cuisine » thermonucléaire, s'étendant sur quelques dizaines de millions d'années, ce sont finalement $1,2 \times 10^{57}$ nucléons qui ont participé à la synthèse de $2,15 \times 10^{55}$ noyaux de fer. L'énergie (de liaison) nucléaire libérée au total est de $1,5 \times 10^{39}$ joules, énergie fort respectable !

L'ASCENSION NUCLÉAIRE

Les nucléons ne sont pas liés les uns aux autres avec la même intensité dans les divers noyaux, c'est-à-dire dans les divers éléments. Il est quatre fois plus facile de briser un noyau de deutérium que d'arracher un proton à un noyau de fer, qui devient alors du manganèse. Dans la hiérarchie nucléaire, l'efficacité des forces qui lient les nucléons entre eux culmine dans le noyau de fer. Il y a aussi deux familles de noyaux : ceux dans lesquels l'adjonction d'un nucléon supplémentaire resserre les liens entre l'ensemble des nucléons, et ceux où la même opération a pour effet de les relâcher.

La première famille comprend l'ensemble des noyaux, du deutérium au manganèse. Au sein de cette famille, la synthèse des éléments *dégage* de l'énergie. La seconde comprend tous les noyaux plus lourds que le fer. Cette fois-ci, la synthèse de ces éléments *consomme* de l'énergie. Dès lors, on comprend pourquoi l'étape de la synthèse du fer dans une étoile est un tournant capital dans leur évolution. Mais avant d'en arriver là, comment se déroulent les réactions de fusion ?

UNE BARRIÈRE DIFFICILE À FRANCHIR

Dès qu'un nucléon se trouve pratiquement au contact d'un noyau, c'est-à-dire à moins de 10^{-13} cm (1 fermi), la force nucléaire ne le laissera pas s'échapper. L'édifice nucléaire se réorganisera pour faire place au nouvel arrivant. S'il s'agit d'un neutron, un nouvel isotope est né ; s'il s'agit d'un proton, c'est un nouvel élément qui voit le jour. Deux noyaux peuvent, dans les mêmes conditions, fusionner l'un avec l'autre pour donner naissance à un troisième élément. Si les choses sont si simples, pourquoi cela ne se produit-il pas à tout moment, même sur Terre ? La nature a pris des précautions et exige le franchissement préalable d'une barrière d'énergie extrêmement difficile à surmonter.

Les noyaux, on le sait, sont composés en gros pour moitié de protons. Ils sont donc tous chargés positivement, et d'autant plus qu'ils sont de masse atomique plus élevée. Deux noyaux se repoussent donc naturellement, ce qui exclut toute possibilité de fusion nucléaire dans les conditions courantes. Mais dans le cœur d'une étoile dont la température est de 100 millions de degrés par exemple, la vitesse d'un noyau d'hélium est *en moyenne* de près de 800 km/s, et celle d'un noyau de carbone de 460 km/s. Lancés l'un vers l'autre, la répulsion électrostatique, même à ces vitesses considérables, les empêche de se rapprocher suffisamment pour pénétrer dans la zone d'attraction de la force nucléaire : la plupart du temps, ils ne font que rebondir.

C'est alors qu'intervient, pour une infime proportion d'entre eux, un effet qui n'appartient qu'à la mécanique quantique, connu sous le nom d'« effet tunnel » (voir page 137). Avec une probabilité très faible, quelques particules peuvent surmonter l'obstacle que dresse devant eux la répulsion électrostatique, violant un très bref instant le principe de la conservation de l'énergie ! C'est à ce prix que les noyaux peuvent se rapprocher suffisamment pour se fondre – fusionner – en un noyau dans lequel, après un réajustement rapide, les nucléons se trouvent un peu plus liés. Ce réajustement s'accompagne généralement de l'émission d'un photon gamma, donc d'une perte d'énergie pour le système de nucléons, et c'est cette perte d'énergie qui stabilise le nouveau noyau qui se retrouve dans son « état fondamental ». Le ou les photons gamma, quant à eux, sont les vecteurs de l'énergie nucléaire qui irradie le cœur de l'étoile.

Parce que les étoiles sont condamnées à perdre continuellement de l'énergie par leur surface (ou photosphère), l'alternative pour celles-ci est simple : ou bien une source interne d'énergie – en l'occurrence les réactions thermonucléaires – compense l'hémorragie, ou bien elles se contractent et s'échauffent.

On peut dès lors tracer les grandes lignes de ce qu'est l'évolution stellaire : elle consiste en une succession alternée de phases de contraction gravitationnelle et d'échauffement précédant les étapes thermonucléaires qui culminent, pour des raisons que nous préciserons par la suite, avec la synthèse du fer. On connaît trois issues possibles à ce crescendo évolutif : la mort thermique lente, le cataclysme de la supernova et le trou noir.

Quand une nouvelle étoile se forme dans une région de l'espace, à partir du gaz interstellaire qui s'y trouve dispersé, le jeune embryon stellaire déjà formé va naturellement accélérer la chute des particules du gaz qui l'entoure. L'énergie cinétique qu'elles acquièrent au cours de leur chute est juste égale à leur énergie potentielle gravitationnelle. Mais une fois arrivées dans l'étoile en formation, encore faut-il qu'elles y restent et ne la traversent pas de part en part – à la façon du balancier d'une horloge qui remonte à la hauteur à laquelle on l'a lâché. Pour cela, il faut que ces particules perdent de l'énergie, et elles le font à la suite des multiples collisions qu'elles subissent entre elles, tout en en gardant suffisamment pour entretenir le mouvement d'agitation thermique qui leur permet de s'opposer aux forces d'autogravitation. Le calcul apprend que le gaz doit perdre exactement la moitié de son énergie cinétique, la moitié restante constituant la chaleur du gaz stellaire.

La formation même d'une étoile exige que le gaz ait la faculté de dissiper de l'énergie (on parle d'un processus dissipatif) – mieux, d'*évacuer* un excès d'énergie. Pour cela, il est absolument nécessaire que le système soit *ouvert.* L'espace interstellaire doit donc recueillir l'énergie nécessairement libérée au cours de la formation d'une étoile. Fort heureusement l'espace est vaste, et cette énergie, certes ne s'y perd pas, mais s'y dilue. Supposons que toute cette énergie puisse à nouveau être concentrée sur une autre étoile du même type : elle suffirait à la volatiliser.

Inversement, dans les systèmes clos, tout se fait et se défait au même rythme, et seules les structures les plus stables ont la chance d'être représentées. Ce ne sont pas les plus élaborées. Cette situation appelée *équilibre thermodynamique* représente les conditions parfaites de la négation de l'évolution et de l'émergence des structures complexes hautement ordonnées et fragiles. La notion d'équilibre thermodynamique a dominé la physique de la fin du XIXe siècle pratiquement jusqu'à nos jours. Dans le domaine des concepts philosophiques, elle correspond d'assez près à la « Danse de Śiva » illustrant la permanence d'un état d'équilibre, uniforme et... sans vie. Notons au passage que dans une telle situation la notion de temps perd de son utilité : elle est extérieure au système. Les photographies successives que l'on pourrait faire d'un gaz à l'équilibre thermodynamique dans une boîte hermétique au monde extérieur se ressembleraient toutes. Une seule suffirait donc pour décrire son état. L'Univers échappe totalement à cette situation, somme toute assez réductrice. Il est suffisamment vaste, et, qui plus est, en expansion, pour pouvoir s'accommoder de l'énergie libérée par les structures, les étoiles, qui prennent naissance en son sein.

C'est donc l'ouverture béante d'une étoile sur l'espace interstellaire qui est le ressort essentiel de l'évolution stellaire. La gravité et le rayonnement en sont, quant à eux, les acteurs principaux.

Une étoile rayonne – cela a même été longtemps sa définition. C'est-à-dire qu'elle perd en permanence de l'énergie (sous forme électromagnétique). Ce qui est perdu l'est à tout jamais, et une étoile – tout comme n'importe quel objet de l'Univers – ne saurait en créer *ex nihilo.* Comment réagit-elle à cette hémorragie ? Elle ne peut puiser que dans ses ressources énergétiques, qui sont de deux natures : capital d'énergie potentielle gravitationnelle et capital d'énergie nucléaire.

Une étoile est *une formidable centrale thermonucléaire naturelle,* qui peut fonctionner à l'image d'un surgénérateur, et monter en puissance par paliers, les cendres d'une étape servant de combustible nucléaire à la suivante.

Le confinement du cœur du réacteur (le cœur de l'étoile) est assuré par la gravité. L'apport initial d'énergie, nécessaire au déclenchement des réactions thermonucléaires, est encore fourni par la gravité, et l'évacuation de l'énergie thermonucléaire est assurée par sa luminosité et l'émission de neutrinos.

LE PLASMA STELLAIRE

Avant de décrire quelques « existences stellaires typiques », nous allons examiner les caractères physiques de leur substance.

En effet le théâtre de toute évolution est le gaz stellaire. En lui-même il n'a rien de particulier. Sa composition chimique, sa densité et sa température permettent à elles seules de déterminer l'ensemble de ses propriétés. Mais, dans une étoile, ces trois paramètres couvrent tout le domaine de ce qui est connu – et débordent sensiblement sur celui de ce qui l'est moins...

L'étude du gaz stellaire relève de la thermodynamique classique, de la physique des plasmas partiellement ou totalement ionisés, de la mécanique quantique, de la mécanique relativiste, de la physique de la matière ultradense, de la physique nucléaire « classique », de la physique de la matière nucléaire... Par exemple, c'est la thermodynamique qui permet de déterminer le lien entre la température, la densité et la pression du gaz. Les réactions de fusion sont décrites par la mécanique quantique. La matière des étoiles à neutrons fait intervenir la physique de la matière nucléaire ultradense, etc. L'interaction de la matière avec des rayonnements de toutes natures (photon, neutrinos, etc.) en est un des aspects délicats et stimulants. Les responsables de cette prodigieuse variété de conditions physiques sont, nous l'avons déjà souligné, la gravité et l'ouverture sur le vide.

Le gaz stellaire est un mélange d'hydrogène (90 %) et d'hélium (10 %), accompagné d'une faible proportion d'éléments plus lourds (plus avancés dans la hiérarchie nucléaire), au premier rang desquels on trouve l'oxygène.

La physique stellaire est par excellence la physique du gaz porté à haute température et haute densité. Examinons donc les « réactions » du gaz à leur accroissement.

À température élevée, les *atomes* entrent violemment en collision les uns avec les autres et perdent tout ou partie de leur cortège électronique. La température augmentant, le gaz se transforme graduellement en *plasma :* les électrons, liés d'ordinaire en atomes, se meuvent librement au sein du gaz. Ils sont à compter au nombre des particules libres constituant le fluide. À l'intérieur d'une étoile, les atomes sont complètement ionisés, c'est-à-dire dépouillés de tout leur cortège électronique de masse moyenne. Augmentons alors la densité. Les particules libres sont amenées à se rapprocher de plus en plus les unes des autres.

On pourrait croire que les électrons vont se voir contraints à regagner leur place dans le cortège électronique des atomes : il n'en est rien. Un phénomène particulier – appelé dégénérescence quantique – intervient. Il joue un rôle essentiel dans notre vie quotidienne, en étant, entre autres, à l'origine des phénomènes de conductions thermique et électrique des métaux, et de la relative incompressibilité des solides. La dégénérescence quantique, liée au principe d'exclusion de Pauli, n'apparaît à densité élevée que dans un gaz de fermions (gaz d'électrons dans le cœur des étoiles, ou gaz de neutrons dans les étoiles à neutrons). La pression qu'exerce un gaz fortement dégénéré est toujours très supérieure à celle d'un gaz classique à la même température et à la même densité : elle demeure élevée même à une température nulle[1] (0 K). La pression d'un gaz dégénéré croît avec sa densité, mais seulement très peu avec sa température. Lorsque la densité de matière est suffisamment élevée pour que ce processus se produise, la pression du gaz est largement dominée par celle des électrons. Lorsqu'une telle circonstance apparaît dans les régions centrales d'une étoile, la pression du gaz stellaire n'est plus « thermostatée » : toute élévation de température susceptible d'accélérer vivement le débit d'énergie thermonucléaire n'est plus contrebalancée par une élévation de pression qui, en dilatant le cœur de l'étoile, réduirait sa température. Le « réacteur thermonucléaire » peut alors subir un emballement comme celui qui est à l'origine du flash de l'hélium (phénomène que nous analysons plus loin), ou même exploser comme dans le cas de certaines supernovae.

L'ÉVOLUTION STELLAIRE ET LE DIAGRAMME DE HERTZSPRUNG-RUSSELL

Comme nous l'avons déjà vu, la luminosité et la température de surface d'une étoile servent à la repérer dans le *diagramme de Hertzsprung-Russell* (diagramme HR), qui permet de définir un certain nombre de familles auxquelles elle peut appartenir.

L'évolution stellaire consiste en fait en une succession de contractions gravitationnelles qui permettent éventuellement aux régions centrales de l'étoile considérée d'atteindre les conditions de température, de densité et de pression propres à déclencher un cycle donné de réactions thermonucléaires. Pendant les phases de contraction gravitationnelle, l'état physique, et donc la luminosité et la température de l'étoile, changent rapidement. Le point figuratif correspondant à cette étoile évolue alors très rapidement sur le diagramme HR. Ce point figuratif ne se stabilise que lorsque les réactions thermonucléaires entrent en action : la luminosité de l'étoile stable est alors fournie par l'énergie libérée par ces réactions. C'est ainsi que le Soleil n'a que peu changé d'aspect extérieur pendant plus de 4 milliards d'années grâce à l'énergie libérée en son centre par les réactions thermonucléaires transformant l'hydrogène en hélium.

Toutes les étoiles de la Séquence Principale sont dans le même stade que le Soleil, à savoir qu'elles tirent leur énergie de cette transformation. Les étoiles géantes et supergéantes sont dans des stades « nucléosynthétiques » plus avancés (fusion de l'hélium en carbone et oxygène pour les géantes rouges et fusion du carbone voire de l'oxygène en éléments plus lourds comme le néon, le magnésium, le silicium ou le soufre pour les supergéantes). Lorsqu'une étoile est nucléosynthétiquement inactive, elle se déplace rapidement sur le diagramme HR, alors que son état physique reste stable lorsqu'elle est active sur le plan nucléaire.

Le paramètre le plus important qui gouverne l'évolution d'une étoile est sa masse : « Étoile, dis-moi combien tu pèses, je te dirai comment tu évolues. » Nous allons donc examiner tour à tour les caractéristiques de l'évolution des étoiles de faible masse, comme le Soleil, ou plus massives, comme Bételgeuse, par exemple.

1. Contrairement à celle d'un gaz classique, qui s'annule à 0 K !

Io

Page précédente. La surface de Io, satellite galiléen le plus proche de Jupiter, photographiée par la sonde Voyager 1. L'activité volcanique de ce satellite est une des plus remarquables du système solaire. Les taches sombres sont des cratères et caldéras volcaniques, d'où s'écoulent des laves souvent très fluides, riches en soufre. Les couleurs vives de Io, rouge, jaune ou noir, sont dues à différentes variétés allotropiques du soufre. Les taches blanches peuvent être dues à la présence de dioxyde de soufre gelé. Huit éruptions ont été observées pendant le passage de Voyager 1. Les matériaux éjectés s'élèvent en panache jusqu'à 200 kilomètres dans l'ionosphère de Io.

La grande diversité morphologique des satellites galiléens est illustrée par ces quatre photographies. L'image à haute résolution de *Io* montre une caldéra d'une cinquantaine de kilomètres de largeur, d'où s'écoulent des laves sombres et visqueuses, de type basaltique. Le très petit nombre d'impacts météoritiques à la surface gelée d'*Europe,* sillonnée de nombreuses fractures, témoigne du renouvellement de la croûte par des apports d'eau ou de glace issus du manteau. La surface de *Ganymède* présente des régions claires, cannelées, et des terrains sombres, plus âgés, criblés d'impacts météoritiques. La surface de *Callisto* est recouverte d'innombrables cratères météoritiques, de diamètres voisins de 100 kilomètres. Un grand impact est à l'origine du bassin du Valhalla, large de 600 kilomètres et entouré d'une série de fractures concentriques.

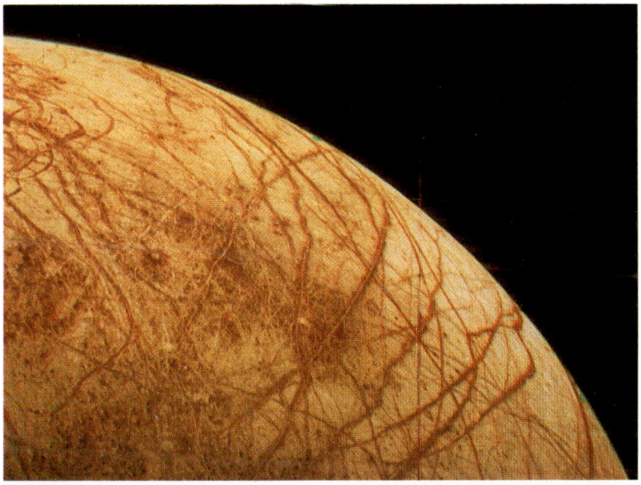
Europe

Ganymède

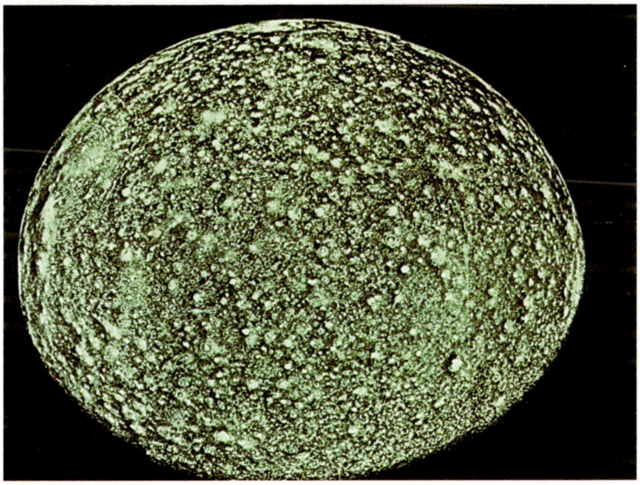
Callisto

Cette image de Saturne, en couleurs artificiellement accentuées, a été prise le 12 juillet 1981 par la sonde Voyager 2. L'atmosphère est organisée en bandes nuageuses parallèles. Les couleurs sont dues à la présence d'éléments mineurs, condensés à basse température. La composition de l'atmosphère est dominée, comme dans toutes les planètes géantes, par l'hydrogène moléculaire (94 %) et l'hélium (6 %). La haute atmosphère a une température de 140 K. À la moitié du rayon de Saturne, la température est de 8 000 K, et l'hydrogène est sous forme métallique. Le cœur, à 14 000 K, est sans doute constitué d'un mélange de silicates et de glaces.

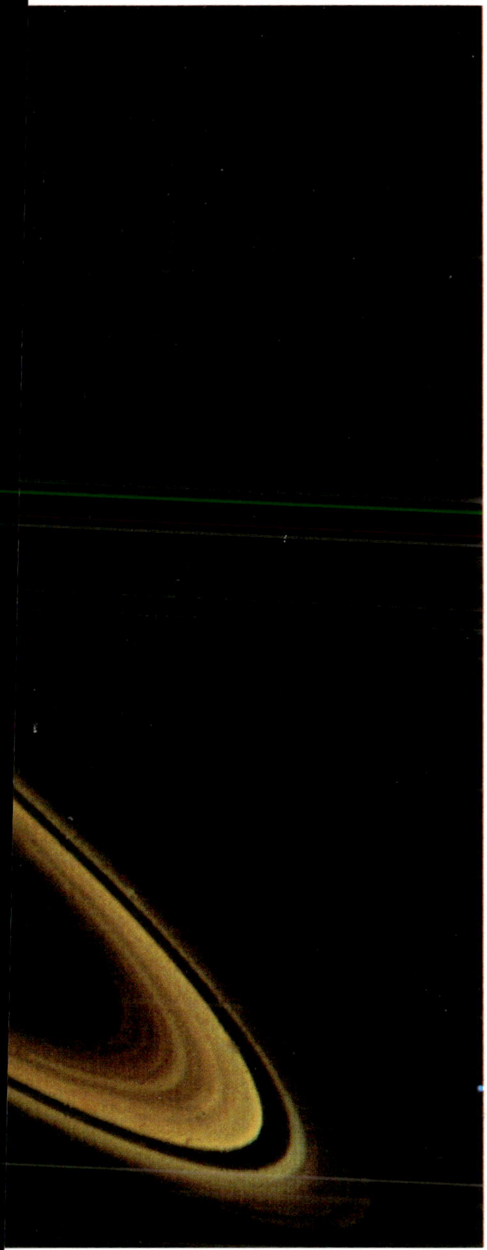

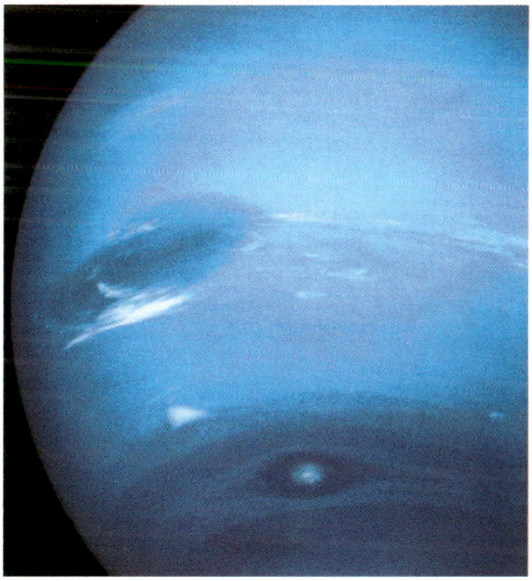

Vue d'une partie de la surface de Neptune observée par Voyager le 23 août 1989 sur sa route vers cette planète. On remarque en particulier la grande tache sombre au nord accompagnée de nuages brillants et blancs changeant très rapidement d'apparence. Au sud de cette tache on remarque une structure brillante que les scientifiques de l'équipe Voyager ont appelée « Scooter » parce qu'elle tourne autour du globe beaucoup plus vite que les autres. On remarque enfin, au sud, la tache sombre n° 2.
Chaque structure se meut vers l'est à des vitesses différentes. Les vitesses de vent affectant cette atmosphère peuvent atteindre 1 000 kilomètres/heure. Photo prise par Voyager, NASA (Jet Propulsion Laboratory).

Les sondes Voyager ont révélé l'extrême complexité du système des anneaux de Saturne. L'image du haut a été prise le 17 août 1981 par la sonde Voyager, à une distance de 8,9 millions de kilomètres, à travers des filtres ultraviolet, vert et orange. Les contrastes ont été artificiellement amplifiés.
Les différences de couleur sont dues à la présence de divers éléments chimiques mélangés à la glace qui recouvre les particules qui composent les anneaux.

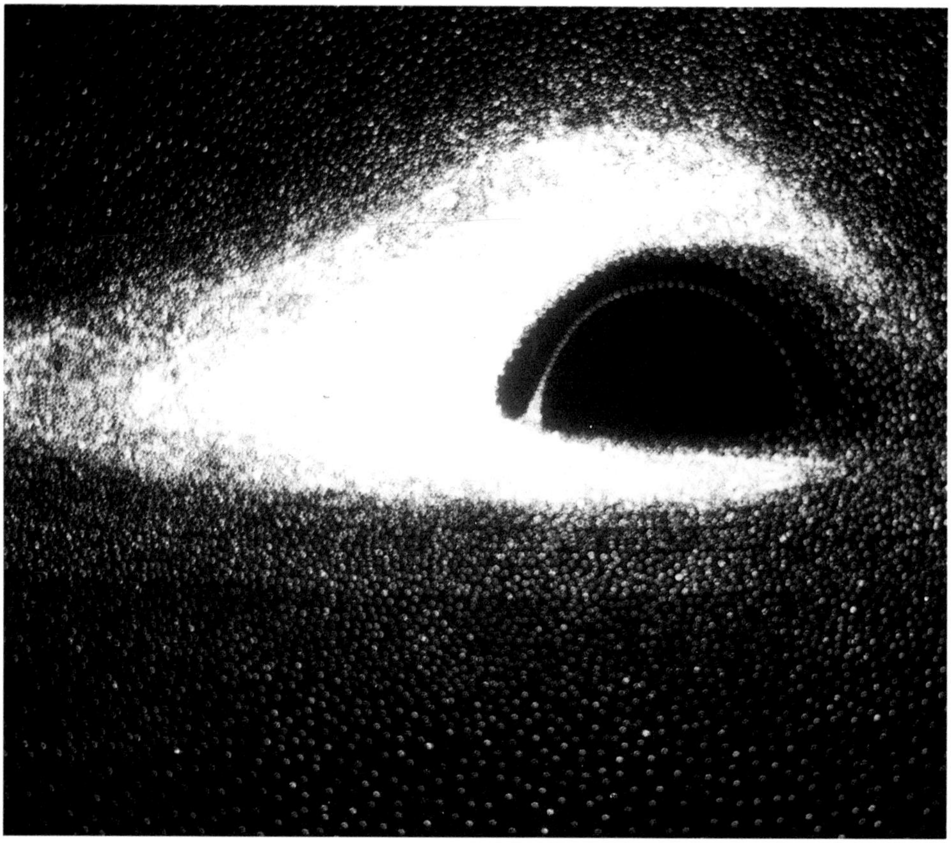

Un trou noir peut être rendu visible par la présence d'un anneau de gaz chaud qui l'entoure. Cette simulation par ordinateur, réalisée par J.-P. Luminet, présente l'apparence d'un tel disque, en tenant compte de la déviation des rayons lumineux et des décalages de fréquence dus au champ gravitationnel intense du trou noir. Le cercle brillant dans le disque noir (l'apparence déformée du centre de l'anneau) est une image indirecte émise par le dessous du disque, témoignant de la courbure de l'espace-temps au voisinage du trou noir.

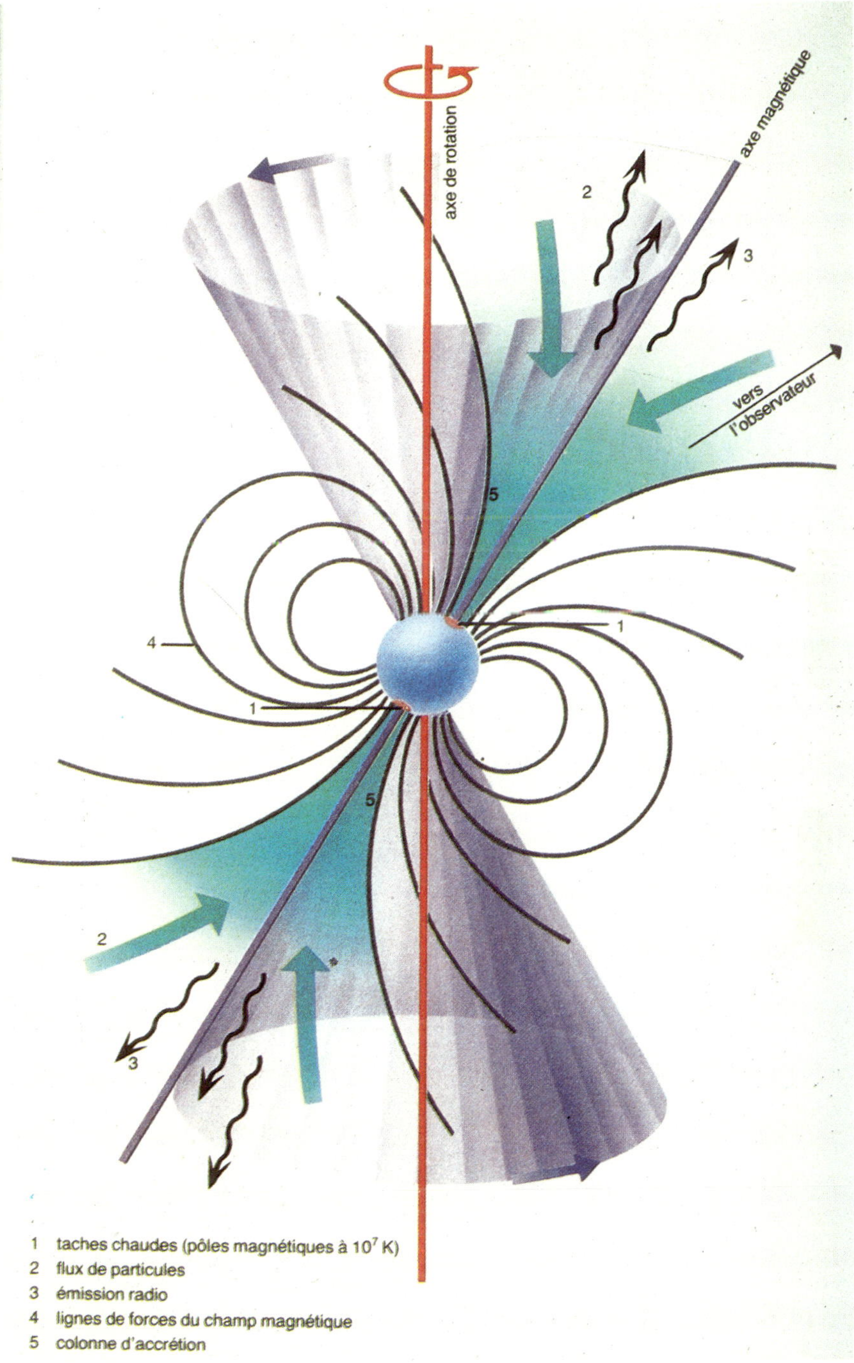

Les pulsars s'interprètent comme des étoiles à neutrons en rotation rapide, résidus de l'explosion de certaines supernovae, douées d'un champ magnétique intense. L'émission radio est provoquée par l'émission synchroton des électrons qui interagissent avec le champ magnétique, dont l'axe est généralement incliné sur l'axe de rotation de l'étoile. Le rayonnement synchroton est dirigé. Les radiotélescopes enregistrent un bref signal chaque fois que le pinceau de rayonnement intercepte la Terre.

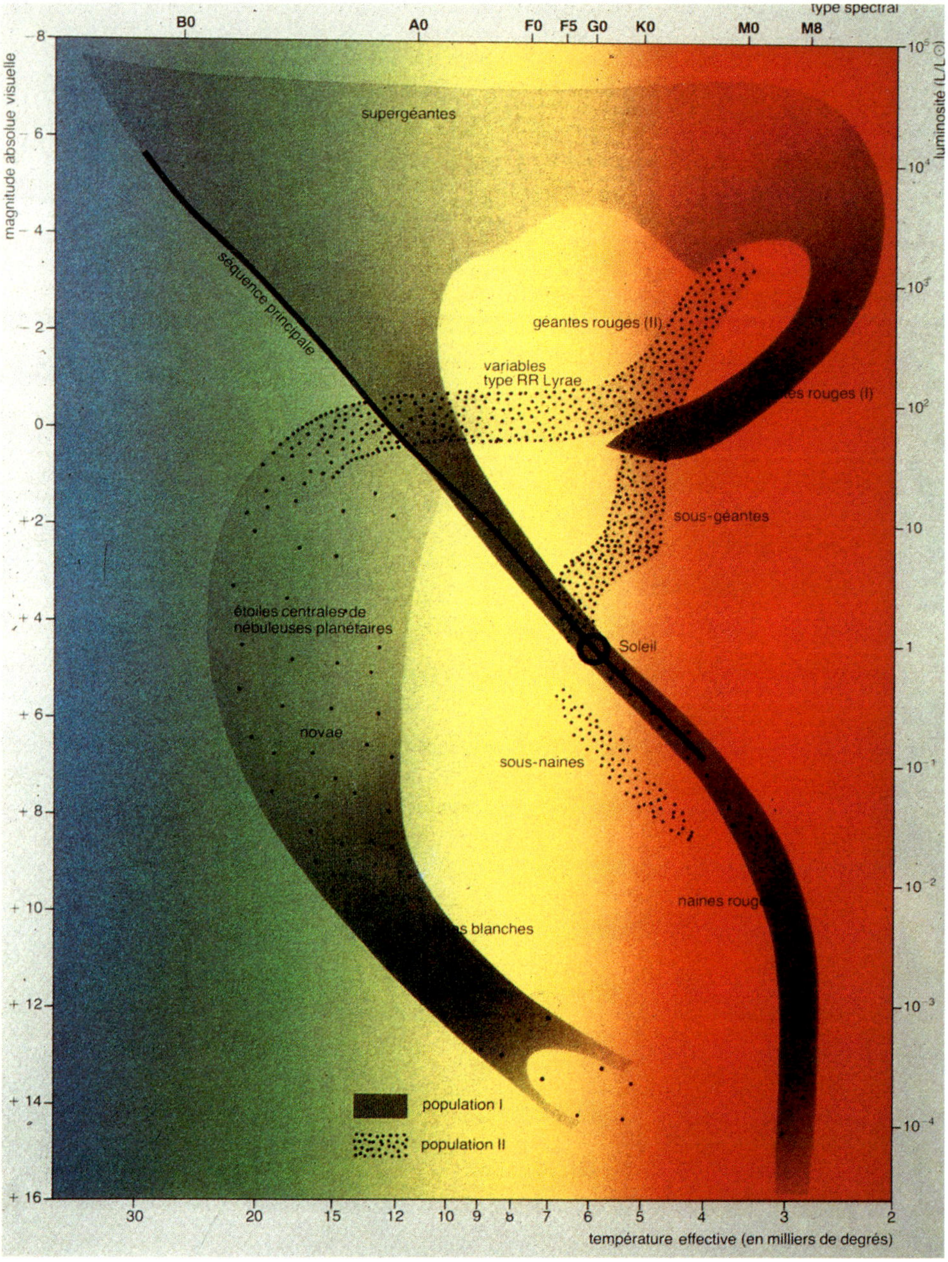

Le diagramme d'Hertzsprung-Russell permet de ranger les étoiles en fonction de leur type spectral et de leur magnitude, autrement dit en fonction de leur température de surface et de leur luminosité totale. Cette classification fait apparaître plusieurs types stellaires qui correspondent à des étapes successives de leur évolution. La bande diagonale, appelée séquence principale, correspond au premier stade de la combustion thermonucléaire de l'hydrogène. Cette région du diagramme est la plus peuplée car cette combustion occupe la majeure partie de la vie des étoiles.
D'autant plus lumineuses qu'elles sont massives, les étoiles s'étagent sur la séquence principale en fonction de leur masse. Les plus massives la quittent beaucoup plus vite que les étoiles de petite masse. Ces dernières terminent leur vie sous la forme de naines blanches (en bas et à gauche du diagramme), étoiles très compactes qui se refroidissent lentement.
Les étoiles les plus massives, parvenues en haut et à gauche du diagramme, le quittent en explosant.
La composition chimique d'une étoile dépend de l'époque de sa formation. Les vieilles étoiles de population II sont pauvres en éléments lourds. Beaucoup ont déjà quitté la séquence principale et sont devenues des géantes ou déjà des naines blanches. Les étoiles de population I, plus jeunes, plus riches en éléments synthétisés par les précédentes générations, peuplent l'ensemble de la séquence principale. Les différences de composition chimique entre ces deux populations se traduisent par un décalage des positions de la séquence principale et de la branche des géantes.

LES ÉTOILES DE PETITE MASSE

Les étoiles, comme le Soleil, parviennent à amorcer la combustion de l'hélium au terme d'une phase d'hibernation thermonucléaire succédant à l'épuisement de la combustion de l'hydrogène dans le cœur. C'est alors que, privé d'énergie nucléaire, le cœur de l'étoile se contracte lentement, ce qui accroît sa température et sa luminosité. Dans le même temps, l'enveloppe de l'étoile s'adapte à l'augmentation de luminosité en se dilatant. Son rayon peut dépasser une centaine de fois celui du Soleil. C'est donc une surface considérable qui doit rayonner dans l'espace interstellaire l'énergie gravitationnelle libérée dans le cœur. Une température modeste de 3 000 K à 5 000 K suffit à la tâche, le faible pouvoir de rayonnement de l'enveloppe relativement froide étant compensé par l'étendue de la surface. L'étoile est devenue géante d'une part, rouge d'autre part.

Dans le cœur des étoiles de petite masse, la pression thermique pure ne suffit pas à surmonter le « poids » des couches qui le surplombent. La pression de dégénérescence du gaz d'électrons prend le relais – ce qui est possible puisque le gaz est dense et pas trop chaud.

L'étape thermonucléaire suivante débutera par le *flash de l'hélium*. En effet, comme il l'a été dit plus haut, la pression du gaz d'électrons dégénérés ne dépend pas de sa température. Le début de la combustion de l'hélium en carbone réchauffe le cœur, ce qui a pour effet d'emballer les réactions de combustion très sensibles à la température et de déclencher ce flash. Ce phénomène n'est tout de même pas suffisamment important pour briser l'étoile. Il a simplement pour effet de mélanger les zones centrales où l'hélium se transforme en carbone et oxygène avec les zones périphériques où l'hydrogène continue à se transformer en hélium. Ce mélange favorise les réactions qui produisent les neutrons nécessaires à la formation des éléments plus lourds que le fer, qui sont aussi synthétisés dans les géantes rouges.

L'étoile reste une géante rouge jusqu'au terme de la combustion de l'hélium, qui, pour le Soleil, durera environ 1 milliard d'années. Son évolution ultérieure est marquée par l'expulsion dans l'espace d'une partie de son enveloppe – donnant naissance à une nébuleuse planétaire – alors que le reste de l'étoile devient une naine blanche.

Dans les naines blanches – ultime étape de l'évolution des étoiles de faible masse qui ont épuisé leurs ressources thermonucléaires – , le premier rôle est tenu par le gaz d'électrons dégénéré. Les naines blanches ont un diamètre guère plus grand que celui de la Terre. Leur densité moyenne est très élevée, plusieurs centaines de kg/cm^3. C'est plusieurs milliers de fois la densité moyenne du Soleil. L. Landaw et S. Chandrasekhar, s'appuyant à la fois sur la mécanique quantique et la mécanique relativiste, montraient, dès 1932, que les naines blanches devaient leur existence et leurs propriétés au gaz d'électrons dégénéré, qui seul peut opposer une pression suffisante aux formidables forces de gravité qui s'exercent dans ce type d'étoile – alors même qu'elles ont une température interne au moins dix fois plus faible que celle du Soleil. Ils prouvaient également que la masse d'une naine blanche ne peut dépasser environ 1,4 masse solaire. Pour en saisir la raison, il faut se souvenir que l'énergie résiduelle d'un gaz d'électrons dégénéré (l'énergie cinétique toujours présente à 0 K) augmente avec la densité du gaz. Plus la masse d'une naine blanche est élevée, plus le gaz d'électrons est comprimé et plus l'énergie cinétique des électrons est élevée. Leur vitesse s'accroît jusqu'à atteindre pratiquement celle de la lumière : le gaz dégénéré entre alors dans le domaine relativiste, les électrons se comportent cinétiquement comme des photons. Le fait que la vitesse d'« agitation thermique » des électrons soit nécessairement limitée à celle de la lumière a pour conséquence immédiate que la pression qu'ils exercent augmente moins vite avec la densité que lorsqu'ils n'étaient pas relativistes. Les forces de gravité, qui ne connaissent pas de telles limitations, finiront par dominer les forces de pression électronique. Au-delà d'une masse critique voisine de 1,4 fois la masse du Soleil (avec la même composition chimique), aucun équilibre n'est plus possible. Le seul événement qui puisse alors stopper cet écrasement gravitationnel est la transformation du cœur de l'étoile en étoile à neutrons par absorption des électrons et émission de neutrinos énergétiques. Cette masse critique est appelée *masse de Chandrasekhar*.

Revenons aux étoiles de faible masse (inférieure en tout cas à 2 ou 3 fois la masse du Soleil). Après la phase géante rouge et nébuleuse planétaire (qui est assez brève, de l'ordre d'une centaine de milliers d'années), la masse du cœur de l'étoile demeure inférieure à cette masse critique de Chandrasekhar. La seule source de réchauffement reste la contraction gravitationnelle qui lutte contre la pression du gaz d'électrons dégénérés. Le cœur des naines blanches est maintenant trop froid – moins de 1 million de degrés – pour entretenir des réactions thermonucléaires. Privée de cette source d'énergie, l'étoile ne cesse de se refroidir.

Elle parvient à résister à l'écrasement gravitationnel grâce à la pression électronique. Mais que deviennent les noyaux atomiques ? Protons et noyaux d'hélium forment en fait un gigantesque cristal dans lequel s'insèrent quelques noyaux d'éléments plus lourds. La matière d'une naine blanche est donc en fait solide. Elle se refroidit en évacuant son reliquat d'énergie vers sa surface. Comme cette surface est beaucoup plus petite que celle des étoiles ordinaires, elle est finalement portée à une température assez élevée, pouvant dépasser 30 000 K. La lumière émise par ce type d'étoiles est donc souvent ultraviolette.

On estime que 10 % des étoiles de la Galaxie sont des naines blanches. On est loin d'en observer une telle proportion pour au moins deux raisons : leur très faible luminosité rend leur détection très difficile. Par ailleurs, n'ayant plus accès à une source d'énergie nucléaire, elles vont se refroidir ; leur température de surface va décroître graduellement : de blanches elles deviendront bleues, rouges, voire infrarouges, leur sort ultime étant de devenir naine « grise » ou « noire ».

Nous sommes maintenant parvenus au terme de l'histoire des étoiles de petite masse, semblables au Soleil. Elle s'étend sur plusieurs dizaines de milliards d'années pour les moins massives, jusqu'à environ 10 milliards d'années pour les étoiles comme le Soleil. Celle des étoiles plus massives est plus brève, plus tourmentée, un peu moins bien connue (voir plus loin).

Pourquoi cette différence ? Cela tient exclusivement à l'effet conjugué de la masse et de la gravité. Pour les étoiles plus massives, la compression très élevée de leur cœur y engendre des températures encore plus élevées. La dégénérescence électronique, quand elle n'est pas totalement absente, ne joue plus qu'un rôle secondaire dans une histoire thermonucléaire beaucoup plus riche.

La masse élevée de ces étoiles entraîne une accélération considérable de la conversion de l'énergie nucléaire et un épuisement plus rapide du combustible. Des éléments de masse atomique plus élevée seront alors synthétisés.

La conjugaison de ces effets (augmentation de la température dans les régions centrales, nucléosynthèse allant vers des noyaux plus complexes, forte augmentation de la luminosité avec la masse de l'étoile) explique la diminution de la durée de vie des étoiles avec leur masse. Une étoile de 0,8 masse solaire demeure 20 milliards d'années sur la Séquence Principale, alors qu'une étoile de 30 masses solaires n'y séjourne que 1 à 2 millions d'années.

LES ÉTOILES MASSIVES

On ne connaît pas les détails de la formation des étoiles. Aussi ne saurait-on dire exactement pourquoi il s'en forme de beaucoup plus massives que d'autres. Sans doute la position de l'embryon protostellaire dans le nuage interstellaire parent et la température à cet endroit jouent-elles un rôle important. En tout cas, l'analyse de la structure d'une étoile montre qu'il ne peut y avoir d'étoile stable de plus d'une centaine de masses solaires.

Quoi qu'il en soit, une fois l'embryon stellaire bien différencié, on s'attend à ce que son évolution passe initialement par les mêmes étapes que celles des étoiles moins massives, mais beaucoup plus rapidement.

Comme on l'a vu précédemment, la vie d'une étoile débute par une phase de contraction pendant laquelle les réactions thermonucléaires ne sont pas encore amorcées. L'échelle de temps de cette contraction n'est pas du tout la même selon qu'il s'agit d'une étoile massive ou non. La contraction d'une étoile de 15 masses solaires dure environ 60 000 ans pendant lesquels sa luminosité est de l'ordre de 30 000 fois celle du Soleil, pour lequel la contraction initiale a duré 50 millions d'années. Au bout du compte, l'énergie totale rayonnée par une étoile de grande masse avant de rejoindre la Séquence Principale (c'est-à-dire l'allumage des premières réactions thermonucléaires) n'est pas beaucoup plus grande que celle rayonnée par d'autres de masses beaucoup plus modestes. Mais elle l'est beaucoup plus rapidement.

L'ère thermonucléaire débute, pour toutes les étoiles, par la combustion de l'hydrogène. Mais la température centrale des étoiles massives est plus élevée que celle du Soleil, alors que leurs densités centrales sont nettement plus faibles. Une étoile de 30 masses solaires consume son cœur d'hydrogène à une température de 36 millions de degrés, dans un plasma dont la densité n'est que trois fois celle de l'eau. La température élevée du cœur des étoiles massives favorise le « cycle carbone-azote-oxygène » de combustion de l'hydrogène dans lequel ces éléments jouent un rôle de catalyseur. La fusion de l'hélium est alors beaucoup plus rapide parce que l'on contourne la synthèse du deutérium à partir de deux protons qui mettent en jeu l'interaction faible nucléaire et qui est toujours extrêmement lente.

La vitesse des réactions thermonucléaires s'accroît très vite avec la température. C'est ce qui explique la brièveté de la vie des étoiles massives. La luminosité d'une étoile massive – donc le débit d'énergie thermonucléaire – varie approximativement comme la puissance quatrième de sa masse. Une étoile dix fois plus massive que le Soleil débite en gros dix mille fois plus de combustible. La phase de combustion de l'hydrogène s'étend donc sur une durée totale environ mille fois plus brève puisque l'étoile massive ne dispose que de dix fois plus de combustible. Seuls les mouvements internes de convection sont capables d'évacuer l'intense production d'énergie de ces étoiles avec le débit requis.

Dès que les réserves d'hydrogène sont épuisées dans les régions où la température est suffisamment élevée pour qu'il puisse brûler, le cœur de l'étoile se remet à se contracter lentement, et sa température s'élève, cependant que s'amorce la combustion de l'hydrogène dans les couches qui l'entourent. Pendant cette phase de combustion en couche de l'hydrogène, l'étoile devient une géante rouge. Son rayon augmente considérablement, et sa température de surface décroît de près de 30 000 degrés à environ 4 000 degrés. De bleue (ou plutôt ultraviolette) l'étoile devient rouge.

La température de la surface augmente à nouveau quand s'amorce la combustion de l'hélium. L'étoile est alors très lumineuse et devient instable. Cette variabilité de l'éclat est due à l'oscillation de l'enveloppe de l'étoile. James Jeans a montré en 1929 que la période de pulsation de ces étoiles est inversement proportionnelle à la racine carrée de leur densité moyenne. Les étoiles les plus massives sont les plus lumineuses mais aussi les *moins denses*. La période de ces étoiles pulsantes appelées Céphéides est donc liée à leur luminosité absolue par une relation précise, découverte empiriquement en 1908 par Miss H. Leavitt. Observant les Céphéides du Petit Nuage de Magellan (toutes situées pratiquement à la même distance), elle établit que leur période croissait avec leur luminosité apparente. Cette relation est l'une des plus utilisées de toute l'astronomie car elle permet d'estimer la distance des galaxies dans lesquelles on parvient encore à observer des Céphéides.

Revenons à la vie mouvementée des étoiles massives. La combustion de l'hélium laisse un cœur composé de carbone et d'oxygène. L'apparition de la dégénérescence du gaz d'électrons, qui met précocement un terme à l'ascension thermonucléaire des étoiles de petite masse, est repoussée aux toutes dernières phases de l'évolution des étoiles massives.

La température de leur cœur peut alors atteindre 500 millions de degrés, ce qui est juste nécessaire pour amorcer la fusion du carbone qui se transforme en néon et en magnésium. Au cours de ce processus, l'oxygène est laissé intact. Les réactions thermonucléaires se déroulent maintenant à vive allure. La combustion du carbone ne réclame que quelques dizaines de milliers d'années. Epuisé au centre de l'étoile, le carbone brûle dans les couches périphériques.

La gravité a de nouveau le champ libre. La contraction du cœur reprend, sa densité finit par atteindre une valeur voisine de 10^8 g/cm^3, la dégénérescence du gaz électronique s'installe dans le cœur des étoiles de masses intermédiaires (environ 7 masses solaires). Quand la densité atteint quelques milliers de tonnes par centimètre cube (1 milliard de g/cm^3 ou la tour Eiffel dans 1 cm^3), l'énergie acquise par les électrons leur permet d'être spontanément capturés par les noyaux de néon puis de magnésium. La pression centrale de l'étoile, maintenue essentiellement par les électrons, s'effondre, entraînant l'implosion du cœur. L'élévation rapide de la température, dépassant 10 milliards de degrés, déclenche la fusion explosive de l'oxygène qui jusqu'alors n'avait pratiquement pas participé à la sarabande thermonucléaire. Cette évolution, précipitée par l'intervention de la dégénérescence électronique, *concerne seulement les étoiles de masse intermédiaire*. Elles ne résistent pas à la combustion explosive de l'oxygène et éclatent avec une violence extrême : nous venons de décrire l'un des mécanismes de l'explosion des supernovae, celles qui appartiennent au type I décrit page 57. Dans le cas des étoiles moins massives, l'explosion est provoquée par la combustion du carbone dans le plasma dégénéré. Nous avons souligné précédemment le rôle de dérégulation thermique que jouait la dégénérescence électronique. La luminosité d'une supernova de ce type est environ dix milliards de fois celle du Soleil : une supernova est pratiquement aussi brillante, pendant quelques jours, que l'ensemble de la galaxie dans laquelle elle explose. Les étoiles de masse intermédiaire explosent complètement et ne laissent d'autre reste que des débris projetés dans l'espace à une ou deux dizaines de milliers de km/s.

Les étoiles encore plus massives poussent plus loin leur évolution thermonucléaire. Au-delà de 7 ou 8 masses solaires, elles peuvent parcourir toutes les étapes possibles de la nucléosynthèse avant de périr, parce que les températures extrêmes atteintes dans le cœur repoussent l'apparition du phénomène de dégénérescence électronique. Où s'arrête la combustion thermonucléaire ? La physique nucléaire nous enseigne qu'à partir du noyau de fer (comprenant 26 protons et 30 neutrons), la *fusion* d'éléments plus lourds ne produit plus d'énergie mais au contraire en réclame : le fer est l'élément le plus lié de la nature. La fusion, par exemple, d'un noyau de fer et de carbone conduit à un noyau de germanium (^{68}Ge). Mais la masse de ce dernier est supérieure à la somme des masses des noyaux de fer et de carbone. Pour réaliser la fusion, il faut donc apporter de l'énergie (cinétique) égale à la différence des masses multipliée par le carré de la vitesse de la lumière. En revanche, on gagnerait cette même quantité d'énergie à la suite de la fission du germanium en deux noyaux de fer et de carbone.

La fusion thermonucléaire s'arrête donc au fer dans les étoiles très massives. À nombre égal de nucléons, un cœur composé de fer est celui dont la masse est minimum. Pour toute autre composition chimique, sa masse serait plus élevée. Quand 1 masse solaire d'hydrogène a été convertie en fer, trois mille fois la masse de la Terre *ont été converties* en énergie : le cœur de l'étoile a vu sa masse diminuer de 3 000 masses terrestres, sans qu'un seul nucléon (proton ou neutron) ait disparu.

Mais la combustion thermonucléaire est toujours à l'œuvre dans les couches supérieures. Différentes étapes de nucléosynthèse, depuis la combustion de l'hydrogène dans les couches les plus superficielles jusqu'à la fusion de l'oxygène dans les couches les plus internes, se déroulent simultanément à l'intérieur des étoiles très massives. L'étoile a alors une structure caractéristique dite en « pelures d'oignons ». Elles sont à l'origine d'une luminosité environ deux cent mille fois supérieure à celle du Soleil, pour une étoile vingt fois plus massive.

Le cœur de fer de l'étoile est devenu énergétiquement stérile. Il se contracte, et la dégénérescence électronique finit par s'installer. Mais sa température est telle que l'énergie des photons est maintenant suffisante pour briser les noyaux de fer, si laborieusement synthétisés, en 13 noyaux d'hélium et 4 neutrons. À chaque photodésintégration, l'étoile perd une énergie égale à près de cinq fois l'énergie que libère la fusion d'un noyau d'hélium.

Cette forte déperdition d'énergie thermique provoque l'effondrement du cœur de fer qui va en s'accélérant, attisée qu'elle est par la capture des électrons par les noyaux transformant graduellement les protons en neutrons. Ce phénomène s'accompagne d'une importante émission de neutrinos, qui, tout au moins au début de l'effondrement, parviennent à s'échapper de l'étoile en emportant plus de 99 % de l'énergie gravitationnelle disponible. En moins de un dixième de seconde, la matière atteint des densités phénoménales. Autour de un million de tonnes par centimètre cube, la matière se présente de façon bien étrange. Les neutrinos ne parviennent plus à s'en échapper.

Les noyaux, après avoir enflé démesurément, se fondent les uns dans les autres pour former de longs rubans, ou même tout un enchevêtrement de tubes... Cette étape ne dure que quelques dizaines de millisecondes. Entraîné par la gravité dans une formidable implosion, le cœur se désolidarise complètement du reste de l'étoile, qui n'a pas le temps de réagir. Il se réduit à un petit globe d'une quinzaine de km de rayon dans lequel se trouve enfermée une masse comparable à celle du Soleil. Sa densité atteint celle que l'on rencontre dans les noyaux des atomes. Les nucléons, essentiellement des neutrons, sont presque en contact les uns avec les autres ; le cœur stellaire tout entier s'est transformé en un gigantesque noyau. Une étoile à neutrons vient de se former qui éventuellement se manifestera plus tard en pulsar.

Cette étoile à neutrons est extrêmement rigide parce que l'interaction forte nucléaire repousse violemment deux nucléons en contact. Mais la pesanteur à sa surface est près d'une centaine de milliards de fois supérieure à la pesanteur terrestre. Qui, des forces de répulsion nucléaires et de la gravité, va l'emporter ?

Tout dépend de la masse de l'étoile à neutrons qui vient de se former. Supérieure à environ 6 masses solaires, elle disparaît du monde observable, ce n'est plus qu'un trou noir (voir page 143). Sinon, l'étoile à neutrons se stabilise. Pendant quelques millisecondes, une partie du reste de l'étoile en effondrement vient s'écraser sur sa surface rigide. La compression violente qui en résulte parvient à renverser le mouvement. Une onde de choc issue des profondeurs de l'étoile remonte toute l'enveloppe : tout le reste de l'étoile explose, c'et une supernova (de type II). La matière entourant l'étoile à neutrons est projetée dans l'espace à plusieurs dizaines de milliers de km/s.

L'influence de cette explosion sur le milieu interstellaire se fera sentir pendant plusieurs millions d'années. De fait, ces explosions expliquent en partie l'état physique de ce milieu.

En résumé

Les étoiles de faible masse (inférieure à quelques masses solaires) évoluent très lentement en des temps compris entre 1 et 20 milliards d'années. Après être passées par les stades géante rouge et nébuleuse planétaire, elles se fossilisent en naines blanches qui, en se refroidissant, deviendront des naines « noires » invisibles. L'activité nucléosynthétique de ces étoiles est très modeste : elles ne contribuent que peu à la synthèse des éléments lourds observés dans les générations suivantes d'étoiles. Les étoiles de grande masse évoluent très rapidement en des temps de l'ordre du million d'années. Elles sont très lumineuses, et leur contribution nucléosynthétique peut être très importante. La fin de leur évolution est marquée par l'explosion d'une supernova et la formation éventuelle d'une étoile à neutrons et/ou d'un trou noir. En ce qui nous concerne, nous bénéficions des effets conjugués des étoiles de grande masse antérieures au Soleil, qui sont à l'origine des éléments chimiques dont nous sommes fabriqués, et de la faiblesse relative de la masse du Soleil, qui lui permet d'avoir une évolution très lente propice au développement de phénomènes aussi complexes que l'apparition et le maintien de la vie.

L'HISTOIRE DES GALAXIES

Les galaxies sont d'immenses collections d'étoiles, quelques centaines de milliards pour la plupart, les moins massives en ayant rarement moins de 1 milliard, les plus grosses pouvant en posséder jusqu'à 10 000 milliards. Par ailleurs, même dans le cas des galaxies irrégulières, le gaz interstellaire ne représente au plus qu'environ 15 à 20 % de la masse totale *visible* de ces astres. L'évolution des galaxies est d'abord gouvernée par la gravitation : comme dans le cas des étoiles, les galaxies les plus massives ont une évolution dynamique extrêmement rapide au début de leur histoire. Par ailleurs, ce sont les étoiles qui déterminent l'évolution de la composition chimique globale des galaxies ainsi que celle de leur brillance et leur couleur. Examinons d'abord l'évolution de la composition chimique des galaxies puis celle de leur luminosité et de leur couleur. Une esquisse de leur évolution globale est proposée à la fin de ce chapitre. Les différents aspects de l'évolution galactique sont étroitement liés : on constate que les galaxies les plus massives sont aussi celles qui sont les plus rouges alors que parmi les galaxies de masse relativement faible certaines sont de couleur bleue et ont une composition chimique moins riche en éléments lourds. Il est impossible d'analyser ici en détail toutes ces interactions, nous nous bornerons à illustrer les plus importantes d'entre elles.

L'ÉVOLUTION DE LA COMPOSITION CHIMIQUE DES GALAXIES

À l'exception des éléments chimiques les plus légers, hydrogène, deutérium, hélium[1]

1. Le lecteur peut être surpris de lire que l'hélium 4 ne vient pas préférentiellement des étoiles puisque 76 % d'entre

et lithium 7, qui se sont vraisemblablement formés à la naissance de l'Univers, ou encore des éléments comme le lithium 6, le béryllium et le bore, qui proviennent de l'interaction entre le milieu interstellaire et le rayonnement cosmique[1], tous les autres éléments chimiques sont les produits de différentes étapes de combustion nucléaire, lentes ou rapides, qui se déroulent à l'intérieur des étoiles. Les étoiles ont également la propriété de retenir tout au long de leur vie tout ou partie de la matière interstellaire à partir de laquelle elles se sont formées. Les étoiles moins massives que le Soleil évoluent lentement en des temps bien supérieurs à 10 milliards d'années, et plus de 90 % de leur masse se fossilisent sous forme de naine blanche. Une étoile plus massive, disons de 10 masses solaires, évolue en quelques millions d'années mais laisse également un reste (qui ne représente plus cette fois qu'environ 20 % de sa masse) sous forme d'étoile à neutrons. Des étoiles encore plus massives peuvent peut-être disparaître sous forme de trou noir. Donc à mesure que les étoiles se forment à partir du milieu interstellaire, soit elles l'enrichissent en éléments lourds qu'elles ont manufacturés pendant leur évolution via les vents stellaires, la dissolution des enveloppes de nébuleuses planétaires, les explosions de novae et de supernovae, etc., soit elles en capturent une partie dans les objets fossiles (naines blanches, étoiles à neutrons, trous noirs...). Elles font donc décroître très fortement la densité du gaz au cours du temps : dans le voisinage immédiat du système solaire, la densité du milieu interstellaire ne représente que 5 à 10 % de la densité totale alors qu'elle tombe à moins de 1 % dans les régions centrales de notre Galaxie (et sûrement beaucoup moins dans les galaxies elliptiques).

Le propos d'un modèle ou d'un scénario tentant de décrire l'évolution de la composition chimique d'une galaxie ou d'une région galactique (comme le voisinage du Soleil ou le centre de notre Galaxie) est donc d'évaluer ces effets d'enrichissement et de rétention du milieu interstellaire. Dans tous les cas, la matière galactique transite ou stationne dans l'une de ces deux phases (stellaire ou interstellaire). Dans les étoiles, la matière subit des transformations nucléaires qui modifient sa composition chimique. Le milieu interstellaire contaminé par les apports des générations successives d'étoiles sert de substrat à partir duquel les étoiles plus jeunes se forment à leur tour. C'est ainsi que les éléments chimiques complexes (à partir du carbone jusqu'à l'uranium) présents dans le Soleil et les planètes (et donc nous-mêmes) proviennent d'étoiles mortes il y a plus de 5 milliards d'années. Ce livre et nous-mêmes sommes de vieilles poussières d'étoiles !

Avant de décrire ces modèles, rappelons brièvement les faits d'observation dont ils doivent rendre compte :

1. Les étoiles les plus âgées, telles celles qui appartiennent à un amas globulaire, ont des abondances[2] en éléments lourds beaucoup plus faibles (moins de 1 %) que les

---

elles (dans notre Galaxie) brillent en raison de la transformation de l'hydrogène en hélium dans leurs régions centrales. En fait quand on compare la luminosité totale intégrée des galaxies (en supposant que toute celle-ci vient de cette transformation) avec la proportion relative d'hélium et d'hydrogène, on s'aperçoit que les étoiles ne peuvent expliquer au plus que 10 à 20 % de l'hélium observé.

1. Le rayonnement cosmique est le nom donné aux flux de particules très énergétiques (noyaux et électrons) d'origine extraterrestre.

2. Le terme « abondance » d'un élément chimique traduit la teneur relative de cet élément dans la composition chimique de la matière.

moins vieilles qui constituent le disque de notre Galaxie, comme le Soleil. Le nombre des étoiles âgées dont l'abondance en éléments lourds est faible par rapport au Soleil est petit par rapport à celles qui appartiennent à notre Galaxie.

2. La variation en fonction du temps de ces abondances dans une région galactique comme le voisinage solaire[1] est plus rapide pendant le premier milliard d'années correspondant au début de l'histoire de la Galaxie, puis beaucoup plus lente pendant la quinzaine de milliards d'années qui suit. Les abondances des étoiles du disque ont atteint une sorte de « plateau » alors que celles des étoiles les plus vieilles (dites étoiles du halo) dépendent très fortement de leur âge.

De plus, les abondances des différents éléments chimiques ne varient pas tout à fait de la même façon pendant l'histoire de la Galaxie : l'oxygène, le carbone ou le fer[2] sont dits primaires parce qu'ils peuvent être formés (en principe) dans des étoiles massives constituées uniquement de matière primordiale (ne contenant donc que de l'hydrogène et de l'hélium). D'autres éléments, comme par exemple le baryum ou le strontium qui sont formés à partir de noyaux de fer ayant absorbé de grandes quantités de neutrons, ont un comportement différent au cours du temps : leurs abondances varient beaucoup plus rapidement au cours du temps surtout pendant les premières étapes de l'évolution des galaxies. Cela est dû à leur caractère « secondaire » : ils ne sont pas formés directement à partir de l'hydrogène et de l'hélium mais à partir d'éléments primaires qui doivent être d'abord synthétisés avant que ces éléments secondaires qui en sont issus puissent l'être.

L'évolution dans le temps des abondances relatives d'une famille d'isotopes apporte des renseignements utiles : en effet, ces isotopes ont les mêmes propriétés chimiques mais évidemment n'ont pas les mêmes caractéristiques nucléaires, donc nucléosynthétiques ; prenons l'exemple du carbone 12 et du carbone 13 : le carbone 12 est le prototype d'un élément primaire alors que le carbone 13 ne peut être formé qu'à partir du carbone 12. L'étude de l'évolution du rapport des abondances du carbone 12 et du carbone 13 au cours du temps permet donc de préciser le modèle adéquat d'évolution galactique. Cette comparaison peut être effectuée en remarquant que la matière constituant le système solaire[3] a un âge de 4,5 milliards d'années, alors que le milieu interstellaire qui reçoit continuellement les apports nucléosynthétiques des différentes générations d'étoiles a la composition chimique présente. La comparaison des rapports isotopiques dans le système solaire et dans le milieu interstellaire constitue donc l'un des moyens d'approcher l'évolution de notre Galaxie.

3. Une même galaxie n'a pas une composition chimique uniforme. Dans notre Galaxie et les galaxies spirales proches (comme Andromède, etc.), les abondances des éléments lourds augmentent depuis les régions extérieures du disque jusqu'aux régions centrales : le centre des galaxies spirales a non seulement une teneur en gaz interstellaire plus faible mais est plus riche en éléments lourds.

1. Rappelons que le voisinage solaire désigne la région de la Galaxie située à moins d'un kiloparsec (3×10^{21} cm) du Soleil et qui tourne avec lui autour du centre galactique.

2. Nous désignons ces éléments à dessein car ce sont eux qui sont les plus faciles à étudier dans le spectre des étoiles ordinaires comme le Soleil.

3. On fait évidemment l'hypothèse implicite que le système solaire a une composition chimique représentative de celle de la région galactique auquel il appartient. La comparaison avec la composition chimique d'autres étoiles proches permet de considérer que cette hypothèse est très raisonnable.

Dans le même ordre d'idées, les galaxies irrégulières (comme les deux galaxies satellites de la nôtre, les Nuages de Magellan qui embellissent le ciel austral) et aussi une classe de petites galaxies bleues et compactes, dites « paresseuses », sont moins riches en éléments lourds que le voisinage solaire.

Les principaux paramètres de l'évolution de la composition chimique

Ce sont les étoiles qui gouvernent l'évolution chimique des galaxies. Les principaux paramètres de cette évolution sont donc pour la plupart de nature stellaire : *1)* C'est tout d'abord le taux de formation des étoiles en fonction du temps, qui augmente avec la densité du gaz interstellaire. Comme cette densité diminue à mesure que de nouvelles générations d'étoiles sont formées (puisqu'elles capturent chaque fois un peu de ce gaz de façon définitive), le taux de formation d'étoiles diminue donc graduellement avec le temps. *2)* La distribution des étoiles suivant leur masse (à leur naissance) : à chaque génération d'étoiles, il y a beaucoup plus d'étoiles de faible masse, qui évoluent lentement, qui fossilisent davantage de matière interstellaire et qui ont une activité nucléosynthétique faible, que d'étoiles de grande masse qui ont une durée de vie courte de l'ordre de quelques millions d'années, qui restituent la plus grande partie de leur masse au milieu interstellaire et qui ont une activité nucléosynthétique élevée. *3)* La capacité nucléosynthétique des étoiles en fonction de leur masse : plus l'étoile est massive, plus elle synthétise de nouveaux éléments, alors que l'étoile de faible masse n'est rien d'autre qu'un « piège » à matière interstellaire !

Un aperçu des modèles ou scénarios d'évolution

Les spécialistes du domaine ont imaginé un certain nombre de scénarios cherchant à décrire l'évolution temporelle des abondances dans la matière observable.

Par application du principe d'Occam (voir p. 16), l'attention a été portée sur la construction du modèle le plus simple. Ce modèle suppose qu'au début de l'histoire d'une galaxie, celle-ci est constituée uniquement de gaz interstellaire où les éléments plus lourds que ceux formés lors des phases primordiales de l'Univers sont absents. Le taux de formation d'étoiles suit la relation exprimée précédemment, et la distribution des étoiles suivant leur masse reste la même tout au long de l'histoire de la galaxie. On suppose enfin que la région étudiée (par exemple le centre de notre Galaxie ou le voisinage solaire) n'échange pas de matière avec l'extérieur, et que la durée de vie des étoiles est petite[1] devant les temps caractéristiques de transformation du gaz interstellaire en étoiles, qui est de quelques milliards d'années dans le voisinage solaire

1. Rappelons-nous qu'en première approximation, la durée de vie des étoiles décroît avec le cube de la masse ; la limite inférieure de cette durée de vie est de quelques millions d'années, et une étoile comme le Soleil a une durée de vie de 10 milliards d'années.

et de quelques centaines de millions d'années dans le centre de la galaxie[1]. Cette dernière hypothèse, qui est contestable mais pratique, porte le nom de « recyclage instantané » du gaz interstellaire.

Ce modèle simple explique bien que les galaxies irrégulières et « bleues compactes » (ou paresseuses) ont une métallicité relativement faible. En revanche, ce modèle est incapable de rendre compte correctement de l'évolution de l'abondance en éléments lourds du voisinage solaire (ou en fait de toute autre région galactique) : il ne reproduit pas la saturation de ces abondances dans les étoiles de type solaire appartenant au disque de notre Galaxie. D'autre part, il prédit un nombre beaucoup trop grand d'étoiles ayant des abondances faibles par rapport au nombre des étoiles de type solaire.

Pour ces deux raisons essentielles, les spécialistes ont dû faire appel à des modèles un peu plus complexes, abandonnant telle ou telle des hypothèses du modèle simple.

– Quand la distribution des étoiles, suivant leur masse, varie avec le temps, on explique le nombre relativement peu élevé d'étoiles de faible métallicité[2] et le plateau de la métallicité du milieu interstellaire : il suffit de supposer qu'au début de l'évolution galactique, il y avait relativement plus d'étoiles massives que maintenant.

– Le modèle d'enrichissement initial rapide résout les deux difficultés rencontrées par le modèle simple d'une façon tout à fait analogue, car il fait l'hypothèse qu'une première génération d'étoiles très massives (peut-être prégalactiques) a rapidement enrichi le gaz galactique en éléments lourds. Rappelons que l'on n'a jamais observé d'étoiles ayant une métallicité nulle (mais cela ne veut pas dire que ces étoiles n'existent pas ou n'ont pas existé dans le passé).

– Un autre modèle, dans lequel le taux de formation d'étoiles est plus important dans les régions qui contiennent davantage d'éléments lourds, rend également bien compte du très petit nombre d'étoiles de faible métallicité.

Un modèle assez satisfaisant consiste à abandonner l'hypothèse d'une région galactique close sans interaction avec l'extérieur[3]. Si l'on suppose que du gaz intergalactique n'ayant jamais subi de contaminations stellaires est ajouté par accrétion en quantité modérée au gaz interstellaire de la région considérée, on rend compte du plateau de la métallicité de ce gaz constamment dilué avec de la matière originelle dépourvue d'éléments lourds.

L'énoncé de toutes les variantes de ces modèles d'évolution sort tout à fait du cadre de ce livre. On peut résumer la situation présente en disant que l'évolution de la composition chimique de la matière constituant les galaxies est bien comprise dans ses grandes lignes et ce, malgré l'imprécision des données observationnelles et la relative ignorance de la nature exacte des processus physiques qui régissent les paramètres qui dominent les modèles d'évolution.

---

1. Dans le cas du centre galactique, on s'aperçoit que le temps de transformation du gaz interstellaire en étoiles n'est guère plus grand (et en fait plutôt plus petit !) que la durée de vie des étoiles et donc que cette hypothèse du recyclage instantané ne s'y applique pas.

2. On désigne par ce terme, hérité des premières études de spectroscopie stellaire, l'abondance collective des éléments lourds dans les étoiles ou le milieu interstellaire.

3. La découverte par l'astronomie X d'une grande quantité de fer dans le gaz intergalactique de certains amas de galaxies est une preuve que les galaxies ne sont pas des « boîtes » fermées mais qu'au contraire elles échangent de la matière avec l'extérieur.

L'ÉVOLUTION DES LUMINOSITÉS ET DES COULEURS DES GALAXIES

La luminosité et les couleurs intrinsèques des étoiles évoluent au cours du temps : les étoiles massives et jeunes sont de couleur bleue ; l'ensemble des étoiles rougit quand elles ont dépassé le stade de la Séquence Principale. On s'attend donc à ce que les propriétés photométriques globales des galaxies évoluent au cours du temps : les galaxies elliptiques sont en moyenne plus rouges que les galaxies spirales et, *a fortiori,* que les galaxies irrégulières. Dans le cas d'une galaxie spirale, le bulbe est plutôt jaune rouge et brillant alors que l'extérieur du disque moins brillant est de dominante bleue. Les propriétés photométriques des galaxies ne se limitent pas au domaine optique. Les astronomes sont maintenant capables de dresser des cartes radio, infrarouge, X ou gamma des galaxies. Néanmoins, nous nous limiterons ici à la partie optique ou infrarouge proche du rayonnement galactique.

Depuis peu, quelques astrophysiciens construisent des modèles tentant de rendre compte de ce type d'évolution. On retrouve dans leur approche deux des paramètres que nous avons discutés dans la section précédente, à savoir le taux de formation des étoiles en fonction du temps et la distribution des étoiles suivant leur masse à leur naissance : si le taux de formation des étoiles dans la région galactique considérée est très élevé dans le passé, cela signifie que la plupart des étoiles ont eu le temps d'évoluer vers le stade de géante rouge, et donc la couleur dominante sera rouge. Certaines galaxies semblent avoir évolué plus lentement que d'autres (les galaxies « bleues compactes » ou paresseuses) et ne commencent que maintenant à être le siège de processus de formation d'étoiles, ce qui explique leur couleur dominante bleue. Nous n'avons envisagé jusqu'à maintenant que des taux de formation d'étoiles variant continûment au cours du temps. En fait, il semble que dans certaines galaxies, il se produise de brusques bouffées de formation d'étoiles qui, on le verra plus loin, affectent la luminosité (en l'augmentant) et la couleur (en la bleuissant).

La distribution des étoiles suivant leur masse est également un paramètre fondamental dans ce type d'étude : si la région considérée est relativement riche en étoiles massives, la région sera d'abord bleue pendant un temps de l'ordre du million d'années puis rouge ensuite ; si au contraire ce sont les étoiles de petite masse qui dominent, la région galactique reste longtemps de couleur jaune orangé et a une luminosité optique intrinsèque plus faible que dans le cas précédent ; en revanche sa luminosité infrarouge est beaucoup plus importante.

Comme on l'a vu par ailleurs, la luminosité et la couleur (ou température de surface) des étoiles évoluent en fonction du temps et de la masse des étoiles. Les chemins évolutifs suivis par les points figuratifs d'étoiles de différentes masses dans le diagramme luminosité-couleur sont le fruit de nombreux calculs très complexes entrepris par les astrophysiciens spécialistes de l'évolution stellaire. Les chercheurs qui veulent donc construire un modèle d'évolution de la luminosité et des couleurs d'une région galactique ou d'une galaxie peuvent utiliser ces chemins évolutifs pour placer les différents points figurant les étoiles dans un diagramme de Hertzsprung-Russell, compte tenu de leur taux de formation et de leur distribution en masse. Le jeu consiste alors à compter les étoiles dans chaque petit carré de ce diagramme (ce comptage évoluant évidemment au cours du temps). La densité relative des points figuratifs (au cours du temps) dans chacun de ces carrés permet de déterminer l'évolution de la luminosité et des couleurs de la région ou de la galaxie considérée. On applique cette méthode dite de synthèse des populations stellaires et on cherche à reproduire la distribution du flux lumineux émis par cette galaxie elliptique suivant les différents domaines de longueur d'onde. Ce faisant, on constate que la plus grande partie de la luminosité galactique provient d'étoiles géantes rouges. À l'aide du diagramme de Hertzsprung-Russell, on peut fixer le point où la branche des étoiles géantes rejoint celle de la séquence principale des étoiles de type solaire. Cela permet de déterminer l'âge moyen des étoiles de cette galaxie et de suggérer que la majorité d'entre elles sont nées il y a plus de 8 milliards d'années.

A contrario, c'est par des analyses de ce type que l'on a pu constater que des galaxies venaient de subir très récemment des « bouffées » violentes de formation d'étoiles. Ces modèles d'évolution des luminosités et des couleurs des galaxies confirment la relation qu'il y a entre la morphologie de ces galaxies, la façon et le moment où elles sont l'objet de processus de formation d'étoiles : les galaxies elliptiques de couleur rouge et de luminosité relativement faible par rapport à leur masse forment très rapidement des étoiles au tout début de leur histoire. Comme, à ce moment-là, elles consomment goulûment tout le gaz interstellaire disponible, elles ne peuvent plus ensuite former de nouvelles générations d'étoiles. C'est un peu ce qui se passe dans les régions centrales (bulbes) des galaxies spirales qui ont pratiquement la même couleur et où la densité de gaz interstellaire est très faible. Les régions les plus externes des galaxies spirales ou la majeure partie des galaxies irrégulières comme les Nuages de Magellan de couleur bleue ont été soumises très récemment à des processus de formation d'étoiles : c'est pour cette raison que l'on considère que certaines galaxies bleues à forte luminosité et faible contenu en éléments lourds sont « paresseuses » vis-à-vis de ces types de processus.

Ces considérations permettent donc de retracer l'histoire de la transformation du gaz en étoiles et d'apprécier le caractère continu ou au contraire sporadique de cette « astration ».

L'ÉVOLUTION GLOBALE DES GALAXIES

On constate donc que les étoiles gouvernent l'évolution des galaxies suivant la rapidité avec laquelle elles se forment : les galaxies deviennent elliptiques si ce processus est très rapide, spirales ou irrégulières si ce processus est plus lent. Comme dans le cas des étoiles elles-mêmes, la masse totale des galaxies est un paramètre important de leur évolution : les galaxies les plus massives sont toujours elliptiques parce que les effets gravitationnels importants induits par ces grandes masses favorisent la formation des étoiles. Ces processus de formation d'étoiles ou plus exactement leur histoire conditionnent donc leur morphologie et, bien entendu, l'évolution de leur composition chimique, de leurs luminosités et de leurs couleurs intégrées.

Il est difficile de comprendre l'évolution d'une galaxie en faisant abstraction de son voisinage immédiat ou lointain. Comme les étoiles, les galaxies forment des petits groupes : c'est ainsi que notre propre Galaxie fait partie du *groupe local* comprenant une vingtaine de galaxies dont les Nuages de Magellan et Andromède.

Les galaxies sont le plus souvent rassemblées en amas. Leur environnement joue un rôle au moins aussi grand que leur masse intrinsèque : des galaxies de petite masse, comme Messier 32 proche d'Andromède, ou les galaxies sphéroïdales proches de notre Galaxie ont pu voir malgré leur faible masse leur taux de formation d'étoiles accéléré par la proximité d'une galaxie plus massive.

Dans les amas, les galaxies peuvent subir des transformations très importantes par le simple passage d'un autre membre de l'amas à leur proximité : les effets de marée engendrent des modifications morphologiques tout à fait notables et caractéristiques comme l'enroulement ou le déroulement de bras galactiques, la perte du gaz interstellaire par l'une ou l'autre des galaxies, etc. Ces modifications morphologiques et dynamiques doivent se traduire par des modifications de composition, de luminosité et de couleur. Ces effets gravitationnels intenses engendrés par le rapprochement ou la collision de deux galaxies déclenchent des sursauts de formation d'étoiles qui se traduisent par une augmentation brutale de la luminosité.

Des observations récentes effectuées dans le domaine des rayons X à l'aide de détecteurs embarqués dans des satellites ont démontré que le gaz intergalactique contenu dans certains amas de galaxies avait une teneur appréciable en fer. Cela ne peut s'expliquer que si les galaxies de ces amas ont subi des processus leur ayant soustrait tout ou partie de leur gaz préalablement contaminé par les produits de la nucléosynthèse stellaire. On donne le nom d'ablation à ce processus de soustraction de gaz interstellaire d'une galaxie. Les effets de marée ou plus généralement tous les effets dynamiques à l'intérieur d'un amas de galaxies doivent être à l'origine de ces processus.

Les trois agents essentiels de l'évolution des galaxies sont donc leur masse, leur capacité plus ou moins grande et plus ou moins rapide de fabriquer des étoiles (on a la confirmation plus ou moins directe qu'il existe de très gros nuages de matière intergalactique qui n'ont pas encore commencé à former des étoiles) et enfin leur environnement.

Davantage encore que les étoiles, les galaxies ne sont pas des systèmes isolés. Il est pratiquement impossible de reproduire voire de comprendre leur formation et leur évolution en les considérant en dehors de leur environnement. Il y a deux raisons à cela. Il est vraisemblable que l'on ne voit qu'une fraction modeste de l'ensemble de la matière constituant une galaxie : les étoiles fossilisées comme les naines blanches, les étoiles à neutrons ou les trous noirs, les étoiles de très faible masse, que l'on appelle naines brunes, qui n'ont pas des luminosités assez grandes pour être visibles de loin, le gaz interstellaire froid qui s'étend en fait beaucoup plus loin que la partie visible en optique de la galaxie (ainsi qu'en témoignent les observations récentes effectuées par les radioastronomes), en un mot tous ces constituants de luminosité intrinsèque faible ou nulle contribuent à la masse « invisible » des galaxies. Par ailleurs, il n'y a pas de frontière stricte entre les régions externes d'une galaxie, que l'on appelle son halo, et le milieu intergalactique. Les galaxies interagissent donc fortement avec leur environnement proche, voire lointain. Une confirmation supplémentaire de cette constatation vient de l'observation des radiogalaxies qui perturbent le milieu intergalactique sur des distances aussi grandes que quelques mégaparsecs.

L'étude de l'évolution globale des galaxies n'est pas aussi avancée que celle des étoiles pour trois raisons : *1)* Ce n'est que récemment, grâce à l'avènement des très grands télescopes et des nouvelles techniques d'observation faisant intervenir la radioastronomie ou les missions spatiales, que l'on commence vraiment à accumuler assez de données pour bâtir des modèles rendant compte de leur évolution. *2)* Du fait du grand nombre des étoiles qui constituent une galaxie et de la très grande complexité des effets gravitationnels qui interviennent dans l'évolution des galaxies, la modélisation de ces processus et de leurs conséquences reste un problème extrêmement difficile. *3)* La troisième raison qui rend ces problèmes ardus constitue aussi un très grand attrait : pour comprendre l'évolution des galaxies, il faut faire intervenir pratiquement toutes les connaissances en astronomie : non seulement l'évolution stellaire qui reste le paramètre dominant mais aussi la physique des milieux interstellaires et intergalactiques, les derniers résultats de l'astronomie X et gamma et de la radioastronomie, etc.

L'évolution globale des galaxies est donc un domaine difficile où beaucoup de progrès restent à faire. C'est peut-être pour cela qu'un nombre grandissant d'astrophysiciens veulent observer, étudier et modéliser ces objets très complexes.

LA COSMOLOGIE OU UNE HISTOIRE DE L'UNIVERS DANS SON ENSEMBLE

Après avoir décrit l'évolution des différents astres, le système solaire, les étoiles et les galaxies, l'astrophysicien cherche à écrire l'histoire de l'Univers dans son ensemble. Cette tentative, qui dépasse certainement l'objet normal de la science puisque nous tentons de comprendre une entité dont nous faisons nous-mêmes partie, constitue l'essence de la cosmologie. Cette discipline est particulièrement attirante puisqu'elle s'intéresse en fait à la question qui englobe toutes les autres : d'où vient tout ce que nous voyons, et quel est son futur ? Toutes les ressources de l'esprit scientifique vont donc être mises à contribution pour ébaucher des embryons de réponses à cette extraordinaire interrogation.

Devant un tel problème, le scientifique se sent à la fois désarmé devant l'immensité de la tâche et, néanmoins, fort de l'incroyable développement de ses connaissances, non seulement de l'infiniment grand mais aussi de l'infiniment petit.

Désarmés, nous le sommes en raison même de la nature du problème sur lequel nous ne pourrons jamais qu'échafauder des hypothèses : on ne sera jamais complètement certain d'avoir compris ou décrit complètement les mécanismes prodigieux qui ont présidé à l'émergence de notre Univers alors qu'une expérience de physique peut apporter une réponse complète à une question bien délimitée.

Malgré cela, l'astrophysique et la microphysique connaissent de tels progrès que la cosmologie devient l'un des domaines les plus fascinants.

Comme toutes les questions scientifiques, la cosmologie ou l'histoire de l'Univers dans son ensemble repose sur un certain nombre de faits, certains assez faciles à interpréter comme le mouvement de fuite des galaxies les unes par rapport aux autres, d'autres pour lesquelles les conséquences cosmologiques sont moins évidentes, comme par exemple la formation de l'isotope lourd de l'hydrogène. Un exposé de ces « faits cosmologiques » doit donc précéder tout essai de proposition d'une histoire de l'Univers. Bien que les idées cosmologiques qui ont traversé les cerveaux des astronomes et que l'on retrouve dans leurs écrits aient été et restent très différentes d'un scientifique à l'autre, il semble aujourd'hui qu'il y ait une sorte de consensus autour de la théorie décrivant le passé de l'Univers observable. Selon la théorie du Grand Boum (ou *Big Bang*), le passé lointain aurait consisté en des événements particulièrement énergétiques dont la fuite des galaxies est une relique. La présentation de cette théorie, qui est acceptée par un grand nombre de cosmologistes, constitue la part essentielle de ce chapitre qui se termine par l'évocation de quelques spéculations sur l'avenir de l'Univers dont nous faisons intimement partie.

L'étude de l'histoire de l'Univers suppose aussi que l'on ait compris deux caractéristiques essentielles de l'observation et de la réflexion globale que l'on peut mener sur l'Univers : tout d'abord lorsque l'on observe des objets très lointains, on ne fait rien d'autre que d'utiliser une caméra à remonter le temps : observer un astre qui se trouve à 2 millions d'années-lumière de nous (ce qui n'est rien d'autre que la distance des galaxies proches) revient à considérer l'état de cet astre au moment où l'homme commençait à peine à apparaître sur Terre. L'observation des lointains quasars permet en principe de remonter à des époques relativement proches des phases primordiales de l'Univers ; d'où le grand intérêt que revêtent leur observation ainsi que celle des astres très lointains[1].

La deuxième remarque, tout aussi importante, concerne le fait que l'Univers est décrit et gouverné par la matière qui le constitue ainsi que par sa géométrie et l'écoulement du temps. La géométrie et le temps font partie intégrante de l'Univers et ne peuvent se définir que par rapport à lui. En conséquence, la question fréquemment posée : « que s'est-il passé avant le moment singulier où l'Univers a fait irruption dans le monde de la physique » n'a pas de sens. Le temps ne prend d'existence qu'avec l'Univers lui-même : sans matière, ou, ce qui revient au même, sans énergie, la notion de temps n'a pas plus de sens que celle de géométrie. Le temps a évidemment une caractéristique qui le distingue des coordonnées d'espace, à savoir son ***irréversibilité***.

La question : « qu'y a-t-il au-delà de l'Univers » n'appelle pas non plus de réponse du scientifique qui ne peut appliquer sa réflexion qu'à ce qu'il observe directement ou indirectement.

Les « faits » cosmologiques

Vis-à-vis d'un problème aussi immense que celui de retracer l'histoire et l'évolution de l'Univers dans son ensemble, on pourrait espérer disposer d'un grand nombre de faits provenant soit de l'observation, soit de l'expérience. On va s'apercevoir que le nombre de « faits » relevant de la cosmologie est assez réduit. Faut-il s'en plaindre en

1. Plusieurs groupes observent actuellement des galaxies aussi lointaines donc aussi jeunes que ces quasars. Elles apparaissent nettement comme de grands groupes d'étoiles contrairement aux quasars que l'on ne parvient pas à résoudre optiquement.

déplorant que les théories cosmologiques sont peu fondées, ou s'en réjouir en remarquant qu'il est plus facile (et peut-être plus satisfaisant) de bâtir des hypothèses (scénarios ou modèles) sur un petit nombre de faits dont on peut saisir la pertinence alors qu'un trop grand nombre d'informations peut « noyer » celui qui tente de les interpréter. Nous laisserons chacun en juger. Pour ce qui concerne la cosmologie, on peut distinguer deux types d'observations, les unes de type dynamique ou morphologique (distributions et vitesses relatives de galaxies ou d'amas de galaxies), les autres de nature plus physique (contenu de l'Univers en matière ou en rayonnement...).

OBSERVATIONS DYNAMIQUES ET MORPHOLOGIQUES

D'un point de vue historique, ce ne sont pas ces observations qui constituent les premières interrogations cosmologiques ; la palme de l'antériorité revenant à la constatation apparemment simpliste, dite *paradoxe d'Olbers,* que le ciel est noir la nuit (encadré ci-dessous). C'est E.P. Hubble qui, au début des années 1920, établit le premier fait dynamique en démontrant que les galaxies s'éloignent les unes des autres et donc que l'Univers est actuellement en expansion. À l'aide des télescopes de 2,5 m du mont Wilson, à côté de Pasadena, et de 5 m du mont Palomar, E.P. Hubble démontra que la vitesse de fuite d'une galaxie par rapport à la nôtre est proportionnelle à sa distance. Cette vitesse de fuite est mesurée par le décalage spectral subi par la lumière émise par cette galaxie lointaine (encadré page 197). Le coefficient de proportionalité entre cette vitesse et sa distance porte le nom de constante de Hubble et a une valeur comprise entre 50 et 100 km/s et par mégaparsec (1 Mpc = 3×10^{19} km). L'intervalle 50 à 100 km/s par mégaparsec ne correspond pas à proprement parler à une incertitude aussi grande sur la mesure de cette constante. Il vient du fait qu'il y a depuis de nombreuses années deux écoles concurrentes d'astronomes qui se disputent sur la détermination des distances des galaxies (il n'y a pas d'ambiguïté sur les déterminations de leurs vitesses relatives). Les tenants d'une constante de Hubble faible, donc d'un âge de l'Univers relativement élevé, sont l'Américain A. Sandage et le Suisse G. Tam-

LE PARADOXE D'OLBERS

Le fait que la nuit soit noire est paradoxal si l'on pense que l'Univers est statique, c'est-à-dire n'est pas animé de mouvements d'expansion importants. En effet, si celui-ci était immuable et rempli d'une densité uniforme d'étoiles, on montre physiquement que la luminosité du fond du ciel devrait être infinie, c'est-à-dire que celui-ci devrait être constamment très brillant et non noir la nuit, comme l'homme l'a remarqué de tout temps. Cette constatation, faite au XVIIIe siècle par de Cheseaux puis par Olbers, constitue la preuve la plus ancienne que l'Univers ou bien est statique mais est apparu à un moment déterminé ou existe de tout temps mais est en expansion ou, comme les cosmologistes d'aujourd'hui préfèrent, est apparu à un moment déterminé et est en expansion. On retrouve mention de ce paradoxe dans les écrits d'Edgar Poe et dans ceux de nombreux cosmologistes.

mann. Ceux qui pensent que la constante de Hubble est élevée sont le Français qui travaille à Austin, G. de Vaucouleurs, et les Françaises L. Bottinelli et L. Gouguenheim. Les progrès actuels (en particulier l'utilisation du Télescope Spatial qui devrait permettre la mesure sans ambiguïté des distances galactiques) devraient régler cette longue querelle et donc trancher de qui a raison ou tort dans cette controverse qui se poursuit de colloques en symposia.

L'inverse de la constante de Hubble est un temps compris entre 10 et 20 milliards d'années[1] qui donne approximativement le temps qui se serait écoulé depuis le moment où l'Univers était extraordinairement condensé jusqu'à maintenant.

D'autres observations de type « dynamique » conduisent aux mêmes conclusions : il s'agit par exemple de compter le nombre de sources radio perçues avec une intensité supérieure à une certaine valeur. Les observations radioastronomiques montrent que ce nombre décroît en fait beaucoup plus vite que ce que l'on attendrait d'un Univers statique. D'autres relations d'ordre morphologique ou dynamique, qui sortent du cadre de cet exposé et qui concernent les galaxies et les quasars, sont également prises en compte.

Pour terminer cette évocation des propriétés dynamiques de l'Univers, il convient de mentionner les travaux de plus en plus nombreux et détaillés qui concernent la dynamique à petite ou grande échelle des mouvements des galaxies à l'intérieur des amas de galaxies. Ces analyses dynamiques statistiques fournissent deux types d'information : à partir du mouvement relatif des galaxies entre elles, on peut mesurer la masse visible ou invisible à l'intérieur d'un amas[2]. En comparant cette masse à la luminosité intrinsèque de ces amas, on peut ainsi déterminer la densité de matière invisible, qui peut être cinq à dix fois plus élevée que celle de la matière visible ou lumineuse. Signalons aussi que, par des arguments complexes, les spécialistes de la dynamique des amas de galaxies sont capables de cerner la nature de la matière invisible et de distinguer si celle-ci est constituée de très nombreuses particules élémentaires ayant une masse négligeable, donc une vitesse proche de celle de la lumière ou plutôt de particules plus massives ayant des vitesses plus faibles. Nous reviendrons plus loin sur cet enjeu très important que représente la détermination de la nature et de la densité de matière invisible (cachée, noire...) dans l'Univers.

OBSERVATIONS DE TYPE « PHYSIQUE »

On doit d'abord revenir sur le paradoxe de la « nuit noire » qui fut remarqué dans le contexte qui nous intéresse, d'abord au XVIIe siècle par J. Kepler, puis au XVIIIe par le Suisse L. de Cheseaux et repris ensuite par W. Olbers vers la fin de ce même siècle. On montre aisément que dans un Univers infini, statique et peuplé d'étoiles de tous âges, le ciel « nocturne » aurait également une luminosité infinie. L'observation de cette « noirceur » infirme donc l'une au moins de ces hypothèses.

1. L'« âge » de l'Univers déterminé de cette manière correspond tout à fait à celui que l'on obtient soit à partir des amas d'étoiles les plus anciennes que sont les amas globulaires, soit à partir de la teneur en éléments radioactifs de très longue durée de vie comme le thorium, l'uranium ou le rhénium 187. On appelle cosmochronologie, la discipline astrophysique qui cherche à établir l'âge de l'Univers soit en étudiant précisément l'expansion de l'Univers, soit en analysant la teneur dans ces éléments radioactifs ou encore en considérant les étoiles les plus vieilles de notre Galaxie.

2. On applique simplement une relation qui relie l'énergie cinétique d'un système (donc la vitesse) à son énergie potentielle (donc sa masse).

LE DÉCALAGE SPECTRAL : EFFET DOPPLER-FIZEAU

Le décalage spectral mesure le déplacement en longueur d'onde d'un rayonnement absorbé ou émis par une source en mouvement par rapport à l'observateur. Ce décalage spectral est dû à l'effet Doppler-Fizeau, bien connu en acoustique et en optique. Il permet de mesurer la vitesse relative des astres par rapport à nous.

Un fait physique très important a bouleversé la cosmologie en 1965, il s'agit de la découverte fortuite par les ingénieurs A. Penzias et R. Wilson de la Bell Tel. Co. d'un rayonnement électromagnétique qui remplit tout l'Univers et dont la température serait de l'ordre de 3 K. Que l'on s'imagine que chaque cm^3 de l'Univers contient 300 photons, émis lorsque les protons se sont combinés avec les électrons pour donner naissance aux atomes d'hydrogène. L'Univers avait alors une température voisine de 10 000 K. La température actuelle de 3 K, qui caractérise ce rayonnement électromagnétique diffus, vient du fait qu'en se dilatant en raison de l'expansion de l'Univers, le rayonnement s'est fortement refroidi. Le rayonnement diffus cosmologique baigne donc l'Univers dans son ensemble.

Avant 1965, deux cosmologistes, G. Gamow et l'abbé G. Lemaître, avaient imaginé que l'Univers avait pu « naître » de façon brutale et que cette naissance avait donné lieu à une émission de lumière. G. Gamow avait évalué de façon théorique que la température de ce rayonnement devait être maintenant de 8 K, ce qui est très proche de ce que A. Penzias et R. Wilson ont effectivement découvert, mais qu'ils n'ont correctement interprété que parce que leurs collègues de Princeton (R. Dicke et D. Wilkinson) leur ont rappelé l'existence de cette hypothèse théorique. À l'époque, c'est-à-dire avant 1965, il était de bon ton de préférer au Big Bang la théorie de la *Création continue,* imaginée par H. Bondi, F. Hoyle et T. Gold, et selon laquelle la décroissance de la densité de l'Univers due à l'expansion de l'Univers était exactement compensée par la création *ex nihilo* de la quantité de matière nécessaire. Cette idée assez *ad hoc* imaginée par des physiciens rejetant *a priori* tout ce qui peut ressembler de près ou de loin à une création du monde a été immédiatement balayée par la découverte de A. Penzias et R. Wilson. Nous restons toujours surpris devant la pugnacité avec laquelle plusieurs spécialistes de cosmologie présentent leurs propres vues de façon exagérément émotionnelle, compte tenu de la complexité et des grandes incertitudes qui pèsent sur ces sujets.

D'autres faits viennent appuyer, si cela est encore nécessaire, la théorie d'un Univers primordial très chaud et très dense. Il s'agit en particulier de la teneur de la matière en éléments comme le deutérium (l'isotope lourd de l'hydrogène), l'hélium et le lithium 7. Pour des raisons qui sont claires lorsque l'histoire de l'Univers est relatée dans le cadre de la théorie du Big Bang, ces éléments ont dû être synthétisés une centaine de secondes après l'événement singulier ; ce qui a poussé S. Weinberg à donner à son livre de popularisation de la cosmologie le titre imagé *les Trois Premières Minutes de l'Univers.* C'est en effet pendant ces trois premières minutes que le sort de l'Univers est fixé.

Soulignons enfin que notre propre existence est un fait cosmologique important auquel plusieurs cosmologistes ont donné le nom certainement trop pompeux de « principe anthropique ». Sous cette désignation on trouve l'idée que si l'Univers avait des propriétés très peu différentes de celles que nous lui connaissons, nous ne serions pas là pour l'étudier et l'admirer. Pour se limiter à quelques exemples empruntés à la physique nucléaire, il suffirait que le Soleil soit en mesure de consommer plus vite son hydrogène, en raison de quelques réactions au taux plus rapide, pour que sa durée de vie ne soit pas de 10 milliards d'années mais de 1 million d'années. La présence de carbone et des éléments plus lourds nécessaires à la vie ne s'explique que par une propriété très précise de son noyau. Si cette particularité n'existait pas, l'Univers ne serait constitué que d'éléments très légers, hydrogène et hélium, impropres à eux seuls à former des molécules biologiques. La liste des « miracles permanents de la nature » est longue, et ces considérations doivent être prises en compte par la cosmologie.

La théorie du Big Bang, qui va nous servir de fil conducteur à notre histoire de l'Univers, s'appuie donc aujourd'hui sur trois faits fondamentalement distincts : la fuite des galaxies les unes par rapport aux autres, la découverte du rayonnement électromagnétique diffus et la composition de la matière en deutérium et en hélium. L'influence du microcosme sur le macrocosme ou plus exactement de la microphysique (physique nucléaire et physique des particules) apparaît manifestement dans la description de cette théorie. Si, comme on le pense aujourd'hui, l'Univers a connu une phase très dense et très chaude, c'est alors un laboratoire absolument irremplaçable pour tester les idées qui circulent chez les physiciens de l'infiniment petit.

Un univers ouvert ou fermé ?

Les travaux de E. Hubble et de tous ceux qui à sa suite ont étudié le mouvement relatif des galaxies les unes par rapport aux autres ont clairement démontré que l'Univers est en expansion. La constante de Hubble constitue d'ailleurs une mesure de cette vitesse d'expansion. Une question importante en cosmologie est de savoir si ce mouvement d'expansion va se poursuivre tout au long de l'histoire de l'Univers ou si au contraire cette phase actuelle de dilatation va être suivie d'une phase de contraction. Pour utiliser une analogie, est-ce que le mouvement à grande échelle de l'Univers va ressembler à celui d'un obus qui s'élève puis retombe sur le sol ou celui d'une sonde interplanétaire qui a une vitesse suffisante pour s'affranchir du champ de gravité terrestre ? De la même façon que ces deux types d'objets présentent un comportement différent vis-à-vis de l'attraction exercée par la Terre, la dilatation continue ou une succession de dilatations et de contractions de l'Univers va dépendre de l'effet de gravité qu'il exerce sur lui-même. Cet effet dépend seulement de sa densité moyenne. Si la densité moyenne de l'Univers est plus faible qu'une valeur particulière appelée densité critique, l'effet de la gravité est faible, et il peut se dilater de façon continue. Si au contraire sa densité est supérieure à la densité critique, l'effet de gravité est élevé : après la phase actuelle d'expansion viendra une phase de contraction.

La densité critique est proportionnelle au carré de la constante de Hubble. Dans la fourchette des estimations de cette constante, elle est égale à 5×10^{-30} g/cm^3

et 2×10^{-29} g/cm^3. On appelle paramètre cosmologique, que l'on note Ω, le rapport entre la densité de l'Univers et cette densité critique. Si Ω est inférieur à 1, l'Univers sera en expansion continue, on dit qu'il est « ouvert ». Pour $\Omega = 1$ (Univers plat ou de Sitter-Einstein), l'Univers est également en expansion continue. En revanche, si l'Univers est fermé ($\Omega > 1$), il se recontractera de nouveau. La constante de Hubble mesure en fait la tangente à la courbe traçant l'évolution des échelles de distance de l'Univers en fonction du temps.

Deux constatations s'imposent : tout d'abord la constante de Hubble a évolué au cours du temps et a dû être plus élevée dans le passé. D'autre part, l'inverse de la constante de Hubble fournit une *limite supérieure* à l'âge de l'Univers, qui doit être plus élevée pour un Univers ouvert que pour un Univers fermé.

On voit donc l'importance que revêt la détermination de la densité de l'Univers. Celle-ci peut s'effectuer de manière directe ou indirecte. On estimera en effet une limite *inférieure* de cette densité en calculant celle de la matière *observable*. Cette limite est strictement inférieure car l'Univers est certainement rempli d'une grande quantité de matière invisible. Cette matière invisible peut être de la matière ordinaire « noire », comme par exemple des comètes, des planètes, des étoiles ayant cessé de rayonner (vieilles naines blanches devenues noires, vieux pulsars) ou encore des trous noirs qui ne sont pas entourés de matière susceptible de leur tomber dessus (et qui dans ce cas rayonne fortement !) ; ce peut être aussi des particules autres que celles qui constituent la matière ordinaire (protons ou neutrons) et qui auraient une masse suffisante pour conférer à l'Univers une densité importante.

La densité de matière *visible* peut être déterminée en comptant le nombre de galaxies dans l'Univers dont on connaît le rayon maximal sachant qu'il n'a pas pu se dilater à une vitesse supérieure à celle de la lumière (ce rayon maximal est égal à 10^{28} cm environ). En se rappelant que l'on a une idée du rapport masse/luminosité des galaxies elliptiques, spirales et irrégulières, on peut déduire une limite *inférieure* de l'ordre de 10^{-32} g/cm^3, c'est-à-dire correspondant à $\Omega \sim 10^{-3}$.

Une façon plus élaborée d'appréhender la densité *totale* de l'Univers est de comparer l'énergie cinétique (caractérisée par sa vitesse) et l'énergie potentielle (caractérisée par sa masse) des galaxies contenues dans des amas de galaxies ou des groupements plus vastes. Cette méthode, très utilisée en astronomie[1], permet de montrer que le facteur Ω est certainement plus élevé que sa limite inférieure mais que, pour le moment, il ne semble pas atteindre le seuil fatidique de 1. Les valeurs les plus couramment citées sont comprises entre 0,3 et 0,6. Sur cette seule base, il apparaîtrait donc que l'Univers doive se dilater jusqu'à la fin des temps. Néanmoins les théories dites inflationnaires (voir plus loin), qui ont été imaginées pour pallier les difficultés de la théorie du Big Bang, prédisent que le paramètre Ω doit avoir *très précisément* la valeur 1. Cette détermination de Ω et la façon de rendre sa valeur plus élevée que 10^{-3} constituent deux problèmes majeurs de la cosmologie.

1. C'est ainsi que l'on est amené à penser que le centre de nombreuses galaxies (comme Andromède) recèle un trou noir invisible mais qui se manifeste par cet effet gravitationnel.

Les hypothèses simplificatrices ou « principes de la cosmologie »

Avant de décrire l'histoire des premiers moments de l'Univers, le cosmologiste se laisse guider par le principe de simplicité, sinon son discours devient abscons, incohérent et donc inutile. Un certain nombre d'hypothèses sont donc adoptées au moins en première approximation :

La première porte le nom un peu exagéré de « principe cosmologique » : elle exprime simplement le fait que l'on suppose que l'Univers est homogène et isotrope en tout point ou, si l'on préfère, on étend à l'extrême le principe copernicien selon lequel il n'y a pas de région ou de point privilégié dans l'Univers. C'est une façon de nous inviter à un peu de « modestie cosmique ». En fait, l'observation montre qu'il y a des régions vides dans le ciel, en particulier dans la constellation du Bouvier et dans bien d'autres directions. Cela va à l'encontre de cette hypothèse peut-être un peu trop simpliste d'isotropie. Nous reviendrons plus loin sur les implications de cette complication.

Une autre hypothèse non moins importante porte le nom de principe d'équivalence. Le cosmologiste est conduit à supposer que les lois qui régissent les phénomènes observés dans la vie courante ainsi que ceux qui sont créés dans les laboratoires s'appliquent en tout temps et en tout lieu. En d'autres mots, on suppose que les lois de la physique nucléaire que l'on déduit des études faites avec les accélérateurs ou les étoiles se sont appliquées sans modification lors des phases primordiales de l'Univers. En énonçant ce principe d'équivalence, on ne s'interdit pas totalement d'imaginer que certaines constantes de la physique (la vitesse de la lumière, la constante de Planck, qui définit le plus petit « grain » possible d'énergie, la constante de gravité...) aient pu se modifier au cours du temps. Des cosmologistes comme P.A.M. Dirac ont effectivement analysé les implications de variations de la constante de gravité sur l'évolution de l'Univers. Cette idée qui fut à la mode à la fin des années 1970 n'a pas apporté les bouleversements et connu le succès souhaités par ses promoteurs ; aussi nous n'en parlerons pas davantage.

La théorie de la relativité générale est fondée sur la constatation (maintenant expérimentale et observationnelle) que la présence de matière affecte la géométrie de l'Univers et que même les particules sans masse comme les grains de lumière ou photons subissent l'effet de la gravité. La théorie de la relativité générale est, à ce jour, la meilleure façon de rendre compte de l'effet de la gravité sur l'Univers[1].

1. La théorie de la relativité générale rend bien compte en particulier : 1) de l'avance du périhélie de Mercure (le point de l'orbite de Mercure se trouvant le plus près du Soleil) ; 2) du retard pris par un écho radar envoyé sur une planète proche et revenant sur Terre lorsque la trajectoire du rayonnement passe à proximité du Soleil ; 3) du paradoxe des jumeaux de Langevin, à savoir que le jumeau qui voyage dans une sonde se déplaçant à grande vitesse vieillit moins vite que celui qui reste sur Terre – ce paradoxe a été vérifié expérimentalement en montrant qu'une horloge atomique qui a voyagé dans l'espace a pris du retard par rapport à une horloge au repos – ; 4) du mouvement relatif de deux pulsars formant un système double et qui est perturbé par ces effets relativistes ; 5) des effets de « mirage gravitationnel » subi par des objets très lointains (comme par exemple des quasars). Aucun fait observationnel ou expérimental n'est venu à ce jour apporter la moindre contradiction à la théorie de la relativité générale d'Einstein.

LES « PREMIERS INSTANTS » DE L'UNIVERS

Instruits de ces faits cosmologiques, avertis de toutes les chausse-trapes que constituent peut-être des simplifications abusives que les spécialistes de ce domaine sont conduits à effectuer, nous allons avoir l'audace de proposer une histoire des « premiers instants » de l'Univers. Nous pouvons subdiviser de façon peut-être assez arbitraire cette histoire en trois chapitres : *1)* ce qui se passe pendant la première seconde qui s'écoule après l'événement singulier qui a présidé à l'apparition de l'Univers dans le monde physique ; *2)* l'histoire des trois premières minutes de l'Univers ; *3)* l'apparition des grandes structures (amas de galaxies et galaxies) peu de temps après le moment où l'Univers cesse d'être complètement ionisé (c'est-à-dire où l'hydrogène commence à exister alors sous forme d'atomes). Cet événement marque la fin de ce que l'on appelle l'ère radiative pendant laquelle le rayonnement a plus d'importance que la matière dans la détermination du comportement physique de l'Univers.

C'est ensuite le début de l'ère stellaire où la situation s'inverse à savoir que c'est la matière, et plus exactement sa distribution et sa densité, qui gouvernent l'évolution de l'Univers. Cette « révolution » dans l'histoire de l'Univers a dû se produire 1 million d'années après l'événement singulier lorsque la température de l'Univers est tombée en dessous de la température d'ionisation de l'hydrogène à 10 000 K environ. C'est à ce moment-là que l'Univers a cessé d'être opaque. Cet événement correspond à une sorte d'horizon cosmologique que l'on espère approcher en disposant de télescopes permettant d'observer des astres plus faibles, donc plus lointains, donc plus jeunes. Il est à remarquer que sur les trois faits cosmologiques les plus marquants (fuite des galaxies, existence d'un rayonnement diffus et composition de la matière en deutérium et en hélium), les deux premiers ne permettent pas de remonter au-delà de cet horizon cosmologique.

Il faut faire appel à la physique nucléaire pour comprendre ce qui a pu se passer pendant les trois premières minutes de cette belle histoire, et aux progrès les plus récents de la physique des particules pour comprendre la toute première seconde. Remarquons une fois de plus le caractère asymptotique de cette « première seconde » qui marque simplement une époque et des événements où la physique a dû être fortement inhabituelle.

LA PREMIÈRE SECONDE DE L'UNIVERS

La « naissance » de l'Univers est-elle vraiment unique ?

Trois théories physiques déjà évoquées dans cet ouvrage vont fixer les tout premiers instants de l'Univers ; il s'agit de la *relativité générale,* qui décrit la façon dont l'Univers va se dilater (sa dynamique à grande échelle) ; la *mécanique quantique* qui décrit la façon dont l'énergie peut passer d'un système à un autre ; les théories d'*unification des forces fondamentales* qui régissent l'évolution des générations de particules élémentaires qui vont se succéder pendant ce temps très bref.

La description physique de ce moment unique est particulièrement compliquée : nous allons, en effet, devoir considérer à la fois des durées infinitésimales et des températures et énergies vertigineuses. L'imagination du lecteur est donc mise ici à forte contribution.

UNE FRACTION DE TEMPS INCOMPRESSIBLE :
L'ÈRE DE PLANCK « INDÉTERMINÉE »

Notre façon d'imaginer ce qui a pu se passer vient en grande partie des découvertes actuelles de la physique des particules : l'unification de la force faible et de la force électromagnétique est encore bien récente. On s'attend aussi à ce que le scénario évolue : en effet, malgré toute l'activité de nombreux chercheurs dirigée sur des sujets comme les cordes cosmiques et objets du même genre, la théorie de la gravitation quantique n'est pas encore établie de façon satisfaisante.

L'application de la mécanique quantique à l'ensemble de l'Univers implique l'existence d'une incertitude sur le temps, analogue à l'incertitude sur les coordonnées d'espace et de vitesse qui s'établit lorsque l'on considère un système microscopique : elle porte le nom de *principe d'incertitude d'Heisenberg.* En raison de ce principe, le produit de la mesure de l'énergie totale contenue dans l'Univers par cette incertitude sur le temps est au moins égal au quantum de Planck : la mécanique quantique nous interdit donc de réduire le temps en dessous du temps de Planck égal à 10^{-43} s (c'est-à-dire 1/10 suivi de 42 zéros).

LA SÉPARATION DES FORCES FONDAMENTALES

Pendant un temps compris entre 10^{-43} et 10^{-35} s, la température de l'Univers est si grande que les particules X, qui caractérisent l'unification des trois forces (électromagnétique, force nucléaire forte et force nucléaire faible) et qui ont une masse 10^{15} fois plus grande que celle des protons et des neutrons, sont les principaux constituants de l'Univers à cette époque.

Au temps 10^{-35} s, la température est de 10^{28} K (elle a dû être de 10^{32} K à sa naissance). C'est à ce moment que l'on place trois phénomènes très importants :

a) La séparation de la force nucléaire forte et de la force électro-faible (cette dernière force regroupe à cette époque la force électromagnétique et la force nucléaire faible qui restent à ce stade encore unifiées). La période comprise entre 10^{-43} s et 10^{-35} s correspond à la *grande unification,* peut-être précédée de la *supersymétrie* où la force de gravité elle-même n'était pas séparée des trois autres forces.

b) Cette désunification de la force nucléaire forte et de la force électrofaible doit s'accompagner d'un changement brutal de la physique de l'Univers, analogue à un changement de phase (solide-liquide-gaz), qui peut induire une accélération très rapide de l'expansion de l'Univers à laquelle on donne le nom *d'inflation* de l'Univers (voir encadré p. 204-205).

c) L'apparition des quarks de charge 1/3 et 2/3, dont la combinaison va donner naissance aux nucléons : proton et neutron (lorsque 3 quarks s'unissent), aux mésons pi (formés de 2 quarks), et d'autre part des leptons (électrons muons et taus et leurs neutrinos). Ils forment ensemble ce que l'on appelle une « soupe » pendant un temps relativement « long » (comparé aux précédents) allant jusqu'à 10^{-10}-10^{-6} s.

UN INSTANT D'ACCALMIE...

Que l'Univers soit à ce moment-là soumis ou non à la forte accélération prédite par le modèle inflationnaire, il lui reste à traverser – comme disent les physiciens des particules – un « désert », c'est-à-dire une période relativement longue pendant laquelle la physique de l'Univers n'est pas profondément modifiée. Ce désert s'étend entre 10^{-35}

et 10^{-12} s, intervalle de temps pendant lequel l'Univers a une température comprise entre 10^{28} et 10^{16} K. Les particules qui gouvernent l'état thermodynamique de l'Univers sont principalement les W et Z, vecteurs de l'interaction faible.

DES QUARKS AUX PARTICULES CLASSIQUES : L'ÈRE HADRONIQUE

Entre 10^{-12} – 10^{-10} s, intervient la séparation des deux forces qui restaient unifiées : la force électromagnétique et la force nucléaire faible. Puis vers 10^{-6} s, les quarks se combinent en hadrons (pions et nucléons). Cette combinaison des quarks coïncide avec le phénomène de leur confinement : contrairement à la plupart des effets physiques qui sont d'autant plus importants que la distance entre les deux objets (particules) qui les subissent est plus petite, la force de rappel qui s'exerce entre deux quarks est d'autant plus grande que les deux quarks sont plus éloignés. Ce passage des quarks aux particules plus « habituelles » est un peu analogue à une transition de phase telle qu'elle a pu se produire pendant l'inflation (ou plus prosaïquement quand un liquide se transforme en solide ou en vapeur). Elle peut induire d'ailleurs une inhomogénéité passagère de l'Univers qui est l'objet actuellement de nombreuses études.

Une conséquence importante des théories d'unification – mis à part la durée de vie finie de la matière dont nous sommes formés – est ce que les physiciens des particules désignent sous le nom de ***brisure de symétrie***. Illustrons d'un exemple. Normalement, lors de l'apparition des quarks, on aurait pu imaginer qu'ils auraient donné naissance à autant de matière que d'antimatière (c'est-à-dire qu'apparaissent par exemple autant de protons, de charge électrique positive, que d'antiprotons, frères jumeaux des protons mais à charge électrique négative). Au cours des années 1970, certains chercheurs imaginaient que la moitié des galaxies étaient formées de matière et l'autre d'antimatière. On sait maintenant, en comparant le nombre de nucléons présents dans l'Univers par rapport à celui des photons du rayonnement diffus (qui sont dix milliards de fois plus nombreux), qu'il n'y a quasiment pas d'antimatière par rapport à la matière. (On a démontré que dans le cas où il y aurait autant de matière que d'antimatière le nombre de photons du fond diffus devrait être au moins mille à cent mille fois plus important que ce qu'on observe.) Cette absence provient de la façon dont les quarks ont évolué en hadrons, ainsi que l'a montré le célèbre physicien soviétique Andrei Sakharov.

L'ÈRE LEPTONIQUE : ÉQUILIBRE PROTONS-NEUTRONS

Pendant le reste de la seconde, c'est-à-dire le temps qui s'écoule entre 10^{-6} s et 1 s, la physique de l'Univers est dominée par les leptons (électrons, muons et taus) et par leurs neutrinos associés. La température est alors suffisante ($T > 10^{12}$ K) pour que les photons se transforment instantanément en paires électron-positon et que les neutrons demeurent stables. Il y a environ deux fois plus de neutrinos de toutes sortes que de photons (si on se limite à trois familles différentes de leptons : l'électron, le muon et le tau), c'est-à-dire qu'ils sont $2{,}5 10^{10}$ fois plus nombreux que les protons et les neutrons dont nous sommes formés. Il leur suffirait d'une masse infime pour qu'ils contribuent de façon majeure à la masse de l'Univers. Cette hypothèse longtemps caressée est abandonnée : elle rend très mal compte des mécanismes de formation des galaxies. On préfère aujourd'hui imaginer que la matière invisible est constituée de particules non nucléaires et non relativistes, c'est-à-dire de masse finie assez élevée.

LES THÉORIES DITES « INFLATIONNAIRES »

Les modèles de cosmologie maintenant les plus classiques (à phase primordiale très chaude et très dense dits modèles de Big Bang) souffrent de trois difficultés majeures.
1. Il est difficile d'imaginer qu'au temps critique la densité de l'Univers était infinie ; le cosmologiste va donc tenter d'éviter cette singularité qui dépasse le bon sens.
2. L'Univers semble ne pas avoir été modifié de façon sensible sur des périodes de temps très longues (10^{60} fois le temps de Planck). On dit que l'Univers est extrêmement uniforme.
3. Si l'expansion est calculée à partir des hypothèses de ce modèle classique, le principe de causalité semble être bafoué. Des régions très éloignées de l'Univers paraissent avoir évolué de la même façon alors qu'elles sont à des distances supérieures à celles que la lumière pourrait parcourir. On ne saurait dès lors comprendre comment des régions du ciel sans relation causale pourraient avoir des propriétés tout à fait semblables.
Pour pallier ces trois difficultés, plusieurs physiciens ont imaginé un scénario prenant en compte le changement de phase (analogue à la transformation de glace en eau) qui a dû résulter de la désunification de la force gravitationnelle et de la force forte de la force électro-faible.
Une famille de théories que l'on appelle théories de l'inflation semble donc résoudre ces trois difficultés, tout au moins pour l'instant. Il suffit d'imaginer que l'expansion de l'Univers ait pu être accélérée de façon considérable pendant un temps très bref.
On peut donc mettre à profit deux constatations :
a) lorsque les forces fondamentales ont cessé d'être unifiées, la thermodynamique de l'Univers en a été bouleversée de façon analogue à ce qui se passe lors d'un changement d'état d'une substance ;
b) le vide est rempli d'énergie qui peut apparaître au détour de nombreuses

Pour résumer, pendant la première seconde de sa naissance à la physique, l'Univers, après une ère de Planck qui dure 10^{-43} s (et qui vient de son obéissance à la mécanique quantique), connaît d'abord une ère marquée par l'inflation et l'unification (qui s'estompe de plus en plus) et qui dure jusqu'à 10^{-12} s ; puis succède une ère dominée par les hadrons jusqu'à 10^{-6} s ; enfin une ère dominée par les leptons jusqu'à 1 s.

LES TROIS PREMIÈRES MINUTES DE L'UNIVERS

À mesure que les phases durent plus longtemps, l'Univers est moins chaud, la physique est moins « étrange » donc plus facile à décrire. La fin de la première seconde est marquée par l'achèvement de *l'ère leptonique* et le début de *l'ère radiative* qui va durer, nous l'avons vu, 1 million d'années, jusqu'à ce que l'Univers cesse d'être opaque à son propre rayonnement.

fluctuations. La physique quantique nous apprend que le vide est un état physique comme un autre, possédant une énergie non nulle, sujette à des fluctuations qui peuvent se matérialiser de façon fugitive. C'est à partir de ces constatations que A. Guth, P. Steinhart, A. Linde ou F. Englert ont proposé l'hypothèse selon laquelle l'Univers a subi une modification très profonde analogue à une transition de phase lors de la première désunification des forces au temps 10^{-35} - 10^{-32} s. Un deuxième changement d'état présidant à la formation des nucléons a pu se produire longtemps après, vers le temps 10^{-10} -10^{-6}s, lorsque la force faible s'est séparée de la force électromagnétique.

Le premier changement d'état aurait accéléré l'expansion de l'Univers pendant un temps très bref. Ces théories de l'inflation ont comme conséquence nécessaire que le paramètre cosmologique Ω doit être égal à 1 : la densité de l'Univers serait alors égale à la densité critique ; l'Univers serait actuellement « plat » et sa dynamique correspondrait à celle calculée par de Sitter et Einstein. Cette conséquence implique immédiatement que la matière « sombre » doit exister dans l'Univers en quantité 10 à 50 fois plus grande que la matière visible. Les trois difficultés énoncées précédemment seraient résolues : l'état physique de l'Univers avant ce bouleversement considérable peut être quelconque à condition de préserver sa très forte température ; en ayant une expansion aussi accélérée, l'Univers satisfait au principe de causalité car toutes les régions de l'Univers actuellement « découplées » ont pu être en contact.

Le prix à payer est que la densité a une valeur nécessairement égale à la densité critique. Il faut donc que l'Univers soit rempli de matière sombre non nucléaire dans une proportion telle que Ω = 1. Rappelons-nous aussi qu'à partir de la dynamique des grandes structures les valeurs de Ω les plus grandes obtenues à ce jour ne dépassent pas 0,6. Malgré cette difficulté, cette théorie de l'inflation de l'Univers est suffisamment attrayante pour qu'un nombre important de cosmologistes en poursuivent l'étude.

NUCLÉOSYNTHÈSE PRIMORDIALE

À la fin de l'ère leptonique, les neutrons commencent à se désintégrer en donnant 1 proton, 1 électron et 1 antineutrino. Comme leur durée de vie est de l'ordre de 10 mn, il en reste néanmoins suffisamment (1 neutron pour 10 protons) une minute environ après l'événement originel, lorsque la température de l'Univers est de l'ordre de 10^9 K. Ils peuvent alors se combiner avec les protons pour donner naissance au deutérium, l'isotope lourd de l'hydrogène qui se trouve dans l'eau lourde et qui est lui-même le point de départ de la formation de l'hélium 3, de l'hélium 4 et du lithium 7 par le jeu des réactions nucléaires « classiques ».

DENSITÉ ET VITESSE D'EXPANSION : DES LIMITES STRICTES

Le résultat de cette nucléosynthèse primordiale dépend de deux paramètres physiques importants. Le premier, déjà rencontré, n'est autre que la densité de l'Univers sous forme de noyaux (ou nucléons). Si celle-ci est trop élevée, les taux de réactions nucléaires détruisent le deutérium dans des proportions incompatibles avec les observations. Pour être en accord avec ces dernières, la densité actuelle de l'Univers sous forme de nucléons (c'est-à-dire en ne considérant que la matière visible définie au début du chapitre) ne peut alors pas être supérieure à 0,1 fois la densité critique. Puisque le facteur cosmologique Ω, déduit, nous l'avons vu, de la dynamique des amas de galaxies, atteint vraisemblablement 0,5 ou 0,6 (voire la valeur 1 si le modèle d'inflation s'applique !), incluant la matière visible et invisible, une grande partie de la densité de l'Univers doit venir de particules *autres* que la matière ordinaire connue.

Le deuxième paramètre important qui régit le rapport du nombre de neutrinos au nombre de protons, et par voie de conséquence l'abondance primordiale d'hélium 4, est la vitesse d'expansion de l'Univers.

La théorie de la relativité générale montre que cette vitesse est d'autant plus grande que la densité d'énergie totale dans l'Univers est plus élevée. Cette densité d'énergie totale est à son tour proportionnelle au nombre de familles différentes de particules relativistes à cette époque, notamment des neutrinos. Le résultat le plus intéressant est que l'abondance primordiale d'hélium 4 ne permet pas qu'il y ait plus de trois familles différentes de neutrinos (donc de leptons associés). Comme les physiciens des particules ont déjà découvert trois leptons différents, la nucléosynthèse primordiale prédit qu'ils ne doivent pas en découvrir d'autres !

L'intérêt de ces deux conséquences est triple :

1. La matière ordinaire ne suffit pas à constituer l'ensemble de la densité de l'Univers telle qu'elle est déduite de considérations dynamiques.

2. Le bon accord entre le nombre de familles de quarks et celui des leptons impliqué par les théories d'unification des forces est corroboré par les résultats de la nucléosynthèse primordiale.

3. Ce modèle simple de nucléosynthèse primordiale est donc vérifiable et constitue une bonne théorie scientifique puisqu'il suffit que l'on découvre d'autres familles de leptons pour la mettre en défaut.

On comprend l'intérêt fondamental des trois premières minutes de l'histoire de l'Univers ; car non seulement elles expliquent l'origine des éléments chimiques les plus légers mais aussi elles fixent des limites particulièrement utiles à la densité présente de matière ordinaire et au nombre de familles de leptons (neutrinos).

LE PREMIER MILLIARD D'ANNÉES

L'Univers, après avoir été le siège des réactions nucléaires qui ont produit le deutérium, puis les deux isotopes de l'hélium et le lithium 7, va continuer à se refroidir. Il faudra 1 million d'années environ pour que sa température tombe de 10^9 K à 10^4 K. nous avons déjà évoqué le passage de l'ère radiative dominée par le rayonnement électromagnétique (les photons) à l'ère actuelle – ère stellaire – où la matière ordinaire domine l'évolution de l'Univers après 1 milliard d'années.

Peu après, les grandes structures comme les amas de galaxies et les galaxies vont naître à partir des inhomogénéités de densité de l'Univers qui vont agir comme les catalyseurs de cette formation.

ORIGINE DES GRANDES STRUCTURES (GALAXIES ET AMAS DE GALAXIES)

En effet dès la naissance de l'Univers, la densité n'a pu être uniforme en tout point ; on imagine la présence de « grumeaux » un peu plus denses ayant baigné dans des milieux plus ténus.

La structure précise de ces grumeaux ou *inhomogénéités* est un paramètre important de la formation des grandes structures (galaxies et amas de galaxies). Nous venons de voir qu'une grande partie de la densité de l'Univers doit provenir de la présence de particules autres que les protons et les neutrons. De nombreux candidats ont été proposés : on distingue en fait deux catégories de particules : les unes sont des particules très nombreuses, mais de très faible masse, ayant par conséquent des vitesses relativistes proches de celles de la lumière. De ce point de vue, *si* les neutrinos ont une masse supérieure au dix millième de celle de l'électron, ils sont si nombreux qu'ils peuvent *« fermer »*[1] l'Univers sans affecter les résultats de la formation du deutérium et de l'hélium.

DE LA MATIÈRE « EXOTIQUE »

La deuxième catégorie est celle de particules plus massives, non relativistes et forcément moins nombreuses. Comme exemples de telles particules, citons *les axions* qui sont des particules obéissant à la statistique de Bose-Einstein (on peut les créer en nombre indéterminé comme les photons) et qui auraient pu naître lors de la formation des nucléons, c'est-à-dire lorsque l'Univers était âgé de 10^{-6} s environ. Un autre exemple sont les *cordes* (strings en langue anglo-saxonne), sortes de tubes d'énergie qui seraient apparus lors des phases d'inflation (en des temps de l'ordre de 10^{-35} - 10^{-32} s). Malgré leur très faible épaisseur 10^{-27} cm, elles pourraient être aussi longues que l'ensemble de l'Univers (d'où leur nom) et avoir des masses supérieures à celles des étoiles. On peut imaginer aussi l'existence d'innombrables mini trous noirs invisibles mais suffisamment massifs pour contribuer de façon importante à la densité de l'Univers.

FRAGMENTATION OU AGGLOMÉRATION ?

De très nombreux travaux sont consacrés à l'évolution de ces inhomogénéités en structures aussi importantes que les amas de galaxies. Deux écoles ont rivalisé pendant longtemps : l'école soviétique représentée par Ya Zel'dovich et ses collaborateurs, pour lesquels les premières grandes structures qui sont apparues sont bien plus étendues que les amas de galaxies. Ils donnent le nom de *crêpes* (à moins que ce ne soient des blinis !) à ces superstructures qui se sont fragmentées en amas de galaxies, eux-mêmes en galaxies, etc.

L'école anglo-saxonne, représentée par J. Silk et ses collaborateurs, préfère imaginer que les structures initialement microscopiques ont grandi et que l'Univers a vu se former une première génération d'amas d'étoiles qui se sont ensuite regroupés en galaxies et amas de galaxies.

La compétition entre ces deux types de scénarios n'est évidemment pas terminée. Il semblerait néanmoins que les modèles anglo-saxons partant des petites structures

1. C'est-à-dire qu'ils peuvent augmenter, par leur présence, la masse de l'Univers de telle sorte que la densité de ce dernier soit supérieure à la densité critique ; dans ce cas on dit que l'Univers est fermé et qu'il est appelé à se contracter à nouveau.

pour aller vers les grandes aient actuellement un léger avantage qui viendrait de la comparaison des simulations numériques effectuées à partir de chacun de ces modèles avec la distribution géographique observée des galaxies.

D'autre part, l'étude systématique de la dynamique des galaxies à l'intérieur des amas ainsi que des très légères anisotropies qui affectent le rayonnement diffus favorisent les particules non relativistes (dites « froides ») par opposition aux particules relativistes (« chaudes »). La plus grande partie de la masse de l'Univers consisterait donc en particules « froides » comme les axions, les cordes, etc., et non en particules « chaudes » comme les neutrinos ; dans ce cas il faut s'attendre à ce que la masse de ces derniers soit beaucoup plus faible que le dix millième de la masse de l'électron dont on parlait précédemment.

Une fois les grandes structures formées, leur évolution et leur histoire se déroulent suivant les schémas évoqués aux chapitres précédents qui donnent à notre environnement proche et lointain les propriétés que nous lui connaissons.

LE FUTUR DE L'UNIVERS

Alors que les trois premières minutes de l'Univers occupent dans la littérature cosmologique une très grande place, rares sont les chercheurs qui se sont intéressés sérieusement à la façon dont l'Univers va poursuivre son évolution. Deux physiciens, Franck Dyson et Jamal N. Islam, proposent néanmoins une réflexion scientifique sur l'avenir de l'Univers.

Si l'hypothèse d'une dilatation sans fin semble la plus en accord avec les observations, celle d'un Univers capable de se contracter à nouveau reste tout à fait crédible, car la masse de la matière invisible reste à évaluer. Sa valeur peut être suffisamment importante pour augmenter sensiblement la densité de l'Univers, qui serait alors supérieure à la densité critique dont on a parlé précédemment. De plus si le proton a une durée de vie de 10^{31} - 10^{32} ans, dans ce futur lointain, il ne restera plus que du rayonnement et des particules comme les neutrinos, les axions et les cordes. La vision astronomique de l'Univers sera alors très fortement modifiée !

L'originalité des idées développées par F. Dyson et J. N. Islam réside dans le rôle qu'ils font jouer aux *trous noirs galactiques.* On se souvient que la plupart des galaxies doivent abriter en leur centre un trou noir dont la masse est certainement supérieure au million voire au milliard de masses solaires. Ce trou noir central est particulièrement important pour les quasars : on pense en effet que toute l'énergie qu'ils rayonnent provient du réchauffement de la matière en train d'être happée par le trou noir avant qu'elle ne s'y engloutisse. F. Dyson et J. N. Islam imaginent que ces trous noirs centraux seront capables d'attirer toute la matière galactique qui disparaîtrait de la sorte. Dans un temps de l'ordre de 10^{27} ans, l'Univers ne serait plus constitué que de trous noirs. Il faut remarquer que, contrairement à une idée reçue, les trous noirs ne sont pas éternels même si le proton se révèle être indéfiniment stable. En effet, comme on l'a vu dans le cadre de la théorie de l'inflation et comme le prédit la mécanique quantique, le vide « fluctue » : il peut se créer des paires virtuelles de particules-antiparticules qui peuvent interagir avec les trous noirs et les faire « fondre » en les transformant en rayonnement. L'échelle de temps d'un tel phénomène devient alors inimaginable allant jusqu'à $10^{10^{76}}$ ans. L'écriture de ce chiffre prendrait une distance égale à 10^{48} fois la taille de l'Univers si l'on inscrivait un zéro tous les centimètres. Malgré cela, ce n'est pas un nombre infini au sens mathématique. Que ce soit par les protons ou par les trous noirs, l'Univers, même s'il se contracte à nouveau, doit être considéré comme mortel lui aussi.

EN RÉSUMÉ

La plupart des développements qui précèdent et qui concernent l'histoire de l'Univers dans son ensemble risquent fort d'être remis en cause par les progrès que feront l'astronomie et la physique, en particulier celle de l'infiniment petit. On voit néanmoins les orientations que prennent les théories cosmologiques : il semble difficile de penser que l'Univers n'ait pas connu, au cours de son histoire, une phase très chaude et très dense. D'autre part il est mortel, c'est-à-dire qu'au bout d'un temps qui sera peut-être extrêmement long, il doit disparaître. Ce sont les propriétés de ses constituants les plus infimes qui gouvernent son évolution. Remarquons enfin que nous sommes peut-être constitués d'une forme de matière qui n'est pas prépondérante dans l'Univers, ce qui, avec le fait que l'Univers ne connaît ni centre ni limites bien définies, devrait nous engager à quelque modestie !

ÉPILOGUE

L'Univers que nous venons de visiter et sur lequel nous venons d'enquêter apparaît donc très paradoxal. Pour certains, il peut sembler très simple à décrire : la variété de ses constituants n'est pas aussi élevée qu'on pourrait l'imaginer à première vue ; le nombre d'interactions auxquelles il est soumis est très modeste ; la matière visible n'est finalement constituée que d'un tout petit nombre de variétés de particules, etc. D'autres (voire les mêmes !) seront aussi sensibles à cette très grande complexité qui apparaît d'autant plus criante que l'on pénètre dans le monde microscopique. Cette complexité augmente à mesure que l'on s'intéresse à des éléments de matière de plus en plus petits ; elle culmine avec l'un des fondements de la mécanique quantique qui nous montre qu'au niveau de la particule élémentaire, une appréhension physique précise devient tout à fait impossible.

Cette enquête nous aura également appris que des étoiles de très faible masse pouvaient acquérir une certaine immuabilité pendant des périodes de temps qui peuvent être très longues. Néanmoins l'un des apports essentiels de l'astrophysique moderne est de nous apprendre que l'Univers est en fait en perpétuelle évolution et que son état demain ne sera pas celui qu'il a aujourd'hui. Même si l'Univers n'a pas de début au sens où nous l'entendons (le Big Bang n'est rien d'autre que la « signature » de l'émergence de notre Univers dans un « domaine » accessible à la physique il y a une quinzaine de milliards d'années), l'Univers évolue et semble en perpétuel changement. Par ailleurs, la leçon peut-être la plus importante et la plus déroutante que l'on peut tirer de cette enquête est la relation très forte qui existe entre le monde de l'infiniment petit (les particules élémentaires) et celui de l'infiniment grand (les galaxies et leurs amas). Quel que soit l'avenir de l'astrophysique, cette constatation continuera à s'imposer.

L'astrophysique, et singulièrement les méthodes modernes d'observation de l'Univers, nous font entrevoir un Univers de plus en plus riche et même nous donnent l'impression que nous pouvons comprendre certains de ses aspects. L'exploration de l'Univers, à la fois par ces techniques de plus en plus raffinées mais aussi grâce aux progrès incessants de la physique, n'a vraiment débuté que très récemment. Notre enquête ne fait donc que démarrer ! Beaucoup d'images sont à obtenir et à interpréter, beaucoup de calculs à concevoir et à effectuer. Cette enquête progressera au même rythme que celui des progrès des sciences expérimentales en général et de la physique en particulier. C'est tout cela que les générations présentes et futures d'astrophysiciens professionnels, d'astronomes amateurs ou de simples curieux, vont pouvoir apprécier au cours des années qui viennent.

ORIENTATION BIBLIOGRAPHIQUE

ALLÈGRE C., *De la pierre à l'Étoile,* Paris, Fayard, 1985.

AUDOUZE J., CARRIÈRE J.-C., CASSÉ M., *Conversations sur l'Invisible,* Paris, Belfond Sciences, 1988.

AUDOUZE J., ISRAËL G. (et coll.), *le Grand Atlas d'Astronomie,* Paris, Encyclopaedia Universalis, 1983.

AUDOUZE J., MUSSET P., PATY M., *Cosmologie et particules,* Paris, Presses universitaires de France, 1990.

AUDOUZE J., VAUCLAIR S., *l'Astrophysique nucléaire,* Paris, Presses universitaires de France, « Que sais-je ? », 1981.

BARROW J.D., SILK J., *la Main gauche de la Création,* Paris, 1987.

BERGH C. DE, VERDET J.-P., *À la découverte du ciel,* Paris, Hachette, 1978.

BERTAUX J.-L., *De l'autre côté du Soleil,* Paris, Albin Michel, 1987.

BIRAUD F., RIBES J.-C., *le Dossier des civilisations extraterrestres,* Fayard, 1970

BLUM E.-J., *les Radiotélescopes,* Paris, Presses universitaires de France, « Que sais-je ? ».

BRAHIC A., DEBRAY-RITZEN P., *Conversations dans l'Univers,* Paris, Albin Michel, 1986.

BUREAU DES LONGITUDES (ouvrages collectifs), *Encyclopédie scientifique de l'Univers,* « Les étoiles. Le système solaire », « La Galaxie. L'Univers extragalactique », Paris, Gauthier-Villars, 1979, 1980.

CASSÉ M., *Nostalgie de la lumière,* Paris, Belfond Sciences, 1987.

CELNIKIER L., *Histoire de l'astronomie : Lavoisier,* Paris, 1986.

COHEN-TANNOUDJI G., SPIRO M., *Matière-Espace-Temps,* Paris, Fayard, 1986.

COUDERC P., *Histoire de l'astronomie classique,* Paris, Presses universitaires de France, « Que sais-je ? », 1982.

COLLIN S., STASINSKA G., *les Quasars,* Paris, Le Rocher, 1987.

DOOM C., *la Vie des étoiles,* Paris, Le Rocher, 1986.

DUCROCQ A., *le Ciel des Hommes,* Paris, Flammarion, 1983.

EBERHART J.-P., *Méthodes physiques d'étude des minéraux et des matériaux solides,* Paris, Doin, 1976.

ENCRENAZ T., BIBRING J.-P., *le Système solaire,* Paris, Interéditions CNRS, 1987.

FESTOU M., VÉRON P., RIBES J.-C., *les Comètes, mythes et réalités,* Paris, Flammarion, 1985.

GUÉRIN P., *Planètes et satellites,* Paris, Larousse, 1968.

HACK M., *Ce ciel qui nous entoure,* Paris, Éditions Atlas, 1978.

HARRISON E., *le Noir de la nuit,* Paris, Le Seuil, 1990.

HAWKING S., *Une brève histoire du temps,* Paris, Flammarion, 1989.

HAYLI A. (et coll.), *Histoire de l'Univers,* Paris, Hachette, 1980.

HEIDMANN J., *Au-delà de notre Voie Lactée, un étrange Univers,* Paris, Hachette, 1979.

ISLAM J.-N., *le Destin ultime de l'Univers,* Paris, Belfond Sciences, 1983.

ISRAËL G., *l'Exploration du système solaire,* Paris, Hachette, 1977.

JASTROW R., *Des astres, de la vie, des hommes,* Paris, Le Seuil, 1972.

KOHLER P., *le Ciel,* Paris, Hachette, 1982.

LACHIÈZE-REY M., *Connaissance du Cosmos,* Paris, Albin Michel, 1987.

LA COTARDIÈRE PH. DE (et coll.), *Astronomie,* Paris, Larousse, 1989.

LÉNA P., *Méthodes physiques de l'observation,* Paris, Interéditions CNRS, 1986.

LEQUEUX J., *la Nouvelle Révolution astronomique,* Paris, Hachette, 1981.

LEQUEUX J., *les Planètes,* Paris, Presses universitaires de France, « Que sais-je ? ».

LEQUEUX J., *À travers la Voie Lactée,* Paris, Le Rocher, 1986.

LEQUEUX J., (et coll.), *la Recherche en astrophysique,* Paris, Le Seuil, 1977.

LEVASSEUR-REGOURD A.-C., LA COTARDIÈRE PH. DE, *Halley, le roman des comètes,* Paris, Denoël, 1985.

LINK F., *la Lune,* Paris, Presses universitaires de France, « Que sais-je ? », 1981.

LUMINET J.-P., *Les Trous noirs,* Paris, Belfond Sciences, 1987.

MAGNAN C., *la Nature sans foi ni loi,* Paris, Belfond Sciences, 1988.

MERLEAU-PONTY J., *le Spectacle cosmique,* Paris, Larousse, 1988.

MICHARD R., *le Soleil,* Paris, Presse universitaire de France, « Que sais-je ? ».

MITTON S., AUDOUZE J. (et coll.), *l'Encyclopédie d'astronomie de Cambridge,* Paris, Éditions du Fanal, 1980.

MONTMERLE T., PRANTZOS N., *Soleils éclatés,* Paris, Presses du CNRS, 1988.

MULLER P., *Dictionnaire de l'astronomie,* Paris, Larousse, 1980.

OMNES R., *l'Univers et ses métamorphoses,* Paris, Hermann, 1973.

PECKER J.-C. (et coll.), *la Nouvelle Astronomie,* Paris, Hachette, 1971-1979.

PECKER J.-C., *Clefs pour l'astronomie,* Paris, Seghers, 1982.

PECKER J.-C. (et coll.), *Astronomie Flammarion,* Paris, Flammarion, 1985.

REEVES H. (et coll.), *Soleil,* Paris, Éditions La Noria, 1980.

REEVES H., *Patience dans l'azur,* Paris, Le Seuil, 1981.

REEVES H., *l'Heure de s'enivrer,* Paris, Le Seuil, 1986.

PEYTURAUX R., *l'Énergie solaire,* Paris, Presses universitaires de France, « Que sais-je ? ».

ROOD R.T., TREFIL J.S., *L'Univers : sommes-nous seuls ?,* Paris, Belfond Sciences, 1985.

SAGAN C., *Cosmos,* Paris, Éditions Mazarine, 1981.

SCHATZMAN E., *la Structure de l'Univers,* Paris, Hachette, 1979.

SCHATZMAN E., *les Enfants d'Uranie,* Paris, Le Seuil, 1986.

SCHATZMAN E., *le Message du photon voyageur,* Paris, Belfond Sciences, 1987.

SCHNEIDER J. (et coll.), *Aux confins de l'Univers,* Paris, Fayard-Fondation Diderot, 1987.

THUAN T.X., *la Méthode secrète,* Paris, Fayard, 1989.

VÉRON P., *les Quasars,* Paris, Presses universitaires de France, « Que sais-je ? ».

WEINBERG S., *les Trois Premières Minutes de l'Univers,* Paris, Le Seuil, 1979.

INDEX

E

F

G

H

I

P

Q

R

S

T

TABLE

LES ÉTOILES 57

LE SYSTÈME SOLAIRE 85

Des mêmes auteurs

JEAN AUDOUZE

L'Astrophysique nucléaire (en collaboration avec Sylvie Vauclair),
« Que sais-je ? » n° 1473, Presses universitaires de France,
1re édition 1972, 2e édition 1981.

An Introduction to Nuclear Astrophysics
(en collaboration avec Sylvie Vauclair),
Reidel Publishing Company, 1980.

Le Grand Atlas d'Astronomie (supervisé par l'auteur et G. Israël),
Encyclopaedia Universalis, 1983.

Conversations sur l'Invisible
(en collaboration avec J.-C. Carrière et M. Cassé),
collection Belfond Sciences, Belfond, 1988.

Aujourd'hui l'Univers, collection Belfond Sciences,
Belfond, 1re édition 1981, 2e édition 1989.

JEAN-PIERRE CHIÈZE
a collaboré aux ouvrages :

Encyclopaedia Universalis, 1985, 1989.

Le Grand Atlas d'Astronomie, Encyclopaedia Universalis,
1re édition 1983, 2e édition 1986.

Encyclopédie Thema, Larousse, à paraître.

Origine des illustrations

AFA : 18 b, 23, 80, 169, 170, 171 b, 173 hd ; AFA/CNRS : 73 ; AFA/ESO : 18 h, 19 h ; AFA/Galaxy Contact : 17 ; AFA/David F. Malin : 19 bg, 24, 74 ; AFA/NASA : 134-135. COSMOS/Roger Ressmeyer : 20-21 ; Dr Fred Espenak/SPL/COSMOS : 78 ; Dr Jean Lorre/SPL/COSMOS : 19 d, 75 h ; NASA/SPL/COSMOS : 76-77, 129, 130, 131, 132, 172-173 ; NRAD/AUI/SPL/COSMOS : 77 hd ; SPL/COSMOS : 22, 171 h et m. IAP : 73 b, 75 b, 77 b, 79, 133, 136, 174, 175, 176. NASA/SPL : 173 bd.

Couverture : NASA/SPL/COSMOS (Soleil)
Dos de couverture : Dr Fred Espenak/SPL/COSMOS
(éclipse solaire totale du 11 juin 1983)

Recherche iconographique : Christine MOREL

Mise en page : Hélène LEVI

Aubin Imprimeur
LIGUGÉ, POITIERS

Achevé d'imprimer en mai 1990
N° d'édition 48546 / N° d'impression L 35258
Dépôt légal, mai 1990
Imprimé en France